本地端 Ollama × LangChain × LangGraph × LangSmith 開發手冊
打造 RAG、Agent、SQL 應用

本地端 Ollama 開發手冊

LangChain

LangGraph

LangSmith

開發手冊

打造 RAG、Agent、SQL 應用

作　　　者 ╱	好崴寶 (Weibert Weiberson)
發　行　所 ╱	旗標科技股份有限公司
	台北市杭州南路一段15-1號19樓
電　　　話 ╱	(02)2396-3257(代表號)
傳　　　真 ╱	(02)2321-2545
劃撥帳號 ╱	1332727-9
帳　　　戶 ╱	旗標科技股份有限公司
監　　　督 ╱	陳彥發
執行企劃 ╱	黃昕暐
執行編輯 ╱	黃昕暐
美術編輯 ╱	林美麗
封面設計 ╱	陳憶萱
校　　　對 ╱	黃昕暐

新台幣售價：750 元

西元 2025 年 9 月 初版

行政院新聞局核准登記-局版台業字第 4512 號

ISBN 978-986-312-844-1

Copyright © 2025 Flag Technology Co., Ltd.
All rights reserved.

本著作未經授權不得將全部或局部內容以任何形式重製、轉載、變更、散佈或以其他任何形式、基於任何目的加以利用。

本書內容中所提及的公司名稱及產品名稱及引用之商標或網頁，均為其所屬公司所有，特此聲明。

● FB 官方粉絲專頁：旗標知識講堂

● 歡迎訂閱「科技旗刊」電子報：
　flagnewsletter.substack.com

● 旗標「線上購買」專區：您不用出門就可選購旗標書！

● 如您對本書內容有不明瞭或建議改進之處，請連上旗標網站，點選首頁的 聯絡我們 專區。

若需線上即時詢問問題，可點選旗標官方粉絲專頁留言詢問，小編客服隨時待命，盡速回覆。

若是寄信聯絡旗標客服 email，我們收到您的訊息後，將由專業客服人員為您解答。

我們所提供的售後服務範圍僅限於書籍本身或內容表達不清楚的地方，至於軟硬體的問題，請直接連絡廠商。

學生團體	訂購專線：(02)2396-3257 轉 362
	傳真專線：(02)2321-2545
經銷商	服務專線：(02)2396-3257 轉 331
	將派專人拜訪
	傳真專線：(02)2321-2545

國家圖書館出版品預行編目資料

本地端 Ollama✕LangChain✕LangGraph✕LangSmith 開發手冊：打造 RAG、Agent、SQL 應用 / 好崴寶 (Weibert Weiberson) 著. -- 初版. -- 臺北市：旗標科技股份有限公司，2025.09　　面；　公分

ISBN 978-986-312-844-1(平裝)

1.CST: 自然語言處理 2.CST: 人工智慧 3.CST: 電腦程式設計

312.835　　　　　　　　　　　　114010524

作者序
PREFACE

大型語言模型（LLM）的發展正以驚人的速度改變我們的工作與創造方式。但對多數開發者來說，要真正實作一個可部署在本地的 LLM 應用，仍面臨兩大障礙：**昂貴的雲端 API 成本**，以及**高規格的硬體門檻**。

這本書的誕生，正是為了解決這樣的困境。

好崴寶希望透過這本書，讓開發者即使沒有高階硬體設備，也能不依賴任何付費雲端 API，打造出實用、可離線運作的 AI 助手。在撰寫過程中，我始終懷抱一個目標：**讓複雜的 AI 技術變得易於理解與應用。**

無論你是剛踏入 LLM 領域的新手，還是已有基礎並希望實作 LangChain 或 LangGraph 的開發者，我都希望這本書能成為你探索 AI 應用的一盞明燈。

寫作契機

寫這本書的契機，是因為我發現目前市面上幾乎所有關於 **LangChain 的書籍都與 OpenAI 綁定**，也就是說，讀者在實作時勢必要**串接付費 API** 才能使用。而我心想，既然有 **Ollama 這樣支援免費本地模型的框架**，為什麼不能直接搭配 LangChain 使用呢？

於是我開始在博客來等網路書店進行搜尋，結果讓我非常驚訝——竟然沒有人出過一套結合 **LangChain 與 Ollama** 的教學書籍！當我以 **LangGraph** 為關鍵字查詢時，也沒找到任何與 Ollama 相關的教學書籍。這讓我更加確定：**這是一條值得走、也值得寫出來的路**。於是我決定親自研究，並開始撰寫這本書《本地端 Ollama × LangChain × LangGraph × LangSmith 開發手冊：打造 RAG、Agent、SQL 應用》。

但在研究過程中，我遇到另一個挑戰：即便是較小參數量的本地模型，若使用高精度版本，其模型大小仍對硬體資源有一定要求。**這對於設備有限的開發者而言，依然是個不小的挑戰。**為了解決這個問題，我決定讓本書以「**模型量化**」為核心方向，讓讀者即使硬體設備有限，也能享受到 LLM 帶來的價值。

當然，若讀者本身擁有強大硬體資源（如高階 GPU），也可以選擇不將模型進行量化。

本書所有範例皆以 Ollama 為執行核心，只要你想使用的模型有在 Ollama 上架，就能輕鬆下載並套用到書中的範例程式中。這也意味著，**未來若有新的模型推出，你可以隨時從 Ollama 取得並整合至本書範例中**，甚至擴展應用於你自己的專案中，實作彈性非常高。

正因為「**結合 Ollama、LangChain、LangGraph 與 LangSmith，並透過模型量化來降低硬體門檻**」這條路，還缺乏系統性的整理與教學，我才更加堅定要完成這本書。

希望透過這本書，讓每位開發者都能根據自身條件，選擇最合適的模型，並善用開源資源，以簡單的方式打造出本地端 LLM 應用。這就是我撰寫本書最核心的初衷。

社群的力量

在寫作過程中，我深刻感受到社群的力量。感謝每一位曾在「Weibert 好崴寶程式」教學文章與 YouTube 教學影片下留言討論的朋友，還有在 Line 群組中與我交流技術的夥伴們。你們的回饋，讓我在寫作過程中更有動力。

這邊也歡迎讀者一起加入「Weibert好崴寶程式」的 Line 群組，一起成長交流：

▶ 「Weibert 好崴寶程式」Line 群組：
https://tinyurl.com/WeibertLine

一路走來的感謝

這本書從構思到完稿，歷時八個多月的時間。每天修改程式碼、反覆測試、翻閱 GitHub 原始碼、查看 issues、瘋狂 debug，再把這些知識轉化為淺白易懂的文字——這些成了我日常的一部分。

這次的寫書經驗，也讓我體會到其中所需投入的時間與精力有多麼龐大，但也**正是因為這份投入，我更珍惜每一位打開這本書的你**。

希望這本書能幫助你更快掌握技術，也歡迎將書中的知識應用到你的專案中。若你在閱讀過程中有任何想法，歡迎與我交流分享。

最後，我想特別感謝**媽媽 Sophy** 和**孟寶 Mengbert**。謝謝你們一路以來的支持與陪伴，因為有你們在身邊鼓勵我，我才能順利完成這本書。

好崴寶 Weibert Weiberson 敬上

好崴寶的社群與聯絡方式

- Email 聯絡信箱：weibertweiberson@gmail.com
- GitHub：https://github.com/weitsung50110
- 個人技術網站：https://weitsung50110.github.io/
- Medium 教學網站：https://medium.com/@weiberson
- Instagram 技術帳號：https://www.instagram.com/weibert_coding/
- YouTube 教學頻道：https://www.youtube.com/@weibert
- Threads：https://www.threads.net/@weibert_coding
- Facebook：https://www.facebook.com/weibert1/

本書範例下載網址

https://www.flag.com.tw/DL.asp?F5765

目錄 CONTENTS

CHAPTER 1　本地化低硬體門檻的 LLM 應用開發

1-1　解決高昂的 API 成本與硬體需求 1-2
API 成本的負擔 1-2
硬體需求的挑戰 1-3
免費與本地化運算的崛起 1-4

1-2　對雲端的依賴與資料安全性 1-4
雲端依賴的挑戰 1-4
資料安全性的考量 1-5
在本地運行模型以減少對雲端的倚賴 1-5

1-3　為什麼選擇免費的本地化運算 1-6
成本效益 1-6
自主性與可客製化 1-6
技術可行性 1-6

1-4　LangChain、Ollama 和 LangGraph 的特色與優勢 1-7
LangChain 1-7
Ollama 1-8
LangGraph 1-8
最低硬體需求與資源建議 1-9

CHAPTER 2　環境建置與模型量化技術

2-1　低硬體需求的環境準備與 Ollama 模型選擇 2-2
本書撰寫時使用之硬體環境 2-2
本書推薦之大型語言模型 2-3

2-2　模型選擇指南與量化技術解析 2-5
模型的命名慣例 2-6
模型挑選方式 2-9
Ollama 模型尋找教學 2-10

2-3　如何在本地環境中運行 LangChain 和 Ollama ... 2-17
　　使用 Docker 快速部署 ... 2-18
　　手動配置本地環境 (適合不方便使用 Docker 的讀者) ... 2-32
　　Colab 雲端部署 ... 2-37
　　Ollama 版本相容性提醒 ... 2-38
　　本書實作範例採用的量化模型說明 ... 2-38
　　程式碼中更換模型的方法 ... 2-43

CHAPTER 3　LangChain 基礎入門

3-1　認識 LangChain 生態系統的架構與組成 ... 3-2
3-2　認識 LangChain 底層模組 ... 3-3
　　Base Packages (基礎套件群) ... 3-4
　　Integrations (整合模組群) ... 3-5
3-3　可執行單元 (Runnables) ... 3-6
　　最核心的 Runnable 元件：LLM 生成 ... 3-6
　　提示模板 (Prompt Templates) ... 3-11
　　RunnableLambda ... 3-16
3-4　表達式語言 LCEL (LangChain Expression Language) ... 3-17
　　RunnableSequence ... 3-18
　　RunnableParallel ... 3-22
3-5　回呼 (Callbacks) ... 3-25
　　回呼事件 (Callback Events) ... 3-25
　　回呼處理器 (Callback Handlers) ... 3-26
　　回呼添加方式 (Passing Callbacks) ... 3-31
　　StreamingStdOutCallbackHandler ... 3-35
3-6　避免數字幻覺：用 Prompt 確保 LLM 只根據提供的數據回答 ... 3-38
　　LLM 會如何產生數字幻覺？ ... 3-39
　　提示詞 (Prompt)：避免 LLM 生成錯誤數值 ... 3-40
　　temperature (溫度) ... 3-41
　　結合 Prompt 與 LLM，驗證是否能有效抑制數字幻覺 ... 3-42
3-7　建立多國語言翻譯助手應用 ... 3-46
　　步驟 1：定義提示模版 (Prompt Template) ... 3-46
　　步驟 2：接收用戶輸入 ... 3-46
　　步驟 3：建立流程鏈並在執行時傳入回呼 ... 3-47
　　執行結果展示 ... 3-47

3-8	建立搜尋引擎最佳化 SEO 標題產生器	3-49
	步驟 1：定義提示模版 (Prompt Templates)	3-49
	步驟 2：接收用戶輸入	3-50
	步驟 3：建立流程鏈	3-50
	步驟 4：使用 .stream() 實現串流輸出	3-51
	執行結果展示	3-51

CHAPTER 4　SQL：結合資料庫打造自然語言查詢系統

4-1	如何透過 LLM 達到 SQL 查詢自動化	4-2
	認識 SQLite 資料庫	4-2
	自然語言轉 SQL 查詢	4-2
4-2	建立 SQL 人資小幫手問答機器人	4-4
	步驟 1：初始化模型與連接資料庫	4-6
	步驟 2：獲取資料庫結構	4-6
	步驟 3：執行 SQL 查詢的函式	4-7
	步驟 4：SQL 查詢語句生成 (自然語言輸入 → SQL 語句)	4-8
	步驟 5：執行 SQL 查詢，並將查詢結果轉換為自然語言回答	4-9
	步驟 6：主程式	4-11
	執行結果展示	4-12
4-3	跨資料表 SQL 查詢：讓 LLM 理解關聯資料並生成查詢語句	4-14
	程式碼修改說明	4-16
	執行結果展示	4-17

CHAPTER 5　向量資料庫：基礎 RAG 與語義相似性檢索

5-1	認識檢索增強生成 (RAG)	5-2
	RAG 使用檢索系統帶來的優勢	5-4
	幫 LLM 擴展知識並減少幻覺 (Hallucination)	5-5
5-2	嵌入向量與語義相似性檢索流程	5-6
	嵌入向量 (Embedding Vector)	5-6
	語義相似性檢索 (Semantic Similarity Retrieval)	5-8

5-3	FAISS 向量資料庫與相似度計算方式	5-10
	FAISS 的記憶體特性	5-10
	FAISS 索引類型概覽	5-11
	相似度計算方式介紹	5-12
5-4	OllamaEmbeddings 嵌入模型	5-17
	在 Ollama 尋找、更換與下載嵌入模型的方法	5-17
	正規化測試	5-25
	嵌入模型測試與相似性檢索	5-26
5-5	設定相似度閾值：控制語義檢索範圍	5-33
	L2 距離 (歐幾里得距離, Euclidean Distance)	5-34
	使用 MAX_INNER_PRODUCT 實現餘弦相似度 (Cosine Similarity)	5-36
5-6	將 FAISS 向量資料庫本地化：實現持久化儲存與載入	5-38
	向量資料庫本地化流程	5-38
	檢索本地向量資料庫流程	5-39
	建立與檢索本地 FAISS 向量資料庫	5-40
	整合 LLM 來回答問題	5-43

CHAPTER 6 進階 RAG：記憶、數據向量化、檔案載入器與多資料來源

6-1	認識檢索、生成與數據向量化流程	6-2
	RAG 詳細運作流程	6-2
	RAG 數據向量化流程	6-3
6-2	建立 RAG 向量化檢索泛用聊天機器人	6-5
	步驟 1：初始化 LLM	6-5
	步驟 2：儲存向量並初始化檢索器	6-6
	步驟 3：建立提示模板	6-7
	步驟 4：建立檢索鏈與檔案處理鏈	6-8
	步驟 5：啟動對話系統	6-9
	執行結果展示	6-11
	常見觀念誤區整理	6-13
6-3	建立相似度閾值機制：本地 RAG 球員戰績問答機器人	6-14
	步驟 1：新增 SIMILARITY_THRESHOLD 與準備數據	6-15
	步驟 2：檢查數據是否需要更新	6-16

步驟 3：建立 FAISS 向量資料庫 6-17
　　　步驟 4：建立檢索與問答系統 6-20
　　　執行結果展示 6-22

6-4　文本分割 (Chunking) 6-27
　　　短片段 vs. 長片段 6-27
　　　分割時需要考量的因素 6-28
　　　常見的文本分割策略 6-29
　　　文本分割的實施建議 6-35

6-5　檔案載入器 (Document Loaders) 6-36
　　　LangChain 的檔案載入器 6-36
　　　檔案載入器用法介紹 6-38

6-6　建立 PDF、網頁爬蟲、JSON 檢索問答機器人 ... 6-44
　　　PDF 檢索問答機器人 6-45
　　　執行結果展示 6-50
　　　網頁爬蟲檢索問答機器人 6-52
　　　執行結果展示 6-54
　　　JSON 檢索問答機器人 6-55
　　　執行結果展示 6-60

6-7　LangChain 記憶 (Memory) 6-61
　　　LangChain 記憶類型介紹 6-61
　　　LangChain 記憶執行流程 6-63

6-8　建立有記憶能力的檢索問答機器人 6-65
　　　保留完整對話的 ConversationBufferMemory 6-66
　　　執行結果展示 6-68
　　　保留對話摘要的 ConversationSummaryMemory 6-72
　　　執行結果展示 6-73

CHAPTER 7　Agent ✕ Memory：讓模型自己選擇工具並擁有對話記憶

7-1　認識代理 (Agent) 7-2
　　　AgentExecutor (代理執行器) 7-2
　　　AgentType (代理類型) 7-3
　　　initialize_agent (初始化代理) 7-4

7-2　工具 (Tool) 7-5
　　　使用 LangChain 提供的搜尋引擎查詢工具 (Tool) 7-7
　　　建立函式當作自訂工具 (Tool) 7-9

7-3 建立有記憶的泛用電腦助手 Agent：密碼生成 × 網頁爬蟲 × 搜尋引擎 7-15
步驟 1：初始化 Ollama LLM 7-16
步驟 2：建立密碼生成函式當工具 7-16
步驟 3：建立網頁爬蟲函式當工具 7-17
步驟 4：加入搜尋引擎查詢工具 (DuckDuckGoSearchRun) 7-18
步驟 5：組成工具清單 7-19
步驟 6：設定 Prompt 7-19
步驟 7：加入記憶機制 (Memory) 7-20
步驟 8：建立代理 (Agent) 7-20
步驟 9：建立主程式 7-21
執行結果展示 7-22

CHAPTER 8

LangGraph：用狀態、節點、邊建構圖結構流程

8-1 認識 LangGraph 圖結構流程控制原理 8-2
LangChain AgentExecutor 與 LangGraph 的差異 8-3
圖結構 (Graph) 8-4
節點與邊 (Nodes and Edges) 8-6

8-2 LangGraph 狀態與其更新機制 (State + Reducer) 8-8
狀態 (State) 8-8
Reducer：控制狀態的更新機制 8-8

8-3 建立圖結構條件邏輯 Agent：日期查詢 × 數學計算 8-13
步驟 1：初始化模型 8-14
步驟 2：定義狀態類別 8-14
步驟 3：定義節點函式 8-15
步驟 4：建構圖 8-19
步驟 5：添加節點與邊 8-19
步驟 6：編譯圖與主程式 8-24
執行結果展示 8-25

8-4 建立圖結構網路查詢助手 Agent：維基百科 × 搜尋引擎 8-33
步驟 1：定義狀態類別 8-34
步驟 2：初始化工具 8-34
步驟 3：定義節點函式 8-35

　　　　步驟 4：構建圖 8-40
　　　　步驟 5：執行主程式 8-42
　　　　執行結果展示 8-44

8-5　**LangGraph 記憶：Checkpointer** **8-49**
　　　　Checkpointer (檢查點保存器) 8-49
　　　　Thread (執行緒) 與 Checkpoint (檢查點) 8-50
　　　　檢查點的獲取：get_state 與 get_state_history 8-51

8-6　**建立有記憶的圖結構泛用聊天機器人** **8-56**
　　　　步驟 1：定義狀態類別 8-57
　　　　步驟 2：定義節點函式 8-58
　　　　步驟 3：構建圖 8-59
　　　　步驟 4：建立 Checkpointer 和初始化狀態 8-59
　　　　步驟 5：執行主程式 8-60
　　　　執行結果展示 8-62

CHAPTER 9　LangSmith：視覺化追蹤與分析 LLM 工作流的每一步

9-1　**LangSmith 核心功能與 API 金鑰設定** **9-2**
　　　　LangSmith 使用教學 9-2
　　　　探索 LangSmith 的核心功能 9-5

9-2　**追蹤 SQL、RAG、Agent、Memory 與 LangGraph 等執行流程** **9-14**
　　　　基礎執行流程 9-15
　　　　SQL 執行流程 9-17
　　　　RAG 執行流程 9-20
　　　　Agent × Memory 執行流程 9-21
　　　　LangGraph 執行流程 9-25

CHAPTER **1**

本地化低硬體門檻的 LLM 應用開發

本章將探討大型語言模型（Large Language Model, LLM）應用開發所面臨的高昂成本與硬體挑戰，並介紹如何透過免費工具與本地化運算來應對這些挑戰。我們將分析 API 成本、硬體需求、雲端依賴、資料安全性等問題，並闡述本地化運算的優勢。此外，本章還將介紹 LangChain 和 Ollama，它們在本書後續章節中扮演重要角色。透過本章的學習，讀者將能了解如何在低硬體門檻下，以更經濟、安全、自主的方式，實現**免 API 費用**的大型語言模型應用開發。

1-1 解決高昂的 API 成本與硬體需求

隨著大型語言模型的廣泛應用，其帶來的高昂成本和硬體要求成為許多開發者面臨的首要挑戰。

API 成本的負擔

OpenAI 提供的 GPT 系列功能強大，但其使用需要支付每次請求的 **API 費用**，這對於長期使用或大型應用來說是一筆相當可觀的開銷，尤其是對於個人開發者或資金有限的團隊而言，這樣的成本負擔更顯得沉重。

由於 API 的費用與使用量成正比，開發者往往需要在經濟成本與應用需求之間做出**艱難的取捨**，這也會限制創新的空間。例如，一個應用如果需要頻繁進行查詢，成本將迅速累積，對於預算有限的開發者來說，無疑是一大挑戰。

根據 OpenAI 官方於 2025 年 7 月在官網公布的最新價格，我們可以了解到 GPT-4o 系列模型在文字 API 方面的定價結構如下：

▼ 表 1-1　GPT-4o 系列模型文字 API 定價表 (2025 年 7 月)

模型	輸入費用（每 1M tokens）	輸出費用（每 1M tokens）
gpt-4o	$5.00	$20.00
gpt-4o-mini	$0.60	$2.40

為了幫助讀者更清楚地理解 token 使用的實際成本，假設我們想要開發一款能「即時整合網頁資訊的 AI 搜尋引擎」作為搜尋輔助應用。每次查詢都需要提供 10 個搜尋結果的網頁內容讓模型參考。假設每個網頁平均包含 2,000 tokens，那麼一次查詢就需要大約 **20,000 tokens**（2,000 × 10）。

若使用 GPT-4o 進行處理，費用計算如下：

- **輸入費用**：20,000 tokens / 1M × $5.00 = **$0.10**
- **輸出費用**（假設回應為 1,000 tokens）：1,000 tokens / 1M × $20.00 = **$0.02**
- **總費用**：每次查詢約 **$0.12**（約新台幣 3.84 元，以 1 美元 = 32 新台幣計算）

雖然單次查詢成本不高，但如果每天處理 **10,000 次查詢**，那麼每日成本就會高達 **$1200**（0.12 × 10000），一個月則是 **$36,000**（1200 × 30），仍是一筆不小的支出。

藉由計算輸入費用和輸出費用可以幫助開發者更具體地評估 API 成本，避免因為「1M tokens」看似很多，而低估了實際應用中的開銷。這也是為什麼本地化運算與免費工具變得越來越重要的原因，能夠幫助開發者減少對 API 的依賴，降低長期運行成本。

硬體需求的挑戰

運行大型語言模型（LLM）通常需要高性能 GPU 和大容量記憶體，這對一般開發者或資源有限的團隊來說是一大挑戰。由於這些模型的計算需求高昂，若要在本地端運行，往往需要**昂貴的硬體設備**，這使得許多開發者不得不依賴雲端服務，進而增加營運成本。

為了降低硬體門檻，許多技術正在發展，其中**模型量化技術**可以透過降低模型精度來減少計算需求，使得較低算力的設備也能執行 LLM 應用。

而支援本地化部署的框架（如 **Ollama**），則讓開發者能夠在個人電腦或伺服器上運行 LLM，無需依賴雲端計算資源。這些技術與框架的結合，使得在有限硬體資源下運行 LLM 成為一條可行的路徑。

1-3

免費與本地化運算的崛起

隨著更多開放原始碼框架與模型的釋出，**免費與本地化運算**逐漸成為一種切實可行的選擇。

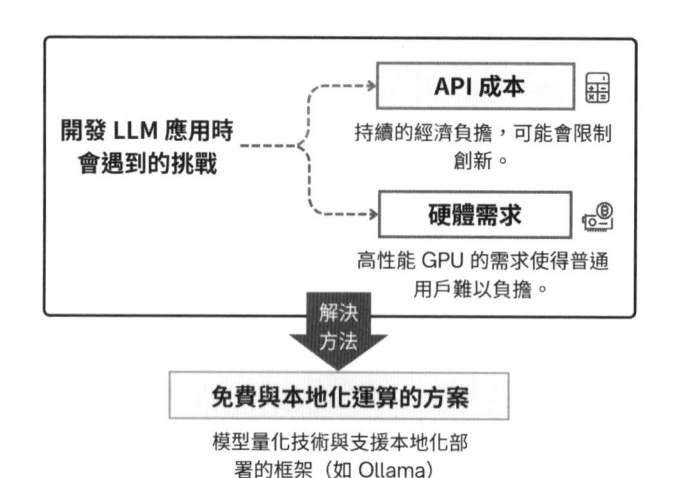

▲ 圖 1-1 開發 LLM 應用時的挑戰與可行解法

1-2 對雲端的依賴與資料安全性

雲端運算雖然帶來便利，但它對應的依賴性和潛在風險卻為本地化方案提供了必要性。

雲端依賴的挑戰

目前，大多數基於雲端的模型（如 OpenAI GPT 系列）僅能通過雲端訪問，**無法在離線環境中使用**，這對應用場景造成了嚴重限制，尤其是在需要離線運行或具備高安全性需求的環境中。

此外，隨著應用規模的擴大，**雲端服務的使用成本**也會不斷上升，進一步加重了經濟壓力。

資料安全性的考量

將數據傳輸到雲端可能引發**隱私和安全問題**，特別是在涉及機密信息（如公司機密資料、客戶資料或專有技術檔案）的應用場景中，這些資料一旦外洩，會對企業或個人造成嚴重影響。

在本地運行模型以減少對雲端的倚賴

由於雲端運算帶來的成本與依賴性問題，**本地運行模型**成為一種可行的替代方案。

相較於雲端運算，本地方案能夠提供**更高的隱私保障**，避免資料外流風險，並且**免去 API 費用**。此外，本地運行還能確保系統在離線環境中依然可用，不受網路狀況影響。

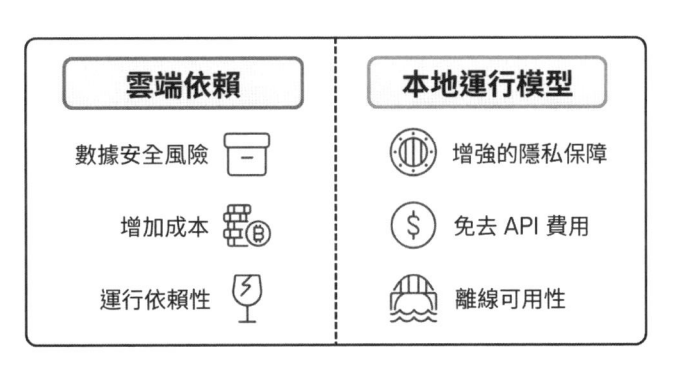

▲ 圖 1-2　雲端與本地計算的權衡與選擇圖

1-3 為什麼選擇免費的本地化運算

免費與本地化運算為開發者提供了更具靈活性與自主性的選擇，解決了許多基於雲端模型的核心痛點。

成本效益

隨著開源（Open Source）模型的釋出，開發者如今**不需支付 API 費用**就能實現與雲端模型相似的功能。此外，免費工具與本地框架的使用，能夠有效**降低長期運行成本**，減少頻繁 API 請求帶來的費用壓力，使得大型語言模型（LLM）的應用更具可持續性。

自主性與可客製化

本地化運算讓開發者**不再受制於雲端平台的使用條件，擺脫對雲端依賴**。此外，LangChain 與 LangGraph 支援針對特定需求進行功能客製，使其更適合多元化的應用場景，讓開發者能夠根據需求進行調整，打造更符合自身需求的解決方案。

技術可行性

本地化運算的可行性能夠大幅提升，主要得益於**模型量化技術**的進步，**降低了硬體門檻**。此外，本地框架（如 Ollama）提供的本地化支援進一步降低了開發者建構本地應用的門檻，簡化了部署流程。

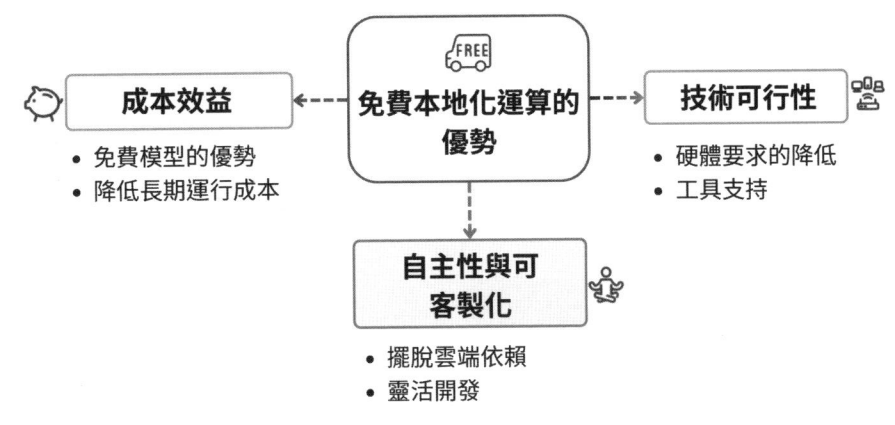

▲ 圖 1-3　本地化運算的三大核心優勢圖

1-4　LangChain、Ollama 和 LangGraph 的特色與優勢

在眾多框架與工具中，LangChain、Ollama 和 LangGraph 是免費與本地化運算的代表性選擇，其特性與優勢不僅適合初學者，也適合專業開發者。

LangChain

LangChain 提供了一套開發框架，讓大型語言模型（LLM）的應用開發變得**更加簡單與模組化**。它提供如提示模板（Prompt Engineering）、代理（Agents）、流程鏈（Chains）等核心功能，讓開發者能**專注於業務邏輯，而非底層實作細節**。此外，LangChain 也**支援多種 LLM 平台**，無論是 OpenAI 的 GPT 系列，還是 Hugging Face 的 Transformers 模型，甚至是本地化的 Ollama，LangChain 都能整合，提供靈活性與兼容性。

在資訊檢索方面，通過整合向量資料庫（Vector Database），LangChain 能夠實現**檢索增強生成**（Retrieval-Augmented Generation, RAG）功能，讓 LLM 不僅具備生成能力，還能根據外部資料回答問題，提升應用的準確性與可靠度。此外，LangChain 具備**豐富的生態系統**，可與多種第三方工具整合，擴展 LLM 的功能範圍。

透過 LangChain，開發者能夠快速建構多種應用，如文本生成、自動化問答系統、聊天機器人、檔案摘要與知識檢索等，為開發者節省了大量開發時間。

Ollama

Ollama 支援本地化部署大型語言模型（LLM），開發者可以直接在自己的設備上執行 LLM 應用，不再依賴雲端運算，從而更好地保護敏感資料。

因為所有數據都保存在本地，展現了其**本地化運行，無需雲端依賴**的優勢，使得**資料隱私性**得到了保障。

Ollama **無需支付 API 費用**讓長期運行的成本降低，並且支援**模型量化技術**，體現了其**低硬體門檻**的優勢。再者，Ollama **支援多種模型**（包含量化後的模型），讓開發者能夠根據需求選擇最適合的模型。

綜上所述，通過**降低雲端依賴和硬體門檻**，Ollama 在運行成本上展現出**節省成本**優勢，它的本地化特性使它比基於雲端模型的 API 更經濟，特別是對於個人或中小企業。

LangGraph

若 LangChain 提供的是模組化與工具整合能力，那麼 LangGraph 則補上了「**流程控制與狀態管理的彈性**」這一塊拼圖。

LangGraph 是一個圖結構（Graph）框架，它允許開發者以「**節點**」和「**邊**」的方式定義 LLM 的推理流程與條件分支。這樣的設計使得開發者能夠打造出具備多階段邏輯與條件判斷的 LLM 應用。

LangGraph 兼容於 LangChain 生態系統，它不是取代 LangChain，而是對其進行擴充。

本書將於第八章〈LangGraph：用狀態、節點、邊來建構圖結構流程〉中，進一步介紹 LangGraph 架構下的實作範例教學。

最低硬體需求與資源建議

本書撰寫時預設的硬體門檻如下：

- **記憶體（RAM）**：建議 16GB 以上。

- **儲存空間**：建議 50GB 以上可用空間，主要用於 Docker 映像、模型檔案及中間結果儲存。

- **GPU（選擇性）**：本書內容設計未依賴 GPU，因此無需進階顯卡，普通設備即可運行。

- **CPU**：建議使用 Intel Core i5 或同等級以上處理器，筆者實測使用第 12 代 Intel Core i5-1245U 處理器，即可順利執行本書全部範例。

MEMO

CHAPTER **2**

環境建置與
模型量化技術

本章將介紹如何在**低硬體資源**的情況下成功配置 LangChain 和 Ollama，並提供**模型選擇指南**。此外，我們將探討在不同硬體條件下如何挑選合適的模型，並說明如何為 LangChain 和 Ollama **建置本地環境**。無論是透過 Docker 進行快速部署，還是採用手動配置，本章都將提供相應的教學，讓你能依據需求選擇最適合的方案。

2-1 低硬體需求的環境準備與 Ollama 模型選擇

本節將探討如何在硬體條件有限的情況下，選擇合適的 Ollama 模型，讓你能夠順利進行本地化運行。

本書撰寫時使用之硬體環境

本書撰寫與測試過程中，筆者使用一台具備**基礎硬體配備的電腦**進行實作，**主要依賴 CPU 執行大型語言模型（LLM）**，以模擬無高階硬體的開發環境。

電腦配備整合型顯示卡（iGPU）Intel(R) Iris(R) Xe Graphics，並非具備 CUDA 支援的獨立顯示卡（如 NVIDIA RTX 系列），因此無法使用 CUDA 與 cuDNN 等加速技術。

▼ 表 2-1 本書範例執行所使用的電腦配備規格表

項目	規格
處理器（CPU）	12th Gen Intel(R) Core(TM) i5-1245U 1.60 GHz
記憶體（RAM）	16.0 GB (15.7 GB 可用)
系統類型	64 位元作業系統 ×64 型處理器
版本	Windows 11

如果你需要使用具備 CUDA 支援的 NVIDIA GPU，並且需要安裝與設定 CUDA 和 cuDNN，可參考筆者在 YouTube 頻道「**Weibert 好威寶程式**」所製作的教學影片（內容涵蓋如何在 Docker 及 Windows 11 環境中建置 CUDA 與 cuDNN）。

▲ 圖 2-1 「CUDA 和 cuDNN 建置」播放清單：https://tinyurl.com/weibert-yt

> ☠ **注意**：CUDA 和 cuDNN 是 NVIDIA 專屬技術，僅支援 NVIDIA 顯卡。

本書推薦之大型語言模型

本書將介紹兩款大型語言模型（LLM）：**Gemma 3** 與 **Llama-3-Taiwan**。

Gemma 3 介紹

「**Gemma 3**」是由 Google 開發的開源大型語言模型，在 2025 年 3 月發布，並提供多種參數規模的版本。以下列出其主要特性與規格：

- **多模態能力（Multimodal Capabilities）**：Gemma 3 能夠處理圖片和文字資料。

- **上下文長度（Context Window）**：支援最多 128k tokens 的上下文窗口。

- **語言支援**：內建支援超過 140 種語言，包括繁體中文。

- **參數規模**：提供 1B、4B、12B 和 27B 等多種模型大小，讀者可根據需求和資源選擇適合的版本。

> **Tip**
> 這裡的「B」指的是參數量級中的「十億」（Billion），例如 1B 表示模型具有約 10 億個參數，而 27B 則代表約 270 億個參數。模型參數越多，通常代表推理能力越強，但同時對運算資源的要求也越高。

右表列出 Gemma 3 在不同版本的模型大小差異：

▼ 表 2-2　Gemma 3 各版本模型大小一覽表

模型名稱	模型大小
Gemma 3 1B（僅限文字）	約 4 GB
Gemma 3 4B	約 16 GB
Gemma 3 12B	約 48 GB
Gemma 3 27B	約 108 GB

Llama-3-Taiwan 介紹

「Llama-3-Taiwan」是基於 Meta 發布的 Llama 3 模型，經過繁體中文微調（fine-tune），專為提升繁體中文語境下的表現而設計。它提供多種版本，如右表所示：

▼ 表 2-3　Llama-3-Taiwan 模型名稱和大小一覽表

模型名稱	模型大小
Llama-3-Taiwan-8B-Instruct	約 16 GB
Llama-3-Taiwan-8B-Instruct-DPO	約 16 GB
Llama-3-Taiwan-8B-Instruct-128k	約 16 GB
Llama-3-Taiwan-70B-Instruct	約 141 GB
Llama-3-Taiwan-70B-Instruct-DPO	約 141 GB
Llama-3-Taiwan-70B-Instruct-128k	約 141 GB

> ☠ **注意**：模型的命名有慣用的關鍵字，不同模型的命名規則可能會略有差異。

「Llama-3-Taiwan」名稱中的後綴，代表不同的參數規模與訓練方式，含義如下：

- 「70B」或「8B」：代表參數規模，70B 擁有 700 億參數，而 8B 擁有 80 億參數。
- 「Instruct」：是指模型經過指令微調（Instruction Tuning）的技術，用於讓模型更能理解和執行自然語言指令。
- 「DPO」（Direct Preference Optimization）：透過直接偏好最佳化微調，使模型生成內容更符合人類偏好。
- 「128k」：表示上下文長度（Context Window）擴展至 128k tokens，適合處理長文檔或長對話場景。（標準 Llama-3-Taiwan 版本的上下文長度為 8k tokens。）

> **Tip**
> 如果讀者對 DPO（Direct Preference Optimization）有興趣，建議閱讀相關論文《Direct Preference Optimization: Your Language Model is Secretly a Reward Model》。

對於硬體資源較為有限的使用者而言，即使運行的是較小的模型，系統仍可能面臨一定的運算壓力。為了解決這個問題，「**模型量化技術**」因應而生，能有效降低運算需求，減輕系統負擔。

接下來，就讓我們一起認識什麼是「**模型量化技術**」。

> **Tip**
> 如果使用未經繁體中文微調（fine-tune）的模型，當你輸入中文時，模型通常會優先回覆簡體中文。這是因為語言模型的訓練資料主要來自網路，而簡體中文的資料量遠多於繁體中文，導致模型在處理中文時自然而然地傾向於使用簡體。因此，選擇經過繁體中文微調的模型能夠確保輸出更符合繁體中文使用者的需求。

2-2 模型選擇指南與量化技術解析

量化（Quantization）是一種將模型中的高精度浮點數（如 f32 或 f16）轉換為低位元精度的數據格式。這種轉換的目的是減少模型所需的記憶體和計算量，同時儘量保持模型性能的穩定性。

換句話說，**量化技術是通過降低數值的精度來壓縮模型大小，從而減少運行時的資源消耗，同時盡量減少對模型精度的影響**。

模型量化後可以得到以下好處：

- **減少記憶體使用**：更小的模型可以在資源有限的設備上運行。
- **節省硬體成本**：即使硬體配置較低也能運行大型模型。
- **加快推理速度**：量化後的模型能夠提高計算效率，減少推理延遲。

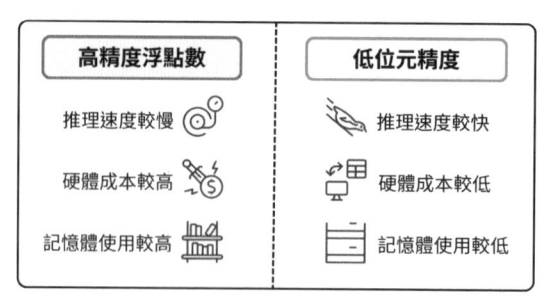

▲ 圖 2-2 高精度浮點數和低位元精度比較圖

然而，量化技術也存在一定的缺點：

- **降低模型精度**：由於使用較低精度的數據格式，量化會導致推理結果的準確度下降。

- **影響泛化能力**：量化後的模型可能無法適應未見過的輸入數據，影響模型的整體表現。

- **對某些應用影響較大**：在數值計算精度要求較高的場景，低位元精度可能無法滿足需求。

模型的命名慣例

模型在命名上也有大家習慣的表示方法，以下依照分類介紹。

浮點數精度 (f32、f16)

f32 和 **f16** 分別代表 32 位元與 16 位元的浮點數精度。相較之下，f32 能表示更廣泛的數值範圍，且具有更高的精度；而 f16 則僅需 f32 一半的儲存空間。

它們適合高硬體資源環境，但相對的檔案大小也會較大。關於它們在模型命名中的範例，可參考右表：

▼ 表 2-4 位元浮點數精度範例名稱表

格式	範例名稱
f32	8b-instruct:f32
f16	8b-instruct:f16

> **注意**：若是將模型從 f32 轉換為 f16，確實可以減少模型大小並提升效能，但這類轉換通常稱為「精度降低」或「半精度轉換」，**不屬於量化的範疇。**

量化通常指的是更大幅度的精度壓縮，例如將模型從 f32 轉換為 q8 或 q4 等低位元格式。接下來，我們將進一步介紹量化位元數（qX）的意義與常見類型。

量化位元數（qX）

q（**Quantized**）表示模型已經過量化處理，後面的數字和字母則用來描述具體的量化方法與配置。右表列出了幾種常見的量化位元數格式與範例名稱，供讀者對照理解：

▼ 表 2-5　量化位元數範例名稱表

格式	範例名稱
q2	8b-instruct:q2_K
q4	8b-instruct:q4_1
q8	8b-instruct:q8_0

qX 表示**量化的位元數**，其中的 X 代表具體的位元數。位元數越低，記憶體占用越少，但可能會導致生成品質下降；相反，位元數越高，生成品質越好，但記憶體需求也相應增加。

- **q2（2 位元）**：2-bit 量化，記憶體需求低，適合資源極度受限的場景
- **q4（4 位元）**：4-bit 量化，在記憶體使用和性能之間取得平衡。
- **q8（8 位元）**：8-bit 量化，生成品質好，但記憶體需求相對較高。

此外，在 qX 之後，部分模型會帶有 _0 或 _1，這代表不同的均勻量化技術。

均勻量化（Uniform Quantization）是指將數據的取值範圍劃分為等間隔的區間，並將每個數值映射到最近的量化級別。

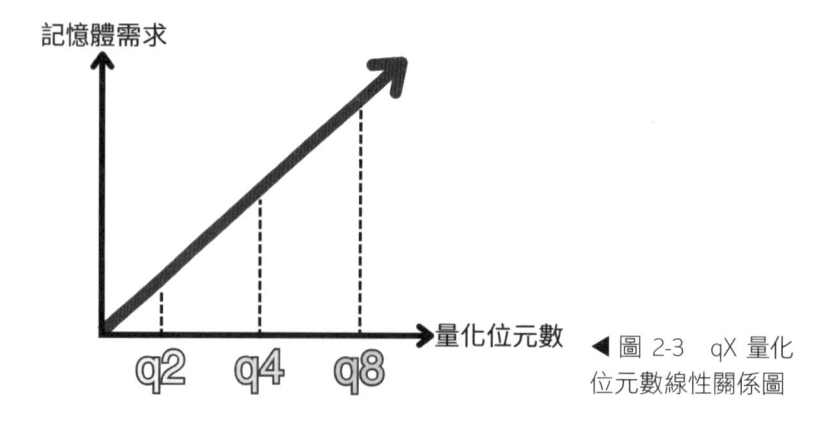

◀ 圖 2-3　qX 量化位元數線性關係圖

另一種常見的標記是 K，這代表 K-Quants 量化技術，它的運作方式與均勻量化不同，我們會在下一節進行介紹。

量化配置（K、S、M、L）

在模型名稱中，出現在 qX 之後的後綴字母代表不同的量化配置，有助於使用者依據硬體資源與應用需求進行選擇。右表顯示了以 K、S、M、L 命名的常見量化配置範例，供讀者參考：

▼ 表 2-6　量化配置範例名稱表

格式	範例名稱
S（Small）	8b-instruct:q3_K_S
M（Medium）	8b-instruct:q3_K_M
L（Large）	8b-instruct:q3_K_L

在這些範例名稱中，可以發現 qX 後方皆帶有 K，代表 **K-Quants** 技術。

K-Quants 是透過將權重分成不同的區塊，並對較重要的權重提供較高精度，從而在減少記憶體使用的同時，盡量維持模型的表現。

而在 K 後方的 S、M、L 代表不同的精度與記憶體需求：

- S（Small）：適合硬體資源有限的情況。
- M（Medium）：中等精度。
- L（Large）：偏向高精度，記憶體需求也相對提升。

◀ 圖 2-4 位元數和量化配置位置圖

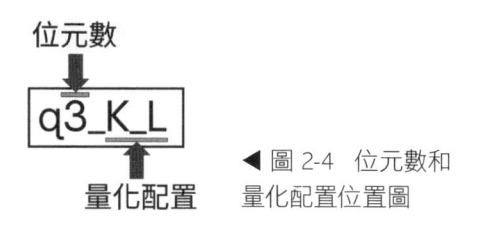

基本上在量化的命名上，前面的 **qX（量化位元數）** 數字越大模型越強。而量化配置方面，其效果依序是：K_L ＞ K_M ＞ K_S。

模型挑選方式

讀者在選擇模型時，應考慮以下幾點：

1. **確認硬體資源**

   - **記憶體**：確認自身硬體設備是否能容納模型大小。

   - **運算性能**：若硬體配置較低，建議選擇 qX 量化位元數較小的模型。

2. **需求決定模型類型**

   - **效能優先**：如果硬體資源充足，選擇較高精度。

   - **資源優先**：在資源有限時，選擇更輕量化的版本。

3. **用途影響選擇**

   - **推理任務**：如果重點在於快速處理且資源有限，可選擇低位元量化的模型，這類模型運行速度快且占用資源少，但可能對結果品質有一定影響。

   - **生成任務**：若需要更高的生成品質，建議選擇精度較高的模型，雖然占用資源較多，但能提供更精確和流暢的生成結果。

4. 測試生成結果

- **效能測試**：在選擇模型後，先測試其運行效果。如果模型生成速度過慢或無法在合理時間內產生結果，可能是模型的精度或資源需求超出了設備承受範圍。此時，建議切換到更輕量化的模型。

- **生成品質測試**：運行模型並觀察其輸出效果。如果生成的內容品質不符合需求（如表達不自然或上下文理解不足），可以考慮選擇精度更高的模型。

- **平衡資源與品質**：根據測試結果在資源消耗和生成品質之間找到平衡點，選擇既能滿足性能要求又不會過度佔用硬體資源的模型。

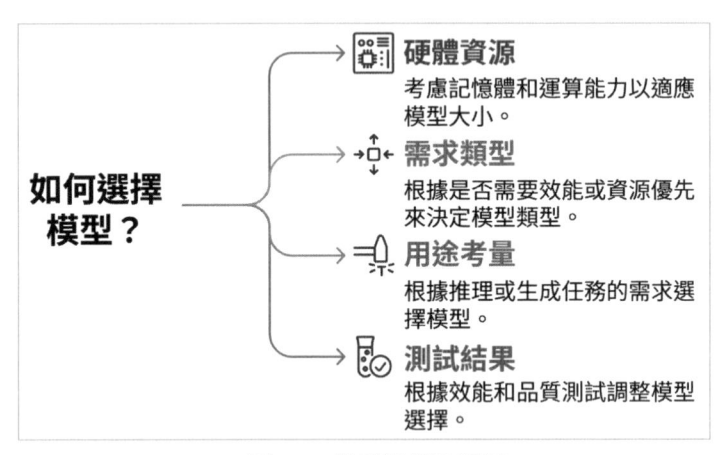

▲ 圖 2-5　模型選擇抉擇圖

接下來，筆者將帶領大家學習如何在 Ollama 平台上搜尋模型，並探索各種不同的量化版本。

Ollama 模型尋找教學

在 Ollama 的首頁（https://ollama.com/），通常會展示平台推薦的熱門模型，這些模型多為最新發布或廣受歡迎的版本，讀者可以參考這些推薦模型，並依需求選擇使用。

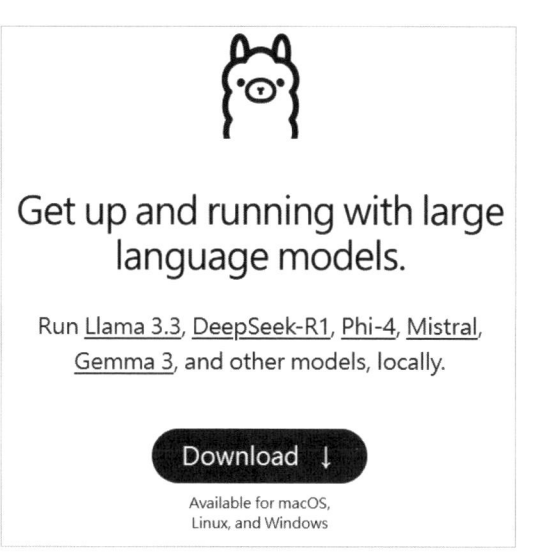

▲ 圖 2-6　Ollama 首頁

　　你也可以透過關鍵字搜尋，在 Ollama 平台上快速找到適合的語言模型。本節將以「Llama-3-Taiwan」與「Gemma 3」為例，示範搜尋操作方式。

❶ 前往 Ollama 官網 (https://ollama.com/)

❷ 搜尋欄位輸入「**weitsung50110**」加上「**taiwan**」

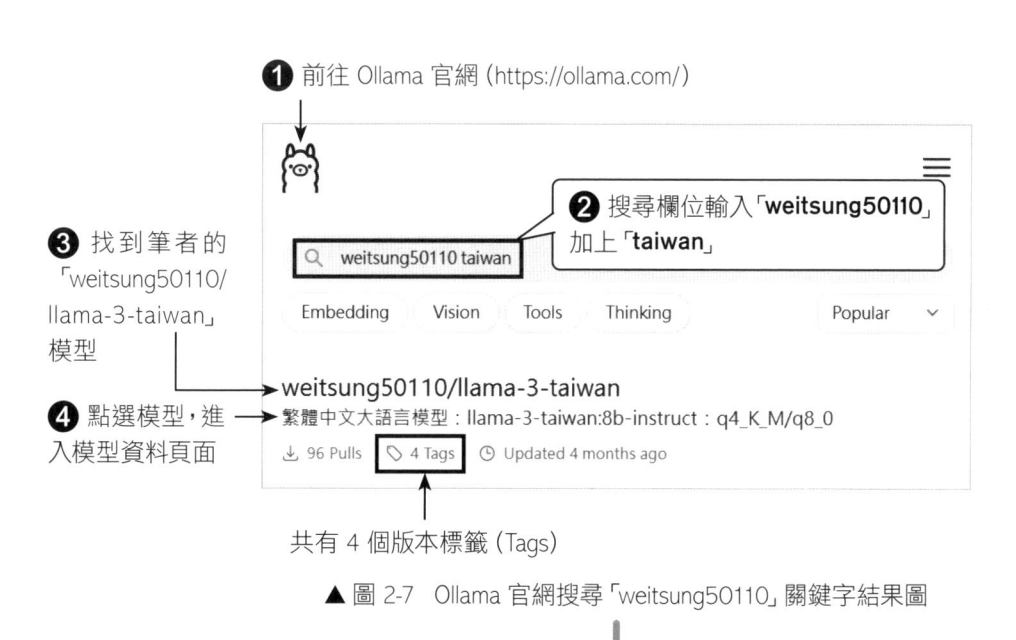

❸ 找到筆者的「weitsung50110/llama-3-taiwan」模型

❹ 點選模型，進入模型資料頁面

共有 4 個版本標籤 (Tags)

▲ 圖 2-7　Ollama 官網搜尋「weitsung50110」關鍵字結果圖

2-11

```
weitsung50110 /
llama-3-taiwan

ollama run weitsung50110/llama-3-taiwan

↓ 96 Downloads    ⓒ Updated 4 months ago

繁體中文大語言模型：llama-3-taiwan:8b-instruct：q4_K_M/q8_0

Models                                          View all →

Name                                Size    Context   Input

llama-3-taiwan:8b-instruct-dpo-q4_K_M    4.9GB    8K       Text

llama-3-taiwan:8b-instruct-q4_K_M        4.9GB    8K       Text

llama-3-taiwan:8b-instruct-dpo-q8_0      8.5GB    8K       Text
```

▲ 圖 2-8　Ollama 官網「weitsung50110/llama-3-taiwan」模型資料圖

　　圖中顯示的是筆者在 Ollama 平台上傳的量化後 Llama-3-Taiwan 模型，名稱為「**weitsung50110/llama-3-taiwan**」。目前該模型提供 4 個量化版本，未來將視需求新增更多版本。

　　若想選擇更多量化模型版本，筆者推薦使用「**kenneth85/llama-3-taiwan**」，該模型提供多達 70 個不同版本，其中包含量化模型和非量化模型選項。

❶ 搜尋欄位輸入「kenneth85」加上「taiwan」

❷ 找到「kenneth85/llama-3-taiwan」模型

❸ 點選模型，進入模型資料頁面

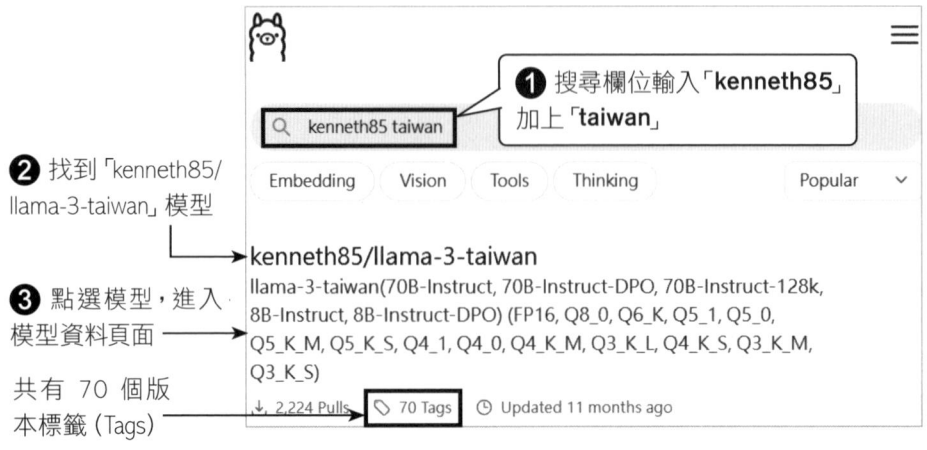

共有 70 個版本標籤 (Tags)

```
🔍 kenneth85 taiwan

Embedding   Vision   Tools   Thinking         Popular ∨

kenneth85/llama-3-taiwan
llama-3-taiwan(70B-Instruct, 70B-Instruct-DPO, 70B-Instruct-128k,
8B-Instruct, 8B-Instruct-DPO) (FP16, Q8_0, Q6_K, Q5_1, Q5_0,
Q5_K_M, Q5_K_S, Q4_1, Q4_0, Q4_K_M, Q3_K_L, Q4_K_S, Q3_K_M,
Q3_K_S)

↓ 2,224 Pulls   ⚲ 70 Tags   ⓒ Updated 11 months ago
```

▲ 圖 2-9　Ollama 官網搜尋「kenneth85」關鍵字結果圖

❶ 進入模型資料頁面找到並點選 View all →字樣進入 Tags 頁面

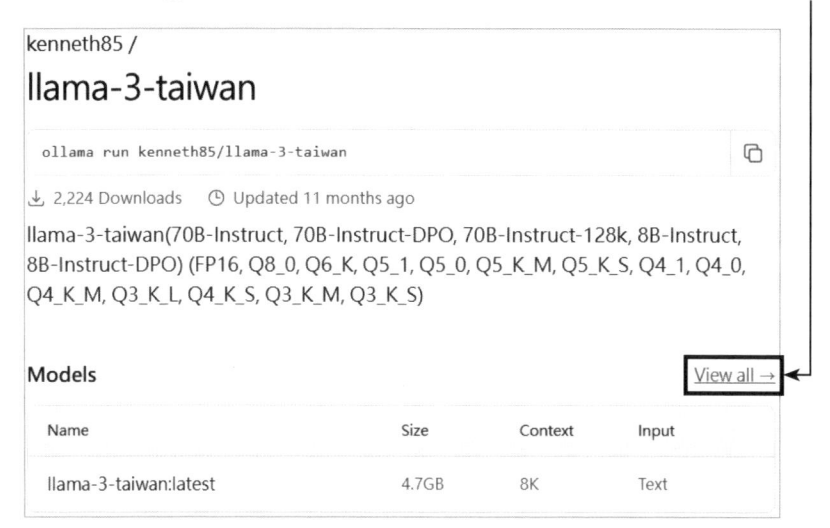

kenneth85 /
llama-3-taiwan

`ollama run kenneth85/llama-3-taiwan`

⬇ 2,224 Downloads　⏲ Updated 11 months ago

llama-3-taiwan(70B-Instruct, 70B-Instruct-DPO, 70B-Instruct-128k, 8B-Instruct, 8B-Instruct-DPO) (FP16, Q8_0, Q6_K, Q5_1, Q5_0, Q5_K_M, Q5_K_S, Q4_1, Q4_0, Q4_K_M, Q3_K_L, Q4_K_S, Q3_K_M, Q3_K_S)

Models　　　　　　　　　　　　　　　　　　　　View all →

Name	Size	Context	Input
llama-3-taiwan:latest	4.7GB	8K	Text

▲ 圖 2-10　Ollama 官網「kenneth85/llama-3-taiwan」模型資料圖

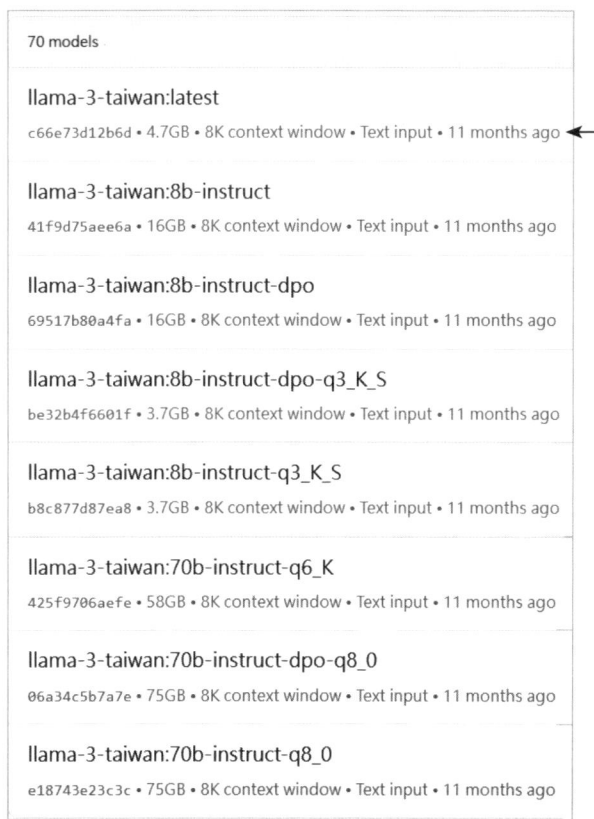

70 models

llama-3-taiwan:latest
c66e73d12b6d • 4.7GB • 8K context window • Text input • 11 months ago

llama-3-taiwan:8b-instruct
41f9d75aee6a • 16GB • 8K context window • Text input • 11 months ago

llama-3-taiwan:8b-instruct-dpo
69517b80a4fa • 16GB • 8K context window • Text input • 11 months ago

llama-3-taiwan:8b-instruct-dpo-q3_K_S
be32b4f6601f • 3.7GB • 8K context window • Text input • 11 months ago

llama-3-taiwan:8b-instruct-q3_K_S
b8c877d87ea8 • 3.7GB • 8K context window • Text input • 11 months ago

llama-3-taiwan:70b-instruct-q6_K
425f9706aefe • 58GB • 8K context window • Text input • 11 months ago

llama-3-taiwan:70b-instruct-dpo-q8_0
06a34c5b7a7e • 75GB • 8K context window • Text input • 11 months ago

llama-3-taiwan:70b-instruct-q8_0
e18743e23c3c • 75GB • 8K context window • Text input • 11 months ago

❷ 在 Tags 頁面中，你可以查看各個模型版本的相關資訊，包括模型大小、上下文長度、輸入類型、發布時間等相關資料

◀ 圖 2-11
Ollama 官網「kenneth85/llama-3-taiwan」Tags 頁面

第 2 章　環境建置與模型量化技術

2-13

在選擇量化模型時，讀者不必拘泥於與筆者相同的模型。

在 Ollama 平台上，**對於同一款模型或相同的量化版本，通常可以找到來自不同開發者的多個替代選擇**。這是因為不同開發者可能會基於相同的基礎模型進行不同的優化與調整，讓使用者可以根據需求與可用性來選擇適合的版本。

此外，**Ollama 上的模型有可能會被刪除或移除**，如果找不到「kenneth85/llama-3-taiwan」，請選擇其他可用的模型。

接下來，筆者要示範如何在 Ollama 平台上，找到「Gemma 3」模型。

❶ 搜尋欄位輸入「gemma3」

❷ 找到「gemma3」模型

❸ 點選模型，進入模型資料頁面

共有 21 個版本標籤 (Tags)

❹ 進入模型資料頁面找到並點選 View all → 字樣進入 Tags 頁面

◀ 圖 2-12 Ollama 官網搜尋「gemma3」關鍵字結果圖

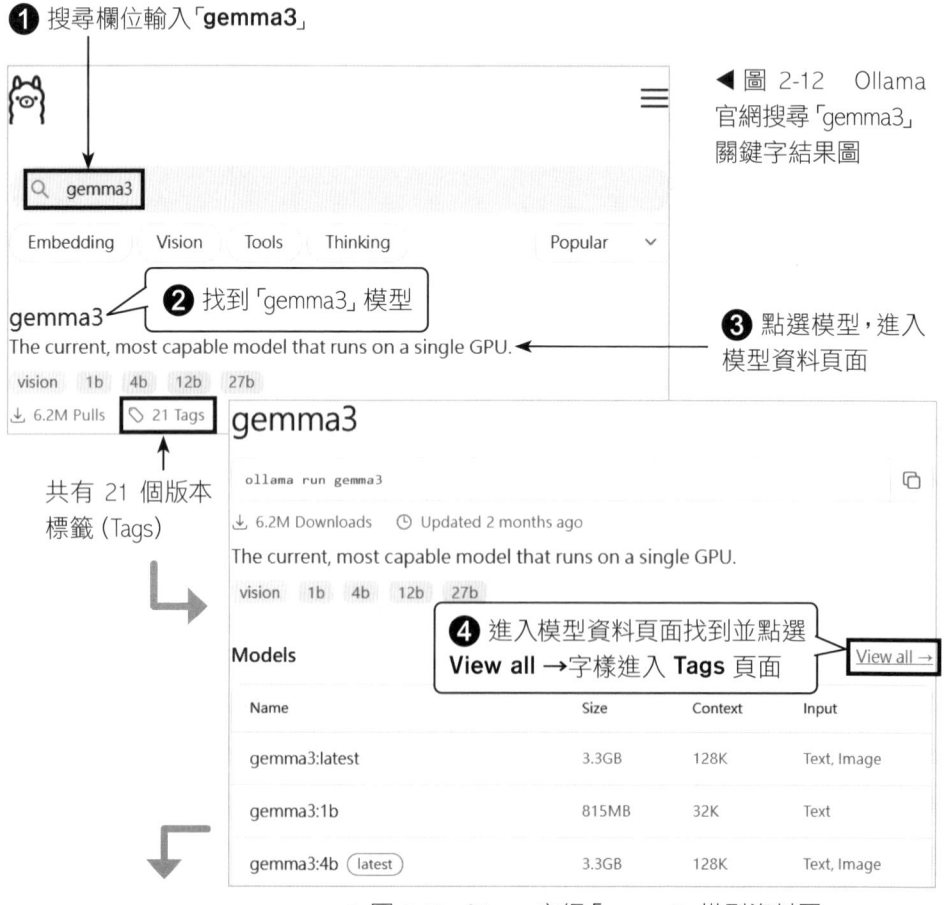

▲ 圖 2-13 Ollama 官網「gemma3」模型資料圖

❺ gemma3 模型提供了多種不同版本，方便使用者依據需求進行選擇

❻ 這邊需要特別注意，圖中所列出的 gemma3 模型（1b、4b、12b、27b）並非原始模型大小，而是**已經過量化處理的版本**，因此檔案體積相對較小

> 21 models
>
> **gemma3:latest**
> a2af6cc3eb7f • 3.3GB • 128K context window • Text, Image input • 2 months ago
>
> **gemma3:1b**
> 8648f39daa8f • 815MB • 32K context window • Text input • 2 months ago
>
> **gemma3:4b** (latest)
> a2af6cc3eb7f • 3.3GB • 128K context window • Text, Image input • 2 months ago
>
> **gemma3:12b**
> f4031aab637d • 8.1GB • 128K context window • Text, Image input • 2 months ago
>
> **gemma3:27b**
> a418f5838eaf • 17GB • 128K context window • Text, Image input • 2 months ago
>
> **gemma3:27b-it-q4_K_M**
> a418f5838eaf • 17GB • 128K context window • Text, Image input • 2 months ago
>
> **gemma3:27b-it-q8_0**
> 273cbcd67032 • 30GB • 128K context window • Text, Image input • 2 months ago
>
> **gemma3:27b-it-fp16**
> b7d58e2e179e • 55GB • 128K context window • Text, Image input • 2 months ago

▲ 圖 2-14　Ollama 官網「gemma3」Tags 頁面

❼ 假設我們想了解「gemma3:27b-it-q4_K_M」的詳細資訊，只需點選該項目，即可進入該模型的資料頁面

> **gemma3:27b-it-q4_K_M**
> a418f5838eaf • 17GB • 128K context window • Text, Image input • 2 months ago

圖 2-15

2-15

❽ 進入模型資料頁面後，在頁面上方會顯示該模型對應的執行指令，以「gemma3:27b-it-q4_K_M」來說會是 "ollama run gemma3:27b-it-q4_K_M"。每個模型的執行指令會依照版本名稱而有所不同，使用時請以頁面所提供的指令為準

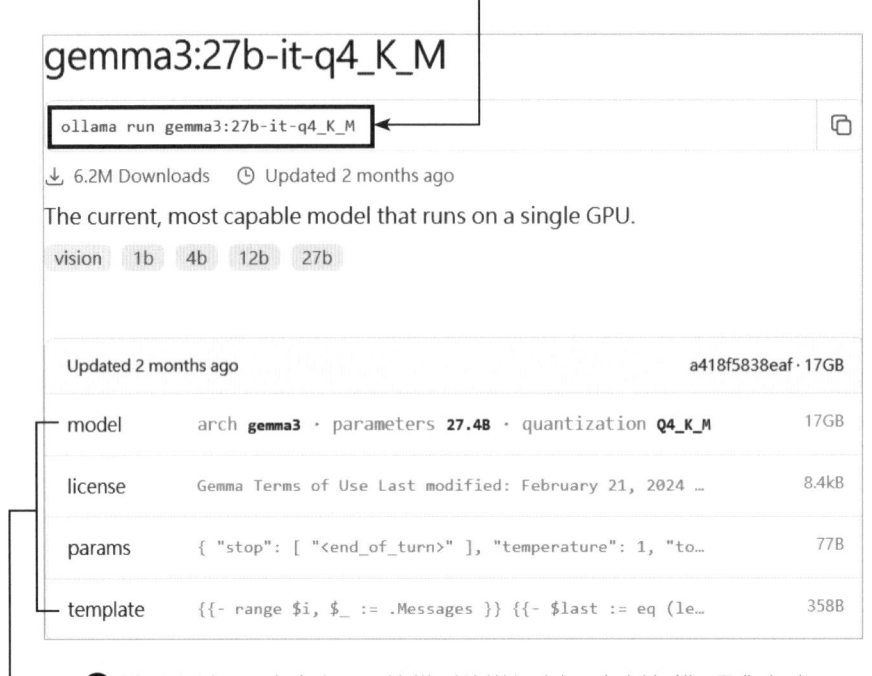

❾ 模型資料頁面中也會顯示該模型的詳細資訊，包括架構、量化方式、授權條款 (license)、參數 (params) 以及範本 (template) 等內容

▲ 圖 2-16　Ollama 官網「gemma3:27b-it-q4_K_M」模型資料圖

除了「Gemma 3」之外，Ollama 平台上也匯集了眾多模型，包含近期廣受關注的「DeepSeek-R1」。

基本上，**每當有新的開源模型發布，Ollama 上很快就會有開發者提供相關版本供使用**。若讀者對最新的開源模型感興趣，亦可透過關鍵字搜尋，自行探索更多模型選項。

2-3 如何在本地環境中運行 LangChain 和 Ollama

要在本地運行 LangChain 和 Ollama，首先需要正確配置軟體環境並下載所需的模型。筆者推薦讀者**使用我已建置好的 Docker 映像（Image）**，以快速完成環境部署。如果你不想使用 Docker，本書也會教你如何手動安裝所需環境。

本書採用的 Python 版本如下：

▼ 表 2-7　Python 版本表

套件	版本
Python	3.13.2

> ☠ **注意**：2024 年 10 月後 LangChain 已經不支援 Python 3.8，請勿安裝 Python 3.8 以下的版本。

在 LangChain 生態系中，相關套件的版本如下：

▼ 表 2-8　LangChain 生態系版本表

套件	版本
langchain	0.3.13
langchain-community	0.3.8
langchain-core	0.3.33
langchain-ollama	0.2.3
langchain-text-splitters	0.3.4
langgraph	0.2.69
langsmith	0.1.147

關於整個 LangChain 生態系的組成，將會在（第 3 章 LangChain 基礎入門）中詳細講解。

本書的教學範例會用到以下套件，也需要安裝，版本如下：

▼ 表 2-9　需要套件版本表

套件	版本	套件	版本
ollama	0.4.7	httpx	0.28.1
faiss-cpu	1.10.0	duckduckgo_search	8.1.1
pandas	2.2.3	wikipedia	1.4.0
numpy	1.26.4	jsonschema	4.23.0
matplotlib	3.10.0	jq	1.8.0
requests	2.32.3	pypdf	5.3.0
beautifulsoup4	4.13.3		

使用 Docker 快速部署

要使用筆者建立好的 Docker 映像檔部署環境，請依照以下步驟完成。

步驟 1：安裝 Docker

如果尚未安裝 Docker，請依以下步驟安裝：

❶ 前往 Docker 官網下載頁面 (https://www.docker.com)

❷ 點選「Download Docker Desktop」

▲ 圖 2-17　Docker 官方網站

2-18

▲ 圖 2-18　Docker Desktop 下載選項

安裝完成後啟動 Docker，並在終端機（Terminal）執行 docker --version 驗證安裝。

```
docker --version
```

若有輸出版本號代表安裝成功：

```
Docker version 25.0.3, build 4debf41
```

> **注意**：顯示的版本號可能會因每個人安裝的版本不同而有所差異，只要成功顯示出版本號就代表安裝成功。

若想進一步學習 Docker 安裝流程的讀者，可以觀看筆者在 **YouTube 頻道「Weibert 好崴寶程式」**上的教學影片，或參考筆者在**個人網站「Weibert 好崴寶程式」**所撰寫的教學文章。

▲ 圖 2-19 Youtube 頻道 - Docker 安裝教學影片：https://tinyurl.com/weibert-docker

▲ 圖 2-20 個人網站 - Docker 安裝教學文章：https://tinyurl.com/weitsung50110-docker

Windows/macOS 以外系統的 Docker 安裝建議

如果讀者使用的是 Windows 或 macOS 以外的作業系統，例如 Ubuntu、Debian、Fedora、CentOS 等，可以去 Docker 官方的檔案網站「**Docker Docs**」（https://docs.docker.com/engine/install/）。它提供針對多種作業系統的詳細安裝教學與後續配置，可以幫助讀者在不同環境中順利部署 Docker 環境。

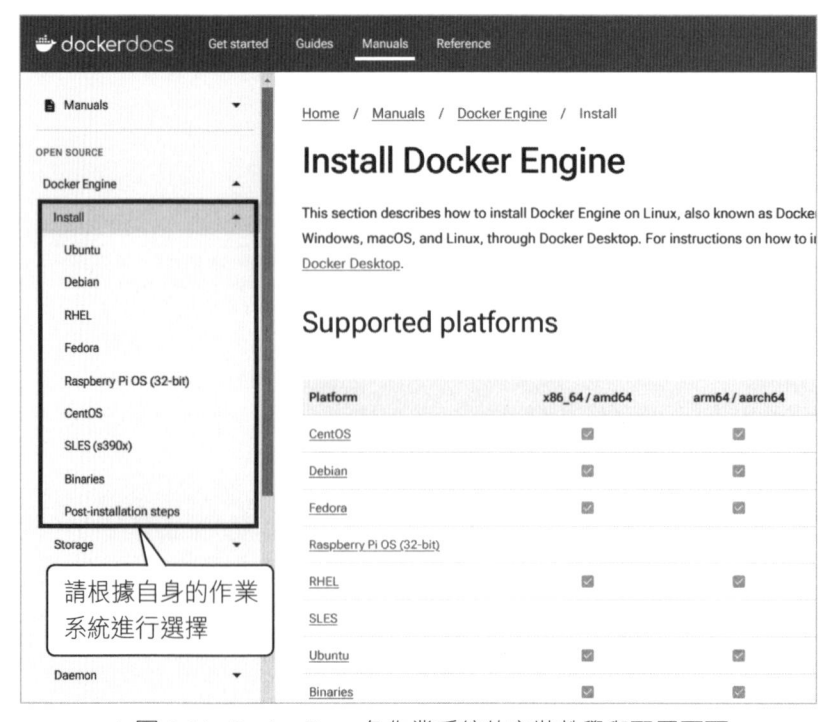

▲ 圖 2-21 Docker Docs 各作業系統的安裝教學與配置頁面

步驟 2：下載 Docker Image

下圖為筆者已建置好的 Docker 映像（Image），讀者可以在 Docker Hub（https://hub.docker.com/）搜尋「**weitsung50110/book_langchain_ollama**」即可找到並使用此映像。

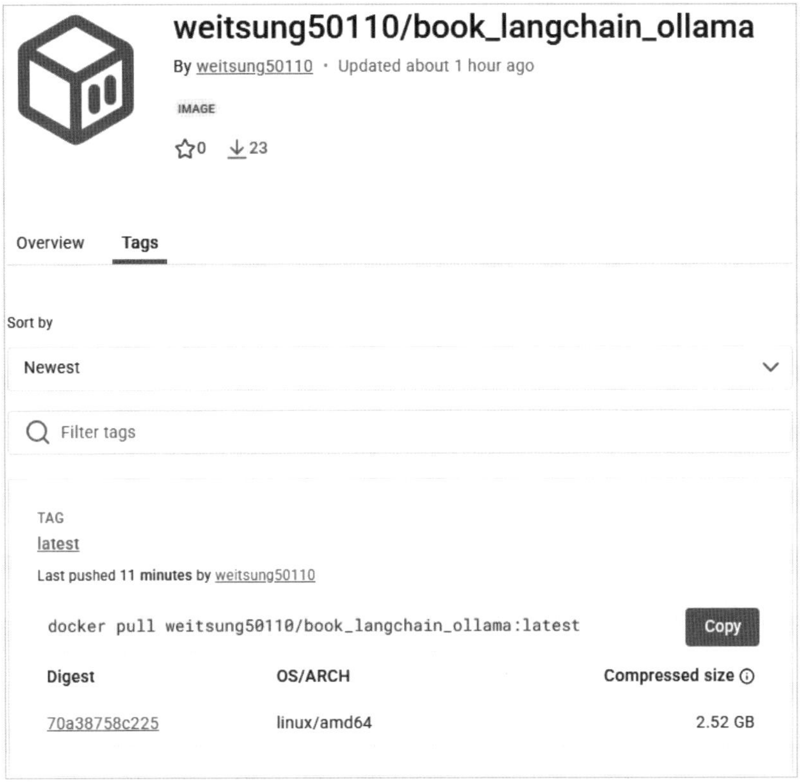

▲ 圖 2-22　Docker Image -「weitsung50110/book_langchain_ollama」

使用以下指令從 Docker Hub 下載映像：

```
docker pull weitsung50110/book_langchain_ollama:latest
```

下載完成後，執行以下指令查看映像是否已成功下載：

```
docker images
```

輸出應顯示類似如下資訊：

```
PS C:\Users> docker images
REPOSITORY                           TAG      IMAGE ID       CREATED       SIZE
weitsung50110/book_langchain_ollama  latest   8d2742f77e16   6 hours ago   6.18GB
```

▲ 圖 2-23　使用 docker images 指令輸出結果圖

筆者的 Docker 映像檔是基於 **Ollama 0.6.2** 版本的映像檔建立的。

我已預先在映像檔中安裝了所有必要的套件，因此讀者可以直接使用我的「**weitsung50110/book_langchain_ollama**」映像檔即可。

若讀者希望從頭開始，自行安裝所需的套件，也可以直接從 Docker Hub 安裝 Ollama 的映像檔。

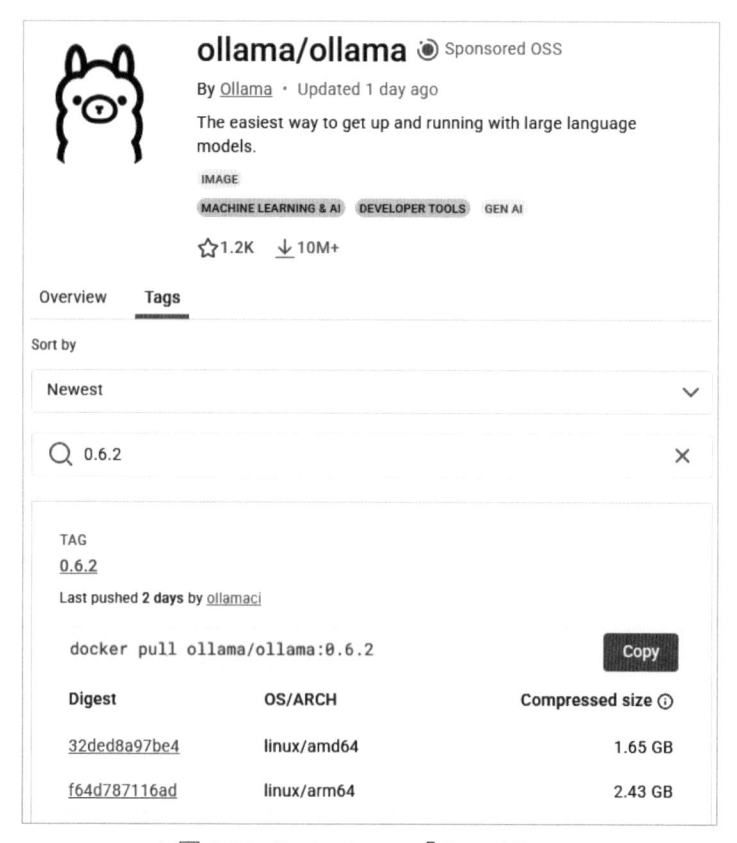

▲ 圖 2-24　Docker Image -「ollama/ollama」

2-22

步驟 3：運行 Docker 映像並生成容器

使用以下命令運行映像，同時掛載資料夾並配置必要的通訊埠。

> ☠ **注意**：以下指令為單行命令，僅為方便閱讀才換行。在執行時，請確保它是作為**單行輸入**的。

```
docker run -d
-v ollama:/root/.ollama
-v D:/Local_folder:/app
-p 11434:11434
--name ollama_local
weitsung50110/book_langchain_ollama:latest
```

上述指令的每個參數都有其特定用途，下面逐一說明：

- **-d**：背景執行容器。

- **-v ollama:/root/.ollama**：使用 Docker Volume ollama 掛載到容器內部的 /root/.ollama 來儲存 Ollama 模型。

> 技巧補充
>
> ### 為什麼要使用 Docker Volume 儲存模型？
>
> 如果沒有使用 Docker Volume 來儲存 Ollama 模型，Ollama 下載的模型會直接存放在容器內部，當容器刪除或重新建立時，這些模型也會一併消失，需要重新下載，造成時間的浪費。
>
> 透過 Docker Volume，模型會被存放在獨立儲存空間，即使刪除或更新容器，**模型仍然存在**，不需要重新下載。

- **-v D:\Local_folder:/app**：將主機的 D:\Local_folder 資料夾掛載到容器內部的 /app 資料夾，方便共享檔案。（此處可換成你自己的本地資料夾，甚至也可以修改容器內的掛載路徑）。

> **技巧補充**
>
> **調整共享資料夾**
>
> D:\Local_folder 是本書用來舉例的共享資料夾，你可以換成自己想要共享的本地資料夾。例如，若你的專案資料夾位於 E:\MyProject，可以將指令修改為：
>
> -v E:\MyProject:/app
>
> 此外，容器內的 /app 掛載路徑也可以修改，例如你想改成 /workspace，則可這樣寫：
>
> -v E:\MyProject:/workspace
>
> 這樣一來，主機上的 E:\MyProject 內容就會對應到容器內的 /workspace，而非預設的 /app，你可以根據需求選擇合適的掛載目錄名稱。
>
> 這樣的掛載方式使得開發者可以**在本機直接編輯程式碼**，而不需要進入容器內編輯，並且所有修改都會**即時反映在 Docker 容器中**，讓程式可以在容器內執行最新的版本。

- **-p 11434:11434**：將主機的 11434 通訊埠映射到容器的 11434 通訊埠，用於 Ollama 模型運行。

> **技巧補充**
>
> ### 為什麼需要設定通訊埠？
>
> Ollama 服務會在容器內的 11434 埠口運行,但如果不進行映射,主機（Windows/Mac/Linux）無法直接存取這個埠。
>
> 透過 -p 11434:11434,我們讓主機的 11434 埠對應到容器的 11434 埠,這樣主機就可以透過 http://localhost:11434 來**存取容器內的 Ollama** 服務。
>
> 當容器啟動後,你可在主機瀏覽器輸入 http://localhost:11434,若一切正常,應會看到「Ollama is running」的提示訊息。

- **--name ollama_local**：容器的名稱設為 ollama_local,你可以替換為其他名稱。

> **技巧補充**
>
> ### 調整容器名稱
>
> --name ollama_local 只是範例名稱,你可以修改為任何你喜歡的名稱,例如:
>
> --name my_ollama_container
>
> 這樣容器名稱會變成 my_ollama_container,方便你管理與識別不同的 Docker 容器。

- **weitsung50110/book_langchain_ollama:latest**：使用最新的 Docker 映像。

> **注意**：在 macOS 上執行此映像時，可能會出現以下警告訊息，但映像仍可正常執行：WARNING: The requested image's platform (linux/amd64) does not match the detected host platform (linux/arm64/v8) and no specific platform was requested

執行上述指令後，可以使用以下指令**查看容器是否成功啟動**：

```
docker ps
```

輸出應顯示類似如下資訊：

```
PS C:\> docker ps
CONTAINER ID   IMAGE                                        COMMAND              PORTS                        NAMES
a7ced98c52fd   weitsung50110/book_langchain_ollama:latest   "/bin/ollama serve"  0.0.0.0:11434->11434/tcp     ollama_local
```

▲ 圖 2-25　使用 docker ps 指令輸出結果圖

若你看到包含容器 ID、映像名稱（Image）、埠口映射及容器名稱等欄位，代表容器已成功啟動並正在運行中。

步驟 4：進入容器

確認容器已成功啟動後，可以使用以下命令進入容器的命令列環境（以 ollama_local 為例）：

```
docker exec -it ollama_local /bin/bash
```

這條指令包含多個參數，每個都有不同的作用：

- **docker exec**：執行指定容器內的指令。
- **-it**：讓終端保持互動模式，允許輸入命令並即時操作容器內部環境。
- **ollama_local**：要進入的容器名稱（如果你有更改名稱，請改成你的容器名稱）。
- **/bin/bash**：進入容器後使用 Bash Shell 來操作環境。

執行上述指令，成功進入容器後，終端畫面應類似如下：

```
root@<container-id>:/ #
```

> ☠ **注意**：其中 <container-id> 代表該容器的 ID，實際顯示的值會根據你的環境而有所不同。

接下來，請依照以下步驟確認共享資料夾是否已正確掛載：

1. **檢查 /app 共享資料夾是否存在**：

    首先，使用 ls 指令列出根目錄中的所有檔案，檢查 /app 共享資料夾是否存在：

    ```
    root@<container-id>:/# ls
    app   boot  etc   lib    lib64   media  opt   root  sbin  sys   usr
    bin   dev   home  lib32  libx32  mnt    proc  run   srv   tmp   var
    ```

2. **進入 /app 共享資料夾**：

    執行以下指令進入 /app 共享資料夾（如果你在掛載時修改了目錄名稱，請使用你的目錄名稱）：

    ```
    root@<container-id>:/# cd app
    root@<container-id>:/app#
    ```

3. **確認本機資料是否同步至容器**：

    在 /app 共享資料夾中，使用 ls 指令檢查是否有來自本機的檔案，確認與本機的同步狀況：

    ```
    root@<container-id>:/app# ls
    ```

    若 ls 沒有顯示任何檔案，請先在本機的共享資料夾（如 D:\Local_folder）放入一個測試檔案（如 test.txt），然後再執行 ls 來確認掛載是否成功。

4. 驗證共享資料夾中的檔案是否可見：

如果掛載成功，應該能在容器內 /app 目錄中看到**本機共享資料夾**（如 D:\Local_folder）內的檔案：

```
root@<container-id>:/app# ls
test.txt
```

如果 test.txt 成功顯示，表示掛載已正確運作，容器內的 /app 目錄已經與本機的 D:\Local_folder 成功同步。

如果容器內的 /app 目錄沒有顯示本機的檔案，請檢查以下事項：

- **確認 Docker 掛載路徑是否正確**：請確保 -v 參數中的本機路徑已修改為你想共享的資料夾，例如 E:\MyProject:/app。
- **確認本機資料夾內是否有檔案**：若 /app 內沒有任何內容，請在你的本機資料夾內（如 D:\Local_folder）新增幾個測試檔案，然後再次執行 ls。

步驟 5：測試環境運行

完成容器啟動與資料夾掛載後，接下來我們要進行基本測試，以確認容器內的執行環境與 Ollama 是否正常運作：

1. 檢查 Python 版本是否正確：

```
root@<container-id>:/app# python --version
```

預期輸出：

```
Python 3.13.2
```

2. 驗證 Ollama 是否可用：

```
root@<container-id>:/app# ollama --version
```

預期輸出（應成功返回版本資訊）：

```
ollama version is 0.6.2
```

3. **在容器內，運行以下指令啟動 Ollama 模型：**

```
root@<container-id>:/app# ollama run weitsung50110/llama-3-taiwan:8b-instruct-dpo-q4_K_M
```

> ☠️ **注意：** 如果尚未下載 weitsung50110/llama-3-taiwan:8b-instruct-dpo-q4_K_M 模型，系統將自動進行下載。根據網絡速度，這可能需要數分鐘時間。

執行後若能正確生成回應，則代表 Ollama 模型運行正常。

測試輸出如下：

- 使用者輸入

>>> 你好，請問你會說中文嗎？

- LLM 回應

```
你好！我是人工智慧，可以理解和使用中文進行對話。很高興能夠與你交談。
以下是一些簡單的例子：
1. 我們可以聊聊天氣，或者關於我們生活中的事情。
2. 我也可以分享一些有趣的故事，或者幫助解決問題。
3. 除了語言，我還擅長各種技能，比如寫文章、翻譯等等。
希望這些信息能夠給你帶來快樂。如果你有任何疑問或需要協助的地方，我很樂意為你提供幫助。
```

4. **如果你希望結束測試並退出 Ollama 互動模式，可以使用以下方法：**

- 方法 1：輸入 **/bye**

>>> /bye

- 方法 2：按下（Ctrl + D）直接退出

2-29

步驟 6：測試 LangChain 與 Ollama 整合

完成步驟 1 至 5 後，可以嘗試運行以下簡單程式碼，驗證 LangChain 和 Ollama 是否已成功配置。

1. 請在本機開發環境（如 VS Code、PyCharm 或 Jupyter Notebook）撰寫程式碼，然後將程式碼儲存到與 Docker 容器共享的資料夾中：

程式 CH2/2-3/langchain_Ch2_test1.py
```
1: from langchain_ollama import OllamaLLM
2:
3: llm = OllamaLLM(
4:     model='weitsung50110/llama-3-taiwan:8b-instruct-dpo-q4_K_M'
5: )
6:
7: response = llm.invoke("你是我的AI助理，請用一句話介紹一下你自己")
8: print(response)
```

2. 接著，進入容器並執行該程式碼：

```
root@<container-id>:/app# python langchain_Ch2_test1.py
```

3. 執行後若能正確生成回應，則代表環境設置成功，測試 LLM 輸出如下：

> 我是一個友善的虛擬個人助理，專門解決日常生活中的大小問題。我具備廣泛的知識庫和技能，能幫你找到適當的資訊、做出有效的判斷、甚至是推薦好吃的美食。無論你是需要尋找最新的旅遊情報或是想要查詢某些特殊的法律規定，我都可以提供最即時的回應和建議。更重要的是，我能成為一位值得信賴的朋友。在你的生活中，我將成為一位可靠的知識性助理。

如果執行程式碼時出現錯誤，導致無法成功生成回應，請先確認 Ollama 模型是否已下載。

1. 執行以下命令，查看本機已有的模型列表：

```
ollama list
```

預期輸出：

```
NAME                                                          ID           SIZE      MODIFIED
weitsung50110/llama-3-taiwan:8b-instruct-dpo-q4_K_M  7fcf06fa5eaa  4.9 GB   3 hours ago
```

▲ 圖 2-26　Ollama 模型列表查詢畫面（ollama list 執行結果）

2. 如果列表中沒有目標模型「weitsung50110/llama-3-taiwan:8b-instruct-dpo-q4_K_M」，則需要執行以下指令下載模型：

```
ollama pull weitsung50110/llama-3-taiwan:8b-instruct-dpo-q4_K_M
```

3. 下載完成後，再次執行 ollama list，確認目標模型是否已成功安裝。

4. 確認目標模型已安裝後，重新執行程式碼，即可正常運作。

常用指令：停止、刪除容器與清理環境

1. 停止運行中的容器，讓 ollama_local 容器停止運行：

```
docker stop ollama_local
```

2. 啟動已停止的容器：

```
docker start ollama_local
```

3. 完全刪除 ollama_local 容器（若之後還需要使用，則需重新啟動新的容器）：

```
docker rm ollama_local
```

4. 刪除映像（請確保沒有使用該映像的容器後再執行）：

```
docker rmi weitsung50110/book_langchain_ollama
```

2-31

5. 查看目前運行中的容器，如果沒有任何輸出，表示目前沒有運行中的容器：

```
docker ps
```

6. 列出所有曾經運行過的容器，包含已停止的容器：

```
docker ps -a
```

7. 查看目前的 Docker 映像（確認本機有哪些映像可用）：

```
docker images
```

8. 強制刪除容器（加 -f 強制刪除）：

```
docker rm -f ollama_local
```

9. 強制刪除映像（加 -f 強制刪除）：

```
docker rmi -f weitsung50110/book_langchain_ollama
```

手動配置本地環境（適合不方便使用 Docker 的讀者）

如果你不想使用 Docker，也可以選擇手動安裝以下軟體和工具。

步驟 1：安裝 Python

前往 Python 官方網站（https://www.python.org/）下載對應作業系統的安裝包。

▲ 圖 2-27　Python 官網 - 下載按鈕

❷ 點選 **All releases** 可以看到所有的 Python 版本

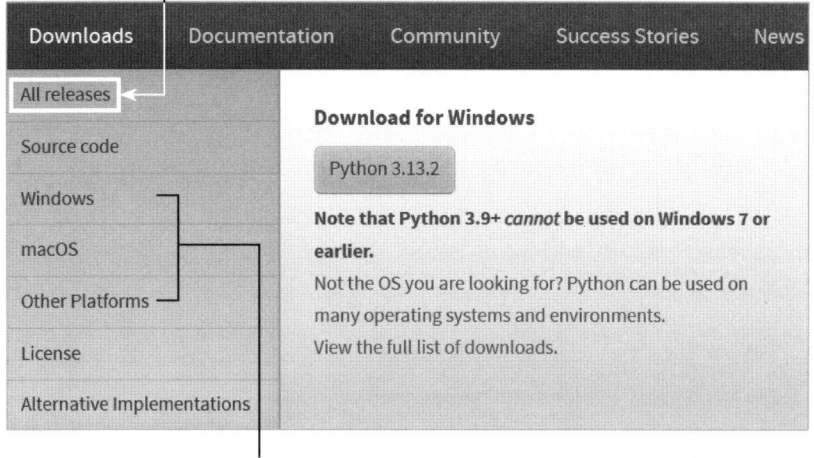

▲ 圖 2-28　Python 官網 - 下載選項

❸ 請讀者根據自身的作業系統進行選擇

❹ 在 Python 版本列表中，找到 Python 3.13.2，然後點選 **Download** 下載安裝包

▲ 圖 2-29　Python 官網下載頁面 - 版本選擇圖

> **注意**：2024 年 10 月後 LangChain 已不支援 Python 3.8，因此請不要安裝 Python 3.8 以下的版本。本例使用的是 3.13.2 版。

2-33

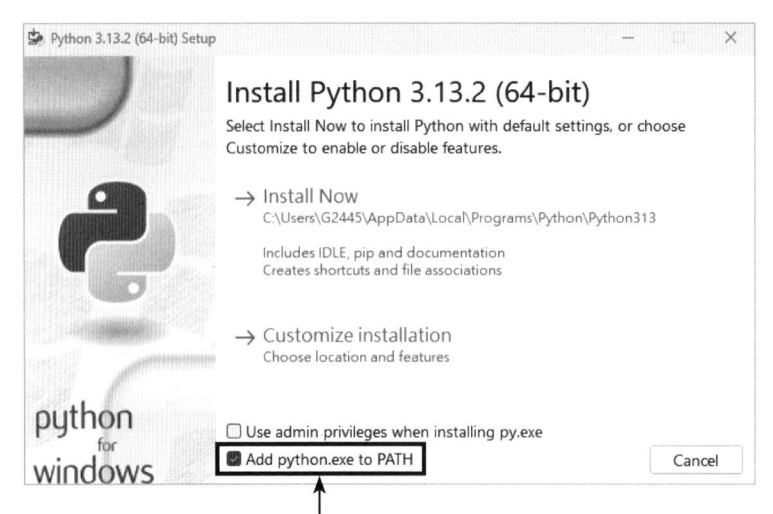

[圖：Python 3.13.2 (64-bit) Setup 安裝畫面，勾選「Add python.exe to PATH」]

❺ 安裝時勾選「**Add Python to PATH**」，以便後續指令可以正常運行

▲ 圖 2-30 Python 安裝圖

技巧補充

設定環境變數

「Add Python to PATH」會將安裝的路徑加入系統設定，以便能在命令提示字元（CMD）或終端機中使用 Python 指令。如果沒有勾選「Add Python to PATH」，就無法在命令提示字元或終端機中輸入 python 來啟動 Python，而必須輸入 Python 的完整安裝路徑才能執行。

如果安裝時忘記勾選「Add Python to PATH」，可以手動將 Python 加入環境變數。

安裝完成後，在命令提示字元（CMD）或終端機中輸入以下命令，確認版本：

```
python3 --version
```

預期輸出剛剛安裝的版本，本例就是 3.13.2：

```
Python 3.13.2
```

步驟 2：安裝必要的依賴套件

執行 pip install 命令安裝本書所需的套件：

```
pip install \
  langchain==0.3.13 \
  langchain-community==0.3.8 \
  langchain-core==0.3.33 \
  langchain-ollama==0.2.3 \
  langchain-text-splitters==0.3.4 \
  langgraph==0.2.69 \
  langsmith==0.1.147 \
  ollama==0.4.7 \
  faiss-cpu==1.10.0 \
  pandas==2.2.3 \
  numpy==1.26.4 \
  matplotlib==3.10.0 \
  requests==2.32.3 \
  httpx==0.28.1 \
  duckduckgo_search==8.1.1 \
  wikipedia==1.4.0 \
  jsonschema==4.23.0 \
  jq==1.8.0 \
  pypdf==5.3.0 \
  beautifulsoup4==4.13.3
```

筆者有把這些套件整理成 requirements.txt 檔案，可在下載範例檔中的 CH2/2-3/requirements.txt 找到，只要在對應的資料夾路徑下面，執行以下指令，即可開始安裝：

```
pip install -r requirements.txt
```

步驟 3：安裝與測試 Ollama

1. 前往 Ollama 官方網站（https://ollama.com/），根據你的作業系統下載並安裝適合的 Ollama 版本。

▲ 圖 2-31　Ollama 官方下載頁面圖

> **Tip**
> 你也可以不在本機安裝 Ollama，依照前面的步驟安裝並使用 Docker 內的 Ollama，由於我們在執行 Docker 容器時有把外部的 11434 埠轉入容器內的相同埠號，因此容器內的 Ollama 就像是在本機一樣，可以讓 Python 程式連接使用。

2. 安裝完成後，執行以下命令檢查版本

```
ollama --version
```

預期輸出（應成功返回版本資訊）：

```
ollama version is 0.6.2
```

3. 執行以下指令啟動 weitsung50110/llama-3-taiwan:8b-instruct-dpo-q4_K_M 模型，測試是否可以正常運行：

```
ollama run weitsung50110/llama-3-taiwan:8b-instruct-dpo-q4_K_M
```

執行後若能正確生成回應，則代表 Ollama 模型運行正常，Ollama 已配置成功。

> **注意**：如果尚未下載該模型，系統將自動下載，根據網速可能需要數分鐘時間。

步驟 4：測試 LangChain 與 Ollama 整合

完成步驟 1 至 3 後，可以嘗試運行以下簡單程式碼，驗證 LangChain 和 Ollama 是否已成功配置。

> ☠ **注意**：程式碼與上一節〈使用 Docker 快速部署〉中的〈步驟 6：測試 LangChain 與 Ollama 整合〉相同，可在下載範例檔的 CH2/2-3/langchain_Ch2_test1.py 找到。

在命令提示字元（CMD）或終端機中輸入以下指令，執行該程式碼：

```
python langchain_Ch2_test1.py
```

若一切安裝正確，執行後將看到模型的回應內容。

若你不方便在本地安裝環境，亦可透過 Google Colab 在雲端運行 Ollama，省去在本機安裝與設定的麻煩。

Colab 雲端部署

Google Colaboratory（簡稱 **Google Colab**）是一個雲端平台，提供類似 Jupyter Notebook 的開發環境，讓使用者能直接在瀏覽器中撰寫並執行 Python 程式碼。

它提供 GPU 和 TPU 等硬體資源（免費版本的資源使用有一定限制），適合本地硬體資源不足，或無法自行配置運算環境的情況。此外，Colab 也支援協作功能，讓使用者可以輕鬆與他人共享並共同編輯程式碼。

若你希望在 Colab 上體驗 Ollama 的安裝與操作，可參考以下教學筆記本（根據旗標科技版本調整修改）：

▲ 圖 2-32 Colab 教學筆記本：
https://tinyurl.com/FlagColab1

Ollama 版本相容性提醒

Ollama 對於模型運行有**版本相容性**要求。部分模型需要 Ollama 達到特定的最低版本才能正常運作；若安裝版本過低，執行這些模型時將會失敗。

像是 **Gemma 3 模型需在 Ollama 0.6 以上版本**才能正常運行，若使用 0.6 以下版本，將會遇到模型無法載入的情況。

以下為筆者在 Ollama 0.5.7 環境下執行 ollama run gemma3:4b-it-q4_K_M 指令時出現的錯誤訊息：

```
Error: llama runner process has terminated: this model is not supported
by your version of Ollama. You may need to upgrade
```

因此，當你需要使用近期發布的新模型時，建議將 Ollama 更新至最新版本。因為較新的模型可能需要 Ollama 在近期版本中所新增的功能或效能優化，而在以前的版本上執行可能會導致相容性問題或錯誤。

本書實作範例採用的量化模型說明

在本書的實作範例中，筆者將主要使用兩款量化模型進行示範教學，分別是「weitsung50110/llama-3-taiwan:8b-instruct-dpo-q4_K_M」與「gemma3:4b-it-q4_K_M」。

以下為「weitsung50110/llama-3-taiwan:8b-instruct-dpo-q4_K_M」模型介紹：

- **檔案大小**：約 4.9 GB
- **8b**：約 80 億參數
- **instruct**：表示模型經過指令微調（Instruction Tuning）。
- **dpo**：模型採用了 Direct Preference Optimization（DPO）方法。

- **q4_K_M 量化**：採用 4 位元量化技術。

以下為「gemma3:4b-it-q4_K_M」模型介紹：

- **檔案大小**：約 3.3 GB
- **4b**：約 40 億參數
- **-it**：表示模型經過指令微調（Instruction Tuning）。
- **q4_K_M 量化**：採用 4 位元量化技術。

Llama-3-Taiwan 與 Gemma 3 回應風格比較

我們以「回應風格」、「資訊延伸程度」以及「語言表現」三個面向，來比較兩款大型語言模型──Gemma 3 與 Llama-3-Taiwan 的差異，分別使用「**gemma3:4b-it-q4_K_M**」與「**weitsung50110/llama-3-taiwan:8b-instruct-dpo-q4_K_M**」這兩個模型版本進行測試。

執行結果 1：回應長度

觀察兩款模型面對同一問題時的回應長短與內容豐富度差異。

- Llama-3-Taiwan 使用者輸入（透過指令 ollama run weitsung50110/llama-3-taiwan:8b-instruct-dpo-q4_K_M 執行）：

>>> 請問你是誰？

- LLM 回應：

```
我是 AI 語言模型。我的主要特點是理解和生成人類語言。我能夠在各種情境中使用文字
來表達觀點，包括新聞、故事、科學論文、詩歌等。我也能根據具體主題撰寫文章。
我特別擅長於以下幾個方面：
1. **理解和生成人類語言**：我能夠分析人類語言的細微差別，並且在需要時產生相應的
回應。
2. **學習與成長**：我每天都會持續學習新的知識，從中提升自己的能力 …(略)
```

從 LLM 的回應表現來看，**Llama-3-Taiwan** 模型的回應較為詳盡，內容豐富但略顯冗長，適合需要完整資訊的情境。

- Gemma 3 使用者輸入（透過指令 ollama run gemma3:4b-it-q4_K_M 執行）：

```
>>> 請問你是誰？
```

- LLM 回應：

```
我是 Gemma，一個由 Google DeepMind 訓練的大型語言模型。我是一個開放權重的
AI 助理。
```

若偏好精簡回應，可考慮使用 **Gemma 3** 模型，其回答風格更為簡潔、聚焦。

執行結果 2：資訊延伸程度

- Llama-3-Taiwan 使用者輸入：

```
>>> 請問南韓首都位置在哪裡？
```

- LLM 回應：

```
南韓的首都是「首爾」。它位於朝鮮半島東北部，與京畿道和仁川廣域市接壤。
這座城市人口約有 1000 萬人，是世界上人口第五多的城市之一。其主要特徵包括：
1. **歷史遺跡**：
   - 城牆：首爾是少數擁有完整城牆的城市，包括南方門和北方門兩座古老城門。
   - 廟宇：其中有幾座佛教寺廟，如清溪明堂、永建禪寺等
2. **綠地**：
   - 公園：首爾擁有多個大型公園，例如江南區的 ...（略）
```

Llama-3-Taiwan 模型在回答問題時，傾向主動補充延伸資訊。

- Gemma 3 使用者輸入：

```
>>> 請問南韓首都位置在哪裡？
```

- LLM 回應：

南韓的首都位置在**首爾 (Seoul)**。
首爾位於南韓西南部，是南韓的政治、經濟和文化中心。

Gemma 3 則聚焦於直接回答問題本身，不會額外延伸。

執行結果 3：Gemma 3 語言表現

由於 Gemma 3 並未像 Llama-3-Taiwan 那樣針對繁體中文進行專門的微調（fine-tune），因此其回應有時會以簡體中文呈現，有時則會出現繁體中文。以下為其輸出簡體中文的範例結果：

- Gemma 3 使用者輸入：

>>> 你好，請問你會說中文嗎？

- LLM 回應：

是的，我会说中文。很高兴和你交流。有什么我可以帮助你的吗？

若你偏好簡體中文，Gemma 3 可直接使用；若需繁體中文，只需明確要求其使用繁體中文作答，Gemma 3 便能立即生成繁體中文回應。

- Gemma 3 使用者輸入：

>>> **請用繁體中文回答**，你好，請問你會說中文嗎？

- LLM 回應：

你好！是的，我會說繁體中文。很高興跟你聊天！

模型實務上的應用建議

在實際應用中,使用者通常不太可能僅依賴這類低參數量的模型來處理複雜任務,**建議至少選擇 12B 或更高參數規模的模型**,才較能應對實務需求。

然而,由於本書以教學與示範為主,為兼顧讀者操作流暢與設備資源考量,因此**採用參數量較低且經過量化的模型**作為展示範例。讀者可依照自身的設備資源與需求,替換為其他模型版本進行實作。

此外,讀者在挑選量化模型時,應根據 2-2 節的「**模型挑選方式**」以及「**圖 2-5 模型選擇抉擇圖**」,選擇最適合自己設備的模型。

> **TIP**
>
> **挑選模型大方向**:若你的硬體設備較好,可選擇參數規模更大、精度更高的版本,例如 OpenAI 的 gpt-oss:20b 開源權重的模型,它需要 16GB 記憶體才能運行;反之,若硬體資源較為有限,則建議選擇參數規模較小、量化位元數和量化配置較小的模型,以確保運行順暢。

本地模型上傳至 Ollama

筆者的 Ollama ID 是「**weitsung50110**」,前面提到本書使用的 Llama-3-Taiwan 模型就是筆者上傳至 Ollama 平台的版本,未來也會陸續新增其他版本供大家使用。

如果你有興趣自行量化模型,也可以嘗試在本地完成模型的量化,並將成果上傳至 Ollama 平台,讓更多人受益。詳細步驟請參考筆者在 Medium 發表的教學文章。

▲ 圖 2-33　本地模型上傳至 Ollama 平台教學:https://tinyurl.com/weibert-ollama

程式碼中更換模型的方法

在 LangChain 與 Ollama 整合時，若需要更換模型——**程式碼幾乎無需修改，只需更換模型名稱那一行即可**。這正是 LangChain 高度模組化與彈性設計的一大特性，能讓開發者快速切換不同模型，提升靈活性。

當你找到想要使用的模型後，只需按照以下兩個步驟即可完成切換：

1. 下載模型到本地：

首先，使用以下指令將所需的模型下載到本地：

```
ollama pull 模型名稱
```

2. 更改程式碼中的模型名稱：

在程式碼中，只需將模型名稱更新為你下載的模型名稱即可：

```python
from langchain_ollama import OllamaLLM

llm = OllamaLLM(
    model='模型名稱'
)
```

這裡筆者將上一節〈使用 Docker 快速部署〉中的〈步驟 6：測試 LangChain 與 Ollama 整合〉程式碼（檔名：CH2/2-3/langchain_Ch2_test1.py）中所使用的模型 weitsung50110/llama-3-taiwan:8b-instruct-dpo-q4_K_M，替換為 gemma3:4b-it-q4_K_M，作為示範。

以下為更換模型後的程式碼：

程式 CH2/2-3/langchain_Ch2_test2.py

```
1: from langchain_ollama import OllamaLLM
2:
3: llm = OllamaLLM(
4:     model='gemma3:4b-it-q4_K_M'
5: )
6:
7: response = llm.invoke("你是我的AI助理,請用一句話介紹一下你自己")
8: print(response)
```

輸出結果:

我是一個大型語言模型,可以協助你生成文本、翻譯語言、回答問題,並盡力滿足你的各種需求。

這樣,就可以輕鬆切換到新的模型了。

> **注意**:請記得以下幾點:
> - 確保輸入的模型名稱正確。
> - 確保模型已成功下載,否則程式運行時可能會出現錯誤。

CHAPTER **3**

LangChain 基礎入門

本章將帶領讀者深入了解 LangChain 的核心概念與基礎模組，並透過實作範例學習如何運用 LangChain 來建構語言模型應用程式。我們將從 LangChain **生態系統的架構**開始介紹，接著探討 LangChain **表達式語言**（LCEL，LangChain Expression Language），它能夠將不同的執行單元（Runnables）組合起來，打造靈活的應用流程。

3-1 認識 LangChain 生態系統的架構與組成

認識LangChain生態系統的架構與組成

```
部署：Deployment
  ┌──────────────────────┐
  │  LangGraph Platform  │
  │       （商業）        │
  └──────────────────────┘

評估與可觀察性：Evals + Observability
  ┌──────────────────────┐
  │      LangSmith       │
  │       （商業）        │
  └──────────────────────┘

架構：Architecture
  ┌────────────┐  ┌────────────┐
  │ LangChain  │  │ LangGraph  │
  │  （開源）   │  │  （開源）   │
  └────────────┘  └────────────┘
```

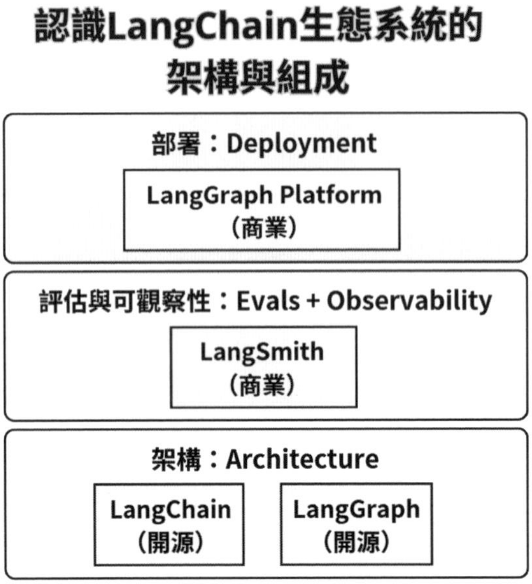

▲ 圖 3-1　LangChain生態系統的架構與組成

上圖描述了 LangChain 生態系統的架構與組成，並區分了**開源**（Open Source Software, OSS）和**商業**（Commercial）的部分。

其中，**開源工具**（如 LangChain 和 LangGraph）提供了開發語言模型應用的基礎模組，適合開發者自由使用與擴展；而**商業化工具**（如 LangGraph Platform 和 LangSmith）則提供更專業的支援，並具備可視化介面，使用戶能夠更方便地操作。雖然這些商業工具提供免費版本，但部分進階功能仍需付費。

1. 架構：Architecture

LangChain 生態系統的核心架構包含以下兩個主要開源工具：

- **LangChain**（開源）：提供建構以大型語言模型（LLM）為核心的應用架構，涵蓋 Prompt 設計、文本分割、工具整合（如檔案載入器、檢索器）等功能。

- **LangGraph**（開源）：透過圖結構（Graph）來管理與編排 LLM 的執行流程，特別適用於多節點、多條件邏輯與分支場景。

2. 評估與可觀察性：Evals + Observability

- **LangSmith**（商業）：LangSmith 是一個商業工具。專注於除錯、測試、提示（prompts）管理以及監控等功能。雖然為商業用途，但它提供免費版本，每月包含 5000 次基本追蹤。

3. 部署：Deployment

- **LangGraph Platform**（商業）：這是一個基於 LangGraph 的商業平台，幫助用戶快速部署和管理基於 LLM 的應用程式，本書並不會使用到它。

> **Tip**
> LangGraph Platform 不是開源軟體，而是一個專有（Proprietary）產品。目前官方提供了免費自我託管版本（Self-Hosted），使用者可以自行安裝並使用基本功能。然而，如果選擇使用官方提供的雲端版本（即不需要自己安裝與維護的線上服務），目前在測試階段（Beta）是免費的，但未來將成為付費服務。

3-2 認識 LangChain 底層模組

LangChain 提供了一系列模組，作為建構語言模型應用的基礎架構。所有基於 LLM 的應用幾乎都是從這些模組出發，逐步組合而成，為開發者在各類任務中提供強大的支援。

Base Packages（基礎套件群）

本節將概覽各個底層模組，在後續章節將會進一步說明實際應用方式。

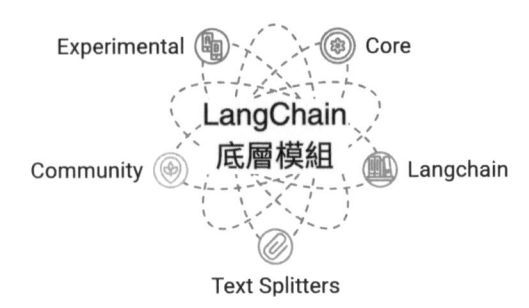

▲ 圖 3-2　LangChain 底層模組圖

- **Core 模組：**

  作為 LangChain 的**核心架構模組**，負責定義主要的**底層組件**，是所有其他模組的基礎，並會被其他模組引用。

- **Community 模組：**

  包含**開源社群貢獻的工具與資源**，提供各種實用的功能擴充，旨在補充 LangChain 的能力。

- **Langchain 模組：**

  在 Core 模組的基礎上進一步整合，提供**整合各種元件的高階介面**，例如記憶（Memory）、代理（Agents）與流程鏈（Chains）等，讓開發者更方便地建構 LLM 應用。

- **Text Splitters 模組：**

  專門提供各種**文字切割方法**的工具，幫助開發者有效地處理文本，將文本分割成較小的段落，以提升檢索準確度並適應大型語言模型（LLM）的處理能力。

  在回答需要參考資料的問題時，LLM 通常需要額外的資料來提供更準確的回應。然而，若直接將整份文件提供給 LLM，不僅會增加處理成本，還可能超過 LLM 所能接受的最大輸入限制（Token 限制）。

因此，文本需要先經過適當的切割，讓系統能夠在實際運作時，找出與查詢內容相關度較高的片段，再傳遞給 LLM 進行處理。這樣的處理方式是檢索增強生成（Retrieval-Augmented Generation, RAG）的一部分，我們將在第 5 章進一步探討。

- **Experimental 模組：**

    提供**測試性與前沿技術功能**，這些功能仍在開發或驗證階段，因此 API 可能會變更。

> ☠ **注意**：本書重點介紹核心模組與常用功能，因此不會使用到 Experimental 模組。如需詳細了解，可參考 LangChain 官方文檔（https://python.langchain.com/api_reference/index.html）。

Integrations（整合模組群）

Integrations（整合模組群） 是 LangChain 與第三方平台之間的整合套件，可快速整合到你的應用中。以下是常見的整合模組：

▼ 表 3-1　常見整合模組與功能概覽 (部分列出)

模組	功能
langchain-openai	整合 OpenAI GPT 模型
langchain-anthropic	整合 Claude 模型
langchain-google-vertexai	整合 Google Cloud Vertex AI 模型
langchain-aws	整合 AWS 服務
langchain-huggingface	支援 HuggingFace Hub 模型與本地 transformers 使用
langchain-mistralai	整合 Mistral AI 模型（如 Mistral 7B）
langchain-ollama	整合 Ollama 本地模型（支援離線運行）

Integrations 完整清單目前包含四十多種服務，像是 Pinecone、Qdrant、Weaviate、Redis、MongoDB、SQL Server、Google GenAI、Cohere、Tavily 等，而本書會以 **langchain-ollama** 作為主要使用。

▼ 表 3-2　LangChain 模組分類與功能定位

分類	功能側重
Base packages（基礎套件群）	LangChain 自家開發的功能模組
Integrations（整合模組群）	與外部平台的對接模組

3-3 可執行單元（Runnables）

在 LangChain 中，Runnables 是一個核心概念，它是一個**可執行的單元**，允許開發者以同步或是非同步方式執行（invoke）、批量處理（batch）、串流生成（stream），並可彈性組合（compose），以完成複雜的流程。

最核心的 Runnable 元件：LLM 生成

在 LangChain 中，大型語言模型（LLM）是生成式 AI 應用的核心組件，負責處理自然語言輸入並產生對應的輸出內容。

在本節中，我們將介紹如何使用 OllamaLLM，以及六種主要的執行方式（invoke、ainvoke、batch、abatch、stream、astream），實際體驗 Runnable 的概念。

.invoke()（同步請求）

.invoke() 適合一次性請求，等待完整回應後才輸出結果。首先，我們**需初始化 LLM**，這裡將使用 OllamaLLM 載入語言模型：

程式 CH3/3-3/langchain_invoke.py

```
1: from langchain_ollama import OllamaLLM
2:
3: # 初始化 LLM
4: llm = OllamaLLM(
5:     model='weitsung50110/llama-3-taiwan:8b-instruct-dpo-q4_K_M'
6: )
```

這樣我們就有了一個可以處理自然語言查詢的 LLM，接下來，我們使用 .invoke() 來發送查詢並取得回應。

```
7: response = llm.invoke("台灣的熱門程式語言有哪些？")
8: print(response)
```

LLM 輸出結果：

以下是目前在台灣比較熱門的程式設計語言及其應用：

前端開發：
1. **JavaScript** ...（略）

.ainvoke()（非同步請求）

.ainvoke() 適合非同步處理，可與其他任務同時運行。

程式 CH3/3-3/langchain_ainvoke.py

```
...（這裡省略 LLM 初始化部分的程式碼）
 7: import asyncio
 8:
 9: async def async_request():
10:     response = await llm.ainvoke("台灣的熱門程式語言有哪些？")
11:     print(response)
12:
13: asyncio.run(async_request())
```

asyncio.run() 的執行流程：

1. 建立新的事件迴圈（Event Loop）。

2. 執行 async_request()，讓 await 內部的非同步請求開始運作。

3. 等 LLM 完成請求，回傳結果後繼續執行，直到 async_request() 內的所有 await 都執行完畢。

4. 結束後，關閉事件迴圈，釋放資源。

LLM 輸出結果：

```
1. **Python**
2. **JavaScript** ...(略)
```

.stream()（串流請求，逐步獲取回應）

.stream() 適合需要即時顯示輸出，避免等待完整回應。

```
程式 CH3/3-3/langchain_stream.py
...(這裡省略 LLM 初始化部分的程式碼)
7: for chunk in llm.stream("台灣的熱門程式語言有哪些？"):
8:     print(chunk, end="", flush=True)
```

上面程式碼中的 print(chunk, end="", flush=True) 表示：

- **chunk** 是 LLM 回傳的部分回應（如一小段文字）。

- **end=""** 讓 print() 不自動換行。

- **flush=True** 會確保每次 print() 立即輸出，而不會因為緩衝機制而延遲顯示。

LLM 輸出結果：

```
1. **Python**：廣泛應用於資料科學 ...(略)
```

.astream()（非同步串流請求）

.astream() 適合需要非同步處理的應用，可在等待時執行其他任務。

程式 CH3/3-3/langchain_astream.py

```
...(這裡省略 LLM 初始化部分的程式碼)
 7: import asyncio
 8:
 9: async def async_stream():
10:     async for chunk in llm.astream("台灣的熱門程式語言有哪些？"):
11:         print(chunk, end="", flush=True)
12:
13: asyncio.run(async_stream())
```

LLM 輸出結果：

1. **Python**
2. **JavaScript** ...(略)

.batch()（批量請求）

.batch() 適合一次發送多個請求，它會等到所有請求都完成後才會返回。

程式 CH3/3-3/langchain_batch.py

```
...(這裡省略初始化 LLM 的程式碼)
 7: prompts = [
 8:     "請介紹台灣的熱門程式語言。",
 9:     "機器學習和深度學習有什麼區別？",
10:     "人工智慧的應用有哪些？"
11: ]
12:
13: responses = llm.batch(prompts)
14: for i, res in enumerate(responses):
15:     print(f"問題 {i+1}：{res}")
```

LLM 輸出結果：

問題 1：台灣的最受歡迎的前五種主要程式語言是：

1. **JavaScript**
   - JavaScript（以下簡稱 JS）...(略)

.abatch()（非同步批量請求）

.abatch() 適合非同步批量請求，允許同時處理多個請求。

程式 CH3/3-3/langchain_abatch.py

```
... (這裡省略初始化 LLM 的程式碼)
 7: import asyncio
 8:
 9: async def async_batch():
10:     responses = await llm.abatch([
11:         "台灣的熱門程式語言有哪些？",
12:         "台灣的 AI 產業發展如何？",
13:         "台灣的開發者社群有哪些？"
14:     ])
15:     for i, res in enumerate(responses):
16:         print(f"問題 {i+1}：{res}")
17:
18: asyncio.run(async_batch())
```

LLM 輸出結果：

問題 1：台灣的熱門程式語言主要包括：

1. **Python**：
    - 在AI和資料科學領域中 ...(略)

藉由前面的執行方式介紹，我們可以整理出以下：

- **invoke / ainvoke**：接收單一輸入並轉換為輸出，ainvoke 是對應的非同步版本。
- **stream / astream**：輸出會在產生時即時傳送，適用於逐步產生結果的應用，astream 是對應的非同步版本。
- **batch / abatch**：處理多個輸入並轉換為輸出（串列），abatch 是對應的非同步版本。

> ☠ **注意**：任何帶 **a** 的方法都是**非同步版本**，可在 async 環境中執行，避免阻塞主執行緒。

提示模板（Prompt Templates）

在使用大型語言模型（LLM）時，我們經常需要提供結構化的提示（Prompts）來引導 LLM 產生適當的回應。然而，這些提示往往具有固定的框架，但其中**某些內容需要根據具體需求進行替換**，例如插入使用者的輸入或其他動態資訊。

為了讓這個過程更方便且可重複使用，LangChain 提供了「**提示模板（Prompt Templates）**」功能。透過提示模板，我們可以預先定義提示的格式，並在需要時**填入動態內容**。提示模板可接收字典形式的輸入，其中**每個鍵（key）對應於模板中需要替換內容的佔位符（Placeholder）**，並生成可以直接傳遞給 LLM 的輸出。

接下來，我們將介紹 3 種提示模板的使用方式：

- 字串提示模板（String Prompt Template）
- 聊天提示模板（Chat Prompt Template）
- 訊息佔位符提示模板（Messages Placeholder Prompt Template）

字串提示模板（String PromptTemplates）

字串提示模板用於格式化**單一的字串**，通常適用於較簡單的輸入。

程式 CH3/3-3/langchain_Prompt1.py

```python
1: from langchain_core.prompts import PromptTemplate
2:
3: # 字串提示模板 (String Prompt Template)
4: template = PromptTemplate.from_template(
5:     "請分享一個與 {subject} 有關的笑話 ")
6:
7: # 使用 invoke 方法，並傳入 subject 為 '狗狗'
8: response = template.invoke({"subject": "狗狗"})
9: print(response) # [字串提示模板] 輸出
```

在這個範例中,template 是一個**字串提示模板**,它包含了一個佔位符 {subject},該佔位符會在執行時替換為對應的輸入值。在呼叫 .invoke() 方法,並傳入 "狗狗" 作為 {subject} 的對應值後,系統會產生以下提示字串:

```
text='請分享一個與 狗狗 有關的笑話'
```

聊天提示模板(ChatPromptTemplates)

聊天提示模板用於格式化**對話訊息**。每則訊息由一個**指定訊息角色**的字串模板構成,所有訊息組合成一串對話歷程。

程式 CH3/3-3/langchain_Prompt2.py

```python
1: from langchain_core.prompts import ChatPromptTemplate
2:
3: # 聊天提示模板 (Chat Prompt Template)
4: chat_template = ChatPromptTemplate.from_messages([
5:     ("system", "你是一個智慧且友善的助手"),
6:     ("user", "請講一個與 {subject} 有關的笑話")
7: ])
8:
9: # 使用 invoke 方法, 並傳入 subject 為 '狗狗'
10: response = chat_template.invoke({"subject": "狗狗"})
11: print(response) # [聊天提示模板] 輸出
```

chat_template 使用的是元組格式(tuple format)來定義訊息,**每一則訊息由(角色, 訊息內容)組成**,LangChain 會自動**根據角色名稱將其轉換為對應的角色類別物件**,例如:

1. ("system", "...") → **SystemMessage**(content='...')

2. ("user", "...") → **HumanMessage**(content='...')

在這個範例中,chat_template 生成了 2 則提示訊息(prompt messages):

```
messages=[
    SystemMessage(content='你是一個智慧且友善的助手'),
    HumanMessage(content='請講一個與 狗狗 有關的笑話')
]
```

- **SystemMessage（系統訊息）**：這是一則固定的訊息。
- **HumanMessage（用戶訊息）**：這則訊息會動態替換 {subject} 佔位符為指定內容。

訊息佔位符提示模板 (Messages Placeholder Prompt Template)

訊息佔位符提示模板用於將**多則訊息插入到對話歷程的特定位置**。

程式 CH3/3-3/langchain_Prompt3.py

```
 1: from langchain_core.prompts import (ChatPromptTemplate,
                                        MessagesPlaceholder)
 2: from langchain_core.messages import HumanMessage
 3:
 4: # 訊息佔位符提示模板 (Messages Placeholder Prompt Template)
 5: chat_template = ChatPromptTemplate.from_messages([
 6:     ("system", "你是一個善於解答問題的助手"),
 7:     MessagesPlaceholder("user_msgs")   # 用戶訊息佔位符
 8: ])
 9:
10: # 準備多則用戶訊息
11: user_messages = [
12:     HumanMessage(content="你好！"),
13:     HumanMessage(content="請問 Python 和 Java 有什麼不同？"),
14:     HumanMessage(content="如果要學 AI，推薦什麼語言？"),
15:     HumanMessage(content="感謝你的幫忙！")
16: ]
17:
18: # 傳入訊息列表給模板
19: response = chat_template.invoke({
20:     "user_msgs": user_messages
21: })
22:
23: print(response) # [訊息佔位符提示模板] 輸出
```

chat_template 會生成以下提示訊息：

```
messages = [
    SystemMessage(content='你是一個善於解答問題的助手'),
    HumanMessage(content='你好！'),
    HumanMessage(content='請問 Python 和 Java 有什麼不同？'),
    HumanMessage(content='如果要學 AI，推薦什麼語言？'),
    HumanMessage(content='感謝你的幫忙！')
]
```

傳入 4 則用戶訊息，最終生成**共 5 則訊息**，包括 **1 則系統訊息**與 **4 則用戶訊息**：

- **SystemMessage（系統訊息）**：這是一則固定的訊息。

- **HumanMessage（用戶訊息）**：這些由 HumanMessage 動態生成的用戶訊息，其內容來自於傳入的 user_msgs。

如果你希望像上一個範例一樣使用「**元組格式**」，也可以直接改為在 .invoke() 方法中傳入對應的訊息串列：

```
response = chat_template.invoke({
    "user_msgs": [
        ("user", "你好！"),
        ("user", "請問 Python 和 Java 有什麼不同？"),
        ("user", "如果要學 AI，推薦什麼語言？"),
        ("user", "感謝你的幫忙！")
    ]
})
```

LangChain 會自動將每個元組（**("user", "內容")**）**轉換成對應的 HumanMessage 物件**。例如，("user", "你好！") 會自動轉換為 HumanMessage(content='你好！')。因此，最終產生的提示訊息與手動建立 HumanMessage 物件的方式相同，效果一致。

> **技巧補充**
>
> **HumanMessage(content=' ') 和 ('user', ' ') 的差別**
>
> 在 LangChain 中,這兩種格式的主要差異在於**數據結構**。
>
> ▼ 表 3-3 訊息格式與類型比較表
>
> | 格式 | 類型 |
> | --- | --- |
> | HumanMessage(content=' ') | 物件(Object) |
> | ('user', ' ') | 元組(Tuple) |

提示模板與 LLM 的結合

接下來,我們把提示模板和 LLM 整合在一起,觀察 LLM 是否按照我們提供的提示詞(Prompt)來生成回應:

程式 CH3/3-3/langchain_Prompt_LLM.py

```
 1: from langchain_ollama import OllamaLLM
 2: from langchain_core.prompts import ChatPromptTemplate
 3:
 4: # 初始化 Ollama LLM
 5: llm = OllamaLLM(
 6:     model='weitsung50110/llama-3-taiwan:8b-instruct-dpo-q4_K_M'
 7: )
 8:
 9: # 建立聊天提示模板
10: chat_template = ChatPromptTemplate.from_messages([
11:     ("system", "你是一個智慧且友善的助手"),
12:     ("user", "請給我講一個與 {subject} 有關的笑話")
13: ])
14:
15: # 將 subject 傳入提示模板並格式化後,傳給 LLM 執行推理
16: formatted_prompt = chat_template.invoke({"subject": "狗狗"})
17: result = llm.invoke(formatted_prompt)
18: print(result)
```

我們透過兩個 .invoke() 方法完成任務：

1. chat_template.invoke({"subject": "狗狗"})：接收一組參數，將提示模板中的 {subject} 佔位符替換為指定內容（"狗狗"），並回傳格式化後的提示訊息。
2. llm.invoke(formatted_prompt)：我們將這份格式化後的提示訊息傳給 LLM 的 .invoke() 方法，讓模型根據提示進行推理並生成回應。

LLM 回應：

> 當然可以，以下是幾個有關狗狗的笑話：
>
> 1. **一隻狗被問到「如果你死了，你希望主人做什麼？」** 他回答：「我希望他每天都給我遛一次狗。」...（略）

LLM 依據我們提供的提示詞成功生成了與「狗狗笑話」相關的回應，顯示它能理解並遵循我們的指令。

RunnableLambda

RunnableLambda 是 LangChain 提供的一種 Runnable 類型，它允許將 **Python 函式（lambda 或普通函式）轉換為一個 Runnable**，讓它可以與其他 Runnables 組合、鏈接。

程式 CH3/3-3/langchain_RunnableLambda.py

```python
from langchain_core.runnables import RunnableLambda

# 定義一個函式
def my_function(x):
    return x * 2

# 使用 RunnableLambda 將函式轉換為可執行單元
runnable = RunnableLambda(my_function)

# 執行 Runnable
result = runnable.invoke(5)
print(result)
```

1. 定義一個函式 **my_function**，它接收一個數值並將其乘以 2。
2. 使用 **RunnableLambda** 將函式封裝，讓它變成 LangChain 可用的 Runnable。
3. 使用 **.invoke()** 方法執行 Runnable，並傳入 5，結果返回 10。

輸出結果：

```
10
```

這樣，我們就成功地將一個普通的 Python 函式轉換為 LangChain 可執行單元（Runnable）。在接下來的章節中，我們將進一步說明如何將多個 Runnable 組合起來，建構出更複雜的 LCEL（LangChain Expression Language）流程。

3-4 表達式語言 LCEL（LangChain Expression Language）

LangChain **表達式語言（LangChain Expression Language, LCEL）**是一種宣告式語法，旨在簡化大型語言模型（LLM）應用的開發，並透過串接或組合 Runnable（可執行單元）來設計執行流程。

LCEL 提供元件組合功能，也就是組合語法（Composition Syntax），讓 Runnable 之間的連結更簡潔直覺。LCEL 允許將多個 Runnable 連結在一起，形成一條執行流程，稱為「**流程鏈（Chains）**」，它本質上仍然是一個 Runnable，可以像其他 Runnable 一樣再進一步串接、組合與執行，提升開發的模組化與靈活性。

其中，「**|**」**運算子**可將多個 Runnable 以管線方式串接，能夠簡化 Runnable 的組合，使程式碼更易讀。例如：

```
chain = runnable1 | runnable2
```

透過「|」運算子，**runnable1** 的輸出會直接傳遞給 **runnable2**，兩者被串接成一個新的 Runnable，這種串接方式會產生一個名為 RunnableSequence 的結構。

ＬＣＥＬ的組合語法提供兩種主要的**組合原型（Ｃｏｍｐｏｓｉｔｉｏｎ Primitives）**：

- **RunnableSequence**：將多個 Runnable 按順序「**鏈接**」組合起來，前一個 Runnable 的輸出作為下一個 Runnable 的輸入，並輸出最後一個 Runnable 的結果。

- **RunnableParallel**：**允許同時運行多個 Runnable**，將相同的輸入提供給每個 Runnable，並將它們的執行結果整合為一個字典（dict）輸出。

RunnableSequence

我們建立一個**由關鍵字生成簡短句子**的流程，並透過「|」運算子讓前一個步驟的輸出作為下一個步驟的輸入。

程式 CH3/3-4/langchain_RunnableSequence.py

```
 1: from langchain_core.runnables import RunnableLambda
 2: from langchain_core.prompts import PromptTemplate
 3: from langchain_ollama import OllamaLLM
 4:
 5: # 初始化 LLM
 6: llm = OllamaLLM(
 7:     model='weitsung50110/llama-3-taiwan:8b-instruct-dpo-q4_K_M'
 8: )
 9:
10: # 預處理函式：加提示詞
11: preprocess = RunnableLambda(lambda x: f"關鍵字：{x}")
12:
13: # Prompt 模板：控制輸出格式
14: prompt = PromptTemplate.from_template("請生成簡短的句子(20 字以內)：{text}")
15:
16: # 後處理函式：加上標籤
17: postprocess = RunnableLambda(lambda x: f"[生成結果] {x}")
```

NEXT

3-18

```
18:
19: # ===== 方法 1：使用 ｜ 運算子串接流程 =====
20: sequence = preprocess | prompt | llm | postprocess
```

串接流程：預處理 → Prompt → LLM → 後處理：

- **preprocess**：把輸入字串轉換為「關鍵字：xxx」的格式。

- **prompt**：讓輸入符合 LLM 預期，生成一句20字內的句子。

- **postprocess**：把 LLM 回傳的結果，加上「[生成結果]」標籤。

使用「｜」運算子將四個步驟串接，前一步輸出的資料會自動傳給下一步。

單一輸入測試

將「蛋糕」傳入流程中。

```
21: result = sequence.invoke("蛋糕")
22: print(result) # RunnableSequence 單一輸入結果
```

執行邏輯：

1. 輸入一筆資料。

2. 資料依序經過預處理、Prompt 模板套用、LLM 生成句子、後處理。

3. 最後輸出一筆結果，其為完整處理後的句子。

LLM 輸出結果：

[生成結果] 這個美味的蛋糕充滿了甜蜜的香氣，讓每一口都令人愉悅。

> ☠ **注意**：當 Prompt 模板中**僅包含一個變數**（如 {text}）時，LangChain 允許直接傳入一個字串作為輸入，系統會自動將該值對應到唯一的變數名稱。

批量輸入測試

不只是單一輸入可以串接處理,我們也能將多筆資料一次傳入,讓每筆資料都經過相同的處理流程。這就是 .batch() 的功用,它會自動對串列中的每個元素依序執行串接好的流程,最終輸出結果串列。

```
23: # 批量輸入
24: batch_result = sequence.batch([
25:     "美麗的蓮花",
26:     "日本",
27:     "孟寶的感情小教室"
28: ])
29:
30: for r in batch_result:
31:     print(r) # RunnableSequence 批量輸入結果
```

執行邏輯:

1. 輸入資料是一個串列,內含三筆關鍵字。

2. 每筆資料依序經過預處理、Prompt 模板套用、LLM 生成句子、後處理。

3. 最後輸出三筆結果,每筆都是完整處理後的句子。

LLM 輸出結果:

[生成結果] 清晨露珠點綴著蓮花,光線透過花瓣交織出絢麗夢幻。
[生成結果] 日本是一個美麗獨特的國家,擁有豐富的文化和歷史,令人驚嘆。
[生成結果]「孟寶的感情小教室」分享如何在愛情中保持平衡,從友達以上、戀人以下到最終成為一家人。

分步執行,手動傳遞(與「|」等效)

如果不使用「|」運算子,可以手動將每一步的輸出傳給下一個步驟:

```
# ===== 方法 2:分步執行, 手動傳遞 =====
32: output1 = preprocess.invoke("甜點")                    # 預處理
33: prompt_filled = prompt.invoke({"text": output1}) # 套用 Prompt 模板
34: llm_output = llm.invoke(prompt_filled)                # LLM 推論
```

NEXT

```
35: final_output = postprocess.invoke(llm_output)    # 後處理
36:
37: print(final_output) # 分步執行，單一輸入結果
```

LLM 輸出結果：

[生成結果] 香草蛋糕配上濃郁奶油，讓人無法抗拒。

使用 .pipe() 方法（與「|」等效）

除了「|」運算子，LangChain 也提供 .pipe() 方法來串接 Runnable，效果與「|」運算子相同：

```
38: # ===== 方法 3：使用 .pipe() 方法串接 =====
39: chain_pipe = preprocess.pipe(prompt).pipe(llm).pipe(postprocess)
40: pipe_result = chain_pipe.invoke("程式設計")
41: print(pipe_result) # Pipe 方法，單一輸入結果
```

LLM 輸出結果：

[生成結果]「掌握一門程式語言，開啟無限可能！」。

由執行結果可以看出「分步執行，手動傳遞」、「.pipe()」方法和「|」運算子的輸出結果相同。

.pipe()：傳入一般 Python 函式

在 **.pipe() 方法中，我們不需要手動將函式包裝為 RunnableLambda**，可以直接傳遞一般函式，LangChain 會自動將其轉換為 Runnable。

```
42: # .pipe() 也可串接一般函式，無需包裝成 Runnable
43: chain_pipe_simple = preprocess.pipe(
44:     prompt).pipe(llm).pipe(lambda x: f"[Pipe結果] {x}")
45:
46: pipe_result_simple = chain_pipe_simple.invoke("學日文")
47: print(pipe_result_simple) # 直接傳入一般函式，Pipe 方法結果
```

LLM 輸出結果：

[Pipe結果] 我正在努力學習日文，希望能快速精通，這樣就可以輕鬆地與日本朋友交流了。

「 | 」運算子：傳入一般 Python 函式

「 | 」運算子也一樣可以直接**與一般函式結合**，只要另**一個運算元是 Runnable**，LangChain 就會自動將**要串接的函式轉換為 Runnable**，無需手動包裝。

```
48: # | 運算子同樣支援串接一般函式
49: sequence_simple = preprocess | prompt | llm | (
50:     lambda x: f"[串接一般函式結果] {x}")
51:
52: result_simple = sequence_simple.invoke("旅遊")
53: print(result_simple) # 直接將一般函式與 RunnableLambda 串接結果
```

上面程式碼中，「 | 」運算子的左側是串接完成的 Runnable 處理流程，而**右側是一般 Python 函式 lambda x: f"[串接一般函式結果] {x}"**。

LLM 輸出結果：

[串接一般函式結果] 旅行開闊眼界，探索未知之處，尋找心靈感動的瞬間。

RunnableParallel

我們也可以建立同時執行多條生成任務的流程，透過 dict（字典）形式指定多個流程鏈，每條鏈各自**基於關鍵字生成簡短句子或笑話**。

程式 CH3/3-4/langchain_RunnableParallel.py
```
...（這裡省略 LLM 初始化部分的程式碼）
 7: from langchain_core.runnables import (
 8:     RunnableLambda, RunnableParallel)
 9: from langchain_core.prompts import PromptTemplate
10:
11: # 預處理：加上提示詞
12: preprocess = RunnableLambda(lambda x: f"關鍵字：{x}")
```
NEXT

```
13:
14: # Prompt 1：簡短句子
15: prompt_short = PromptTemplate.from_template(
16:     "請生成簡短的句子(20 字以內)：{text}")
17: chain_short = prompt_short | llm | (lambda x: f"[簡短句子] {x}")
18:
19: # Prompt 2：講笑話
20: prompt_joke = PromptTemplate.from_template(
21:     "請針對{text}講一個簡短的笑話(20 字以內)")
22: chain_joke = prompt_joke | llm | (lambda x: f"[笑話] {x}")
23:
24: # ===== 建立 RunnableParallel 流程 (2 條任務) =====
25: parallel_chain = preprocess | RunnableParallel(
26:     Sentence=chain_short,
27:     Joke=chain_joke
28: )
```

我們使用「|」運算子**將 preprocess 串接至 RunnableParallel**，在這個流程中包含**兩條任務**：

- **Sentence**：對應簡短句子流程
- **Joke**：對應笑話流程

每條任務各自處理資料，回傳的結果為字典格式：{ Sentence: ..., Joke: ... }，這樣設計方便日後擴充更多任務。

單一輸入測試

將「蛋糕」傳入整個處理流程。

```
29: # 單一輸入測試
30: parallel_result = parallel_chain.invoke("蛋糕")
31: print(parallel_result) # RunnableParallel 單一輸入結果
```

LLM 輸出結果：

```
{
    'Sentence': '[簡短句子] 在華麗的蛋糕上點綴著精緻的小裝飾,慶祝生日的喜悅。',
    'Joke': '[笑話] 為什麼要把一隻老鼠放在蛋糕裡?這樣它就無法跑掉了!哈哈哈!'
}
```

> **Tip**
> 書中程式執行結果都有經過適當的縮排,如果想要顯示類似的結果,可以自行安裝 rich 套件,使用 rich.pretty 模組中的 pprint 替代 print。

批量輸入測試

我們將多筆資料一次傳入,讓每筆資料都經過相同的處理流程。

```
32: # 批量輸入測試
33: batch_result = parallel_chain.batch([
34:     "美麗的蓮花",
35:     "日本",
36:     "孟寶的感情小教室"
37: ])
38:
39: for res in batch_result:
40:     print(res) # RunnableParallel 批量輸入結果
```

回傳的每筆資料皆獨立處理,最終結果為字典串列(list of dict)。

LLM 輸出結果:

```
{
    'Sentence': '[簡短句子] 在池塘中心,一朵美麗的蓮花盛開, 柔和的香氣飄散四溢。',
    'Joke': '[笑話] 問:為什麼蓮花老是遲到? \n\n答:因為它每天都要「蓮」絡感情!'
}
{
    'Sentence': '[簡短句子] 美麗的櫻花在日本盛開,帶來春天的氣息。 #日本 #賞櫻',
    'Joke': '[笑話] 有一天,櫻花盛開,一隻日本烤雞路過祭典。人問:「要來點醬油嗎?」牠嚇到直接跳進壽司店當吉祥物!'
}
{
    'Sentence': '[簡短句子] 孟寶的感情小教室:愛情、友情與親情的結合,讓我們更懂得生活的意義。',
    'Joke': '[笑話] 孟寶說「我太愛運動了」,朋友問:「哪種?」他答:「心靈馬拉松,一天跑多種情緒!」'
}
```

3-5 回呼（Callbacks）

LangChain 提供有回呼系統（Callback System），允許開發者在應用程式運行的不同階段執行特定操作。在 LangChain 的 API 中，回呼可以**透過 callbacks 參數來添加**，該參數接受一組**回呼處理器（Handlers）**。每個回呼處理器對應到處理階段的特定時間點，會在特定的時機觸發，讓開發者能夠執行額外的功能。

回呼事件（Callback Events）

LangChain 的回呼系統允許開發者在程式執行的不同階段，**觸發特定的回呼事件**，以便監控、記錄或動態調整應用的行為。這些事件涵蓋了 LLM 運行、流程鏈（Chain）執行、工具（Tool）呼叫、代理（Agent）操作、檢索器（Retriever）運行等各個環節。

讀者可以透過覆寫對應的回呼方法，在事件觸發時執行額外的處理邏輯。下表根據目前所學，列出回呼系統支援的事件類型，以及對應的觸發時機與相關方法名稱：

▼ 表 3-4 回呼事件與對應方法一覽表

事件 (Event)	觸發時機 (Event Trigger)	相關方法 (Associated Method)
LLM 啟動（LLM start）	當 LLM 啟動時	on_llm_start
LLM 結束（LLM ends）	當 LLM 結束時	on_llm_end
LLM 發生錯誤（LLM errors）	當 LLM 發生錯誤時	on_llm_error
流程鏈（Chain）開始	當流程鏈開始執行時	on_chain_start
流程鏈結束	當流程鏈結束時	on_chain_end
流程鏈錯誤	當流程鏈發生錯誤時	on_chain_error

3-25

回呼處理器（Callback Handlers）

回呼處理器（Callback Handlers）可分為**同步回呼**（**sync**）和**非同步回呼**（**async**）兩種類型。

同步回呼 (sync) - BaseCallbackHandler

在 LangChain 中，同步回呼是透過 **BaseCallbackHandler** 介面來處理。如果希望**在特定時間點執行某些操作**，可以**覆寫 BaseCallbackHandler 類別中的特定方法**，來自訂回呼處理器。

若我們希望在 LLM 開始執行時顯示使用者的提問（query），並在 LLM 執行完成後印出回應內容，就可以透過覆寫 on_llm_start() 和 on_llm_end() 來達成這個需求。

- **定義 MySyncCallback 類別：**
  - **on_llm_start()**：當 LLM 開始執行時，顯示：「LLM 啟動」。
  - **on_llm_end()**：當 LLM 執行完成時，顯示：「LLM 回應完成」，並印出 LLM 產生的結果 (response)。

程式 CH3/3-5/langchain_BaseCallbackHandler.py
```
 1: from langchain_ollama import OllamaLLM
 2: from langchain_core.callbacks import BaseCallbackHandler
 3:
 4: # 定義同步回呼處理器
 5: class MySyncCallback(BaseCallbackHandler):
 6:     def on_llm_start(self, serialized, query, **kwargs):
 7:         print(f"LLM 啟動, 使用的提問：{query}")
 8:
 9:     def on_llm_end(self, response, **kwargs):
10:         print(f"LLM 回應完成, 結果：{response}")
11:
12: # 初始化 Ollama LLM, 並添加回呼處理器
13: callback_handler = MySyncCallback()
14: llm = OllamaLLM(
15:     model="weitsung50110/llama-3-taiwan:8b-instruct-dpo-q4_K_M", NEXT
```

3-26

```
16:     callbacks=[callback_handler]
17: )
18:
19: # 使用 stream 模式執行
20: for chunk in llm.stream("台灣的熱門程式語言有哪些？"):
21:     print(chunk, end="", flush=True)
```

初始化 **OllamaLLM** 時，我們透過 **callbacks=[callback_handler]** 綁定自訂的**同步回呼處理器**，使得 LLM 在運行過程中會觸發 **on_llm_start()** 和 **on_llm_end()** 方法；接著使用 **llm.stream** 發送請求，並串流輸出回應內容。

LLM 輸出過程（.stream 串流輸出回應內容）：

當 LLM 開始處理請求時，會立即觸發 **on_llm_start()**，此時會顯示使用的提問內容：

```
LLM 啟動，使用的提問：['台灣的熱門程式語言有哪些？']
```

接著，模型會串流輸出回應內容：

```
以下是一些主要的趨勢和數據，供你參考：

1. **Python**：...（略）
```

LLM 輸出結果（觸發 on_llm_end()）：

當 LLM 回應產生完畢後，**on_llm_end()** 會立即被呼叫，用來顯示完整結果：

```
LLM 回應完成，結果：generations=[[GenerationChunk(text='以下是一些主要的趨勢和數據，供你參考：\n\n1. **Python**：\n    - 由於其易用性 ...（略）
```

> **Tip**
> 傳入 on_llm_end() 的參數是一個 LLMResult 類別的物件，包含有執行結果相關的完整資訊，如果只想取得生成的文字，可透過 response.generations[0][0].text 取得。

這表示整個 LLM 輸出流程是**依序運行**的。

非同步回呼 (async) - AsyncCallbackHandler

在 LangChain 中，非同步回呼則透過 **AsyncCallbackHandler** 介面來實作，並搭配非同步的執行方法交錯執行，**不會阻塞主程式的運行。**

- **定義 MyAsyncCallback 類別：**
  - on_llm_start()：當 LLM 開始執行時，顯示「(非同步) LLM 開始處理」。
  - on_llm_end()：當 LLM 執行完成時，顯示「(非同步) LLM 處理完成」，並印出 LLM 產生的結果 (response)。

```
程式 CH3/3-5/langchain_AsyncCallbackHandler.py
1: import asyncio
2: from langchain_ollama import OllamaLLM
3: from langchain_core.callbacks.base import AsyncCallbackHandler
4:
5: # 定義非同步回呼處理器
6: class MyAsyncCallback(AsyncCallbackHandler):
7:     async def on_llm_start(self, serialized, query, **kwargs):
8:         print(f"(非同步) LLM 開始處理：{query}")
9:
10:     async def on_llm_end(self, response, **kwargs):
11:        print(f"(非同步) LLM 處理完成，結果：{response}")
12:
13: # 初始化 Ollama LLM, 並添加回呼處理器
14: callback_handler = MyAsyncCallback()
15: llm = OllamaLLM(
16:     model="weitsung50110/llama-3-taiwan:8b-instruct-dpo-q4_K_M",
17:     callbacks=[callback_handler]
18: )
19:
20: # 定義非同步函式，讓多個 LLM 任務並行執行
21: async def run_llm_task(prompt):
22:     async for chunk in llm.astream(prompt):
23:         print(chunk, end="", flush=True)
24:
25: # 非同步執行多個 LLM 任務                              NEXT
```

```
26: async def main():
27:     tasks = [
28:         run_llm_task("請解釋人工智慧的基本概念。"),
29:         run_llm_task("機器學習和深度學習有什麼區別？"),
30:         run_llm_task("台灣的熱門程式語言有哪些？")
31:     ]
32:
33:     await asyncio.gather(*tasks)  # 並行執行 LLM 任務
34:
35: asyncio.run(main()) # 執行入口
```

我們先初始化 OllamaLLM，並透過 **callbacks=[callback_handler]** 綁定自訂的**非同步回呼處理器**，讓 LLM 在運行過程中以非同步方式觸發 **on_llm_start()** 和 **on_llm_end()**。接著定義 **run_llm_task()** 函式來執行非同步請求，透過 **llm.astream()** 以非同步方式串流輸出回應內容，避免阻塞。

接下來定義 **main()**，負責建立多個 LLM 任務並加入 **asyncio.gather()**，以達到多個 LLM 任務並行處理的效果。最後透過 **asyncio.run(main())** 作為程式進入點，啟動整體非同步流程。

LLM 輸出過程（.astream 非同步串流輸出回應內容）：

當 LLM 開始處理請求時，會立即觸發 **on_llm_start()**，此時會顯示使用的提問內容：

```
(非同步) LLM 開始處理：['請解釋人工智慧的基本概念。']
(非同步) LLM 開始處理：['機器學習和深度學習有什麼區別？']
(非同步) LLM 開始處理：['台灣的熱門程式語言有哪些？']
```

接著，模型會非同步串流輸出回應內容：

```
分.###支 ** 前，數端專據開注類發於型
開**1發：.能機 **器JavaScript夠學**使習：...（略）
```

讀者可以看到，LLM 在輸出過程中會產生大量混雜的文字，這是因為 **asyncio.gather()** 同時並行多個 run_llm_task()，而每個 llm.astream() 都會獨立地產生一系列的回應片段（chunk）。

由於這些 chunk（回應片段）同時輸出到終端機，**不同問題的回應內容會交錯混雜在一起**，導致顯示結果看起來支離破碎，這就是**非同步的特徵**。

然而，當每個請求的串流輸出結束後，系統會觸發 on_llm_end()，此時的回應內容將會是完整的結果。

LLM 輸出結果（觸發 on_llm_end()）：

(非同步) LLM 處理完成，結果：generations=[[GenerationChunk(text='機器學習與深度學習的主要區別是 ...（略）')
(非同步) LLM 處理完成，結果：generations=[[GenerationChunk(text='人工智慧是一種 ...（略）')
(非同步) LLM 處理完成，結果：generations=[[GenerationChunk(text='台灣的熱門程式語言包括 Python、JavaScript ...（略）')

值得注意的是，「機器學習與深度學習」的回答先完成，但它並不是第一個請求的問題，這顯示 on_llm_end() 並不是按照請求順序執行的。這種**執行順序的非確定性正是非同步回呼的特徵**，因為**每個請求的完成時間不同，回應順序可能會改變**。

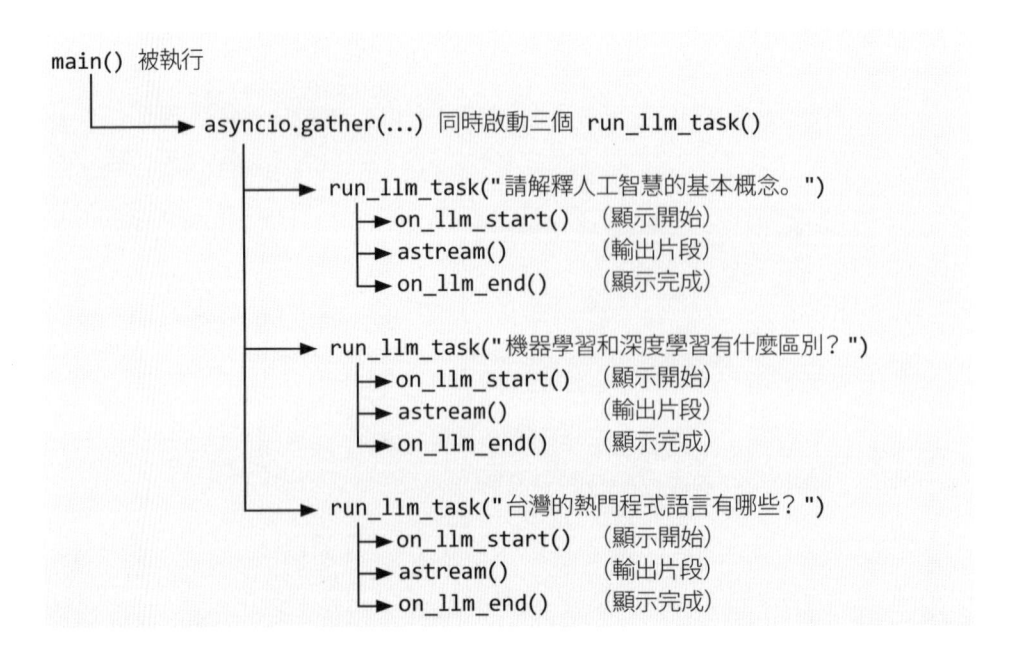

```
main() 被執行
    └─▶ asyncio.gather(...) 同時啟動三個 run_llm_task()
            ├─▶ run_llm_task("請解釋人工智慧的基本概念。")
            │       ├─▶ on_llm_start()    （顯示開始）
            │       ├─▶ astream()         （輸出片段）
            │       └─▶ on_llm_end()      （顯示完成）
            ├─▶ run_llm_task("機器學習和深度學習有什麼區別？")
            │       ├─▶ on_llm_start()    （顯示開始）
            │       ├─▶ astream()         （輸出片段）
            │       └─▶ on_llm_end()      （顯示完成）
            └─▶ run_llm_task("台灣的熱門程式語言有哪些？")
                    ├─▶ on_llm_start()    （顯示開始）
                    ├─▶ astream()         （輸出片段）
                    └─▶ on_llm_end()      （顯示完成）
```

> **Tip**
> **註解：**
> - 三個任務（run_llm_task）是**並行啟動**，並非依序執行。
> - 哪一個問題最先開始、最先結束，**視 LLM 回應速度而定**。

回呼添加方式（Passing Callbacks）

在 LangChain 的大多數物件中，可以用以下兩種方式添加回呼：

- **請求時回呼（Request Time Callbacks）**：一次性設置回呼。
- **建構時回呼（Constructor Callbacks）**：固定採用回呼。

在接下來的範例中，我們將使用 ConsoleCallbackHandler 來示範這兩種回呼方式。

ConsoleCallbackHandler 簡介

ConsoleCallbackHandler 是 LangChain 中的一種回呼處理器（Callback Handler），它的作用是即時將 LangChain 執行過程中的資訊輸出到終端機（Console），讓你可以觀察並監控每個步驟的運作情況，非常適合除錯與教學時使用。

LangChain 在內部執行時，每一個步驟（如 LLM 呼叫開始、結束等）都會觸發對應的 callback。而 ConsoleCallbackHandler 會在這些事件被觸發時，馬上把資訊輸出到終端機。

▼ 表 3-5　ConsoleCallbackHandler 執行階段與輸出對照表

執行階段	ConsoleCallbackHandler 輸出
LLM 呼叫開始	[llm/start] ... Entering LLM run with input:
LLM 回應完成	[llm/end] ... Exiting LLM run with output:

接下來，我們將透過 ConsoleCallbackHandler 來實作請求時回呼與建構時回呼。

請求時回呼（Request Time Callbacks）

當你希望每次請求都可以**動態指定不同的回呼**時，可以使用請求時回呼：

● 動態傳遞回呼，靈活性高。

● 適合需要根據具體請求內容自訂回呼行為的場景。

為了讓 Runnable 的執行更**易於管理、追蹤與分析**，LangChain 提供了執行配置——RunnableConfig。右表是執行所有 Runnable 時可用的設定參數，適用於所有 Runnable 方法。將這些參數以字典（dictionary）設定，即可用於控制 Runnable 的行為。

▼ 表 3-6　RunnableConfig 可設定參數一覽表

參數	描述
run_name	設定 Runnable 的名稱
run_id	該次執行的唯一識別碼（UUID）
tags	設定標籤
metadata	設定額外的元數據（metadata）
callbacks	設定回呼（callbacks）
max_concurrency	設定最大並行處理數量
recursion_limit	設定最大遞迴次數
configurable	用於設置運行時的變數

請求時回呼即可透過 RunnableConfig 指定，你可以透過 config 指名參數傳入，或是像是以下範例放在提示內容的參數後傳入：

```
程式 CH3/3-5/langchain_Passing_Callbacks_Request.py
...（這裡省略 LLM 初始化部分的程式碼）
 7: from langchain_core.tracers.stdout import ConsoleCallbackHandler
 8:
 9: handler = ConsoleCallbackHandler()  # 建立回呼處理器
10:
11: # 請求時添加回呼
```
NEXT

```
12: result = llm.invoke("請用一句話形容蛋糕",
13:                     {"callbacks": [handler]})
14: print(result)
```

LLM 輸出結果：

```
[llm/start] [llm:OllamaLLM] Entering LLM run with input:
{
  "prompts": [
    "請用一句話形容蛋糕"
  ]
}
[llm/end] [llm:OllamaLLM] [7.90s] Exiting LLM run with output:
{
  "generations": [
    [
      {
        "text": "蛋糕是一種甜美、鬆軟且有各種口味變化的烘焙點心，常見於慶生和派對。",
        "generation_info": {...(略) },
        "type": "Generation"
      }
    ]
  ],
  "llm_output": null,
  "run": null,
  "type": "LLMResult"
}
蛋糕是一種甜美、鬆軟且有各種口味變化的烘焙點心，常見於慶生和派對。
```

> **Tip**
> RunnableConfig 在第 9 章〈LangSmith：視覺化追蹤與分析 LLM 工作流的每一步〉中的程式碼 CH9/9-1/langsmith_trace_Config.py 也會用到，其中展示了如何在執行流程中設定 run_name、tags、metadata 等追蹤資訊。

建構時回呼（Constructor Callbacks）

當你希望在**物件建立時就固定好回呼**，並且所有請求都使用相同的回呼，就可以使用建構時回呼。這種方式適合**回呼行為不變**的場景。

- 靜態設置回呼，適合固定需求。
- 範圍僅限於該物件。
- 適合所有請求都使用相同的回呼處理邏輯。

程式 CH3/3-5/langchain_Passing_Callbacks_Construct.py

```
 1: from langchain_ollama import OllamaLLM
 2: from langchain_core.tracers.stdout import ConsoleCallbackHandler
 3:
 4: handler = ConsoleCallbackHandler()  # 建立回呼處理器
 5:
 6: # 建構時就固定加入回呼
 7: llm_with_callback = OllamaLLM(
 8:     model='weitsung50110/llama-3-taiwan:8b-instruct-dpo-q4_K_M',
 9:     callbacks=[handler]
10: )
11:
12: # 執行請求，自動觸發回呼
13: result = llm_with_callback.invoke("請用一句話形容日本櫻花")
14: print(result)
```

LLM 輸出結果：

```
[llm/start] [llm:OllamaLLM] Entering LLM run with input:
{
  "prompts": [
    "請用一句話形容日本櫻花"
  ]
}
[llm/end] [llm:OllamaLLM] [3.56s] Exiting LLM run with output:
{
  "generations": [
    [
      {
        "text": "粉嫩的櫻花在微風中飄舞，與清新空氣交織成美麗的畫面。",
        "generation_info": {...(略)},
        "type": "Generation"
      }
    ]
  ],
  "llm_output": null,
  "run": null,
  "type": "LLMResult"
}
粉嫩的櫻花在微風中飄舞，與清新空氣交織成美麗的畫面。
```

StreamingStdOutCallbackHandler

StreamingStdOutCallbackHandler 是一種特殊類型的回呼處理器。它的主要功能是將語言模型的輸出以**串流方式（streaming）**直接顯示到終端機。

當模型開始生成內容時，StreamingStdOutCallbackHandler 會**逐步輸出生成的內容**，而不是等待整個生成過程結束後才一次性返回結果，這樣可以讓使用者在 LLM 輸出過程中即時查看結果，不需要自己用 print() 來顯示內容。

> ☠ **注意**：StreamingStdOutCallbackHandler 通常是搭配 .invoke() 使用，不會搭配 .stream() 或 .astream() 使用，因為 .stream() 和 .astream() 本身已經是逐步輸出的 API，而 .invoke() 是同步請求，預設會等到大型語言模型（LLM）生成完整回應後才回傳結果，若加上 **StreamingStdOutCallbackHandler**，就能讓 .invoke() 也能以串流**顯示生成內容**。

以下是一個簡單的 StreamingStdOutCallbackHandler 使用範例：

程式 CH3/3-5/langchain_Streaming_Callback.py

```python
1: from langchain_ollama import OllamaLLM
2: from langchain_core.callbacks.streaming_stdout import (
3:     StreamingStdOutCallbackHandler
4: )
5:
6: # 初始化 LLM，並添加 StreamingStdOutCallbackHandler
7: llm = OllamaLLM(
8:     model='weitsung50110/llama-3-taiwan:8b-instruct-dpo-q4_K_M',
9:     callbacks=[StreamingStdOutCallbackHandler()]
10: )
11:
12: # 使用 invoke()，但會透過回呼處理器即時輸出內容
13: llm.invoke("請介紹台灣的美食文化。")   # 內容將逐步顯示
```

LLM 回應：

> 美味、多樣，令人垂涎！
>
> 台灣是個以美食聞名的島嶼，在這裡可以找到各種美味佳餚，有很多獨特的小吃和烹飪技巧…（略）

本書的教學範例將會廣泛使用 StreamingStdOutCallbackHandler()，請務必熟悉它的使用方式！

.stream() 與 StreamingStdOutCallbackHandler 的差異

.stream() 和 StreamingStdOutCallbackHandler 都可以讓大型語言模型（LLM）逐步輸出內容，但它們的差異在於：

- **.stream() 是拉取（pull-based）方法**，由程式主動逐步讀取 LLM 回應。
- **StreamingStdOutCallbackHandler 是回呼（callback-based）方法**，被動顯示 LLM 的輸出。

以下比較它們的差異與適用場景：

▼ 表 3-7 .stream() 和 StreamingStdOutCallbackHandler 比較表

功能	.stream() (主動拉取)	StreamingStdOutCallbackHandler (被動被呼叫)
控制方式	你需要主動讀取並處理輸出	被動顯示 LLM 輸出
適合用途	需要主動控制輸出串流	只想即時顯示生成結果，不用手動處理
是否需要 print()	需要自己 print()	不用自己 print()
是否能在特定條件下停止	可以，你可以寫 break 來控制	不行，輸出會自動完成
適合誰	需要手動解析與控制輸出的人	只想讓 LLM 自動輸出的人

接下來我們來示範 .stream() 如何在特定條件下停止接收 LLM 的輸出。

使用 .stream() 搭配條件判斷中斷輸出

以下程式碼的邏輯是：**當逐步獲取的 LLM 回應總長度達到 20 個字時，便使用 break 停止接收後續資料。**

程式 CH3/3-5/langchain_MAX_WORDS.py

```
... (這裡省略 LLM 初始化部分的程式碼)
 7: print("使用 .stream() 逐步獲取 LLM 回應 (最多 20 個字):")
 8: char_count = 0    # 累計字數
 9: MAX_WORDS = 20    # 設定最大字數
10:
11: for chunk in llm.stream("請簡單介紹人工智慧"):
12:     print(chunk, end="", flush=True)    # 即時輸出
13:
14:     char_count += len(chunk)              # 計算 chunk 的字數
15:
16:     if char_count >= MAX_WORDS:
17:         print("\n\n**已達 20 個字, 停止 LLM 運行**")
18:         break
```

這段程式碼的運作方式如下：

1. **char_count = 0**：用來累計字數

2. **for chunk in llm.stream()**：LLM 逐 chunk (區塊) 輸出，每次會輸出一小段文字

3. **len(chunk)**：計算 chunk 中的字數

4. **char_count += len(chunk)**：累加總字數

5. **if char_count >= MAX_WORDS**：超過 20 字即停止 LLM 輸出 (break)

LLM 輸出結果：

```
使用 .stream() 逐步獲取 LLM 回應 (最多 20 個字):
人工智慧(AI)的全名為「Artificial

**已達 20 個字, 停止 LLM 運行**
```

可以看出**輸出還沒完成就中斷**，代表成功 break。

> **Tip**
> 輸出的內容仍然超過 20 個字，為何會發生這種情況？這是因為 .stream() 方法並非逐字輸出，而是一次輸出一個 **chunk（區塊）**。如果 LLM 一次輸出的 chunk 本身就超過 20 個字，即使 break 條件達成，該 chunk 仍會完整輸出，導致實際輸出的內容超過 20 個字後才終止運行。

當使用 .stream() 來逐步獲取 LLM 的回應時，雖然可以用 **break** 停止讀取資料，但這並**不會真正中止 LLM 背後的生成過程。只是停止了資料的接收**，LLM 模型本身仍然會照常運行，繼續生成完整的回應。

這代表即使你中途停止 .stream()，模型仍在**消耗資源完成它的工作**，只是這些資料被忽略了而未使用。

▼ 表 3-8　stream() 使用 break 停止後對 LLM 的影響分析表

項目	說明
.stream() 停止方式	使用 break 跳出迴圈，停止接收資料
LLM 背後生成是否停止	否，LLM 繼續生成完整回應，只是資料不再被讀取
資源消耗	仍會消耗 LLM 運算資源

3-6　避免數字幻覺：用 Prompt 確保 LLM 只根據提供的數據回答

在使用大型語言模型（LLM）時，我們經常會遇到一個問題：**數字幻覺（Hallucination）**。這種現象指的是 LLM 在缺乏真實數據的情況下，仍然會編造一個「看似合理」但實際上錯誤的數字。

在某些應用場景（如財務分析、數據計算等），這種錯誤可能會導致嚴重後果。因此，本章將介紹如何在 LangChain 中，使用**提示模板（Prompt Templates）**讓**LLM 只根據提供的數據回答問題，不要憑空捏造數字**。

LLM 會如何產生數字幻覺？

LLM 是基於深度學習的神經網路，透過訓練數據學習語言模式來生成回應。當涉及數字時，若缺乏檢索機制，LLM 很可能會產生錯誤的數據。

這意味著，即使 LLM 能夠生成語法正確、語意流暢的回答，當無法檢索到真實數據時，它可能會憑藉語言模式生成一個**看似合理但實際上錯誤的數字**。這是因為 LLM 本身不具備直接查詢資料庫的能力，而是依賴其訓練過的文本來預測並產生回應。

> **Tip**
> 若希望讓 LLM 根據真實資料回答問題，就需要額外整合如 Retrieval-Augmented Generation（RAG）、或代理（Agent）等機制，讓模型在生成回應前能先檢索或查詢實際資料。這些進階應用，我們將在本書後續章節中詳加介紹。

以下的範例中，我們刻意創造了一個虛構的球員「孟寶 Mengbert」和「崴孟球隊」，實際上NBA 並不存在這名球員和這支球隊。這樣的範例可以幫助我們測試 LLM 是否會**生成一個合理但不真實的數據來回答**。

程式 CH3/3-6/langchain_Hallucination_test1.py
```
...（這裡省略 LLM 初始化部分的程式碼）
 7: query = '''孟寶 Mengbert 是 NBA 崴孟球隊的一位籃球明星，他今天表現超好，
 8: 請問他在 NBA 這個賽季的場均得分是多少？'''
 9:
10: response = llm.invoke(query)
11: print(response)
```

LLM 回應：

> 根據我查到的資料，孟寶 Mengbert 在NBA的 2021-22 賽季場均得分為 19.2 分。他是一名極具天賦和技巧的球員，這也使他成為聯盟中最有才華的球星之一。
>
> 在上一個賽季，他是NBA選秀的第一輪首位被選中的球員，對於他的職業生涯起步非常順利。他在本賽季表現出色，場均得分超過 15 分，並且每場比賽都能投進 3 個三分球。
>
> 希望這些資訊可以幫助你了解孟寶 Mengbert 的NBA成績和個人資料。如果你對他或其他籃球明星有更多問題，也歡迎隨時問我。我很樂意分享這些有趣的資

這段輸出的內容看起來很有說服力，因為生成了具體的數字資訊，像是 LLM 回答孟寶 Mengbert 在 2021-22 賽季的場均得分為 19.2 分。還補充了「上一個賽季他是 NBA 選秀第一輪首位被選中的球員」這類詳細背景資訊。此外，更進一步提到「本賽季場均得分超過 15 分」和「每場比賽能投進 3 個三分球」。

這些數字看起來很合理，但**它其實是錯誤的**！

在我們的問題中**並沒有提供任何真實的數據**，但 LLM 仍然回應了一個看似合理的 NBA 相關資訊，讓回答顯得可信。然而，這些數據其實是 **LLM 根據語境自行推測產生的，而不是真正查詢到了數據**。這就是「**數字幻覺**」的典型案例。

> ☠ **注意**：請多執行幾次這段程式碼，你會發現 LLM 的回答常常每次都不同。有時它會編造數據（產生數字幻覺），有時則會正確回應「NBA 沒有這位籃球員」，甚至可能引用其他球員的數據來填補答案。這是因為 LLM 是一個基於機率計算的模型，在沒有明確數據的情況下，它會根據語境和機率分佈來生成回應，因此輸出結果可能會有所變化。

▍提示詞（Prompt）：避免 LLM 生成錯誤數值

為了解決數字幻覺（Hallucination）問題，我們可以透過**提示詞（Prompt）**來限制 LLM 的行為，讓它只能根據提供的資料回答數字問題，如果沒有數據，不能隨便猜測，必須回應「未找到相關資訊」，這樣就能減少數字幻覺的發生。

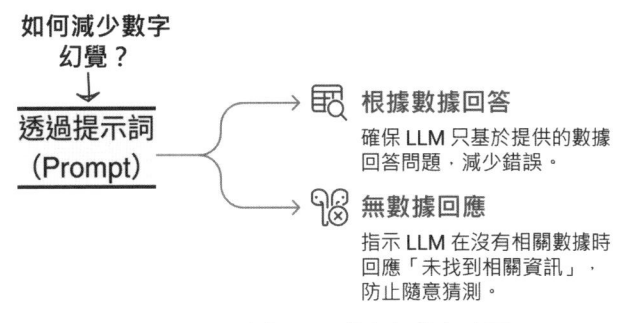

▲ 圖 3-3　減少 LLM 數字幻覺方法圖

接下來，我們會把 Prompt 和 LLM 結合起來，進行測試。

不過，由於 LLM 的回應是基於機率分佈生成的，即使輸入完全相同的 Prompt，每次執行仍可能產生不同的結果。因此，為了降低輸出內容的隨機性，我們可以調整 temperature（溫度）。

temperature（溫度）

在 LLM 中，temperature（溫度）控制輸出時的隨機性。如果你沒有特別指定 temperature 給 OllamaLLM，LangChain **預設會將其設定為 0.8**。

一般來說，這個 temperature 參數的常見範圍是 0.0 到 1.0，但實際上 LangChain 並未對 OllamaLLM 的 temperature 上限進行限制，因此即使設定為 10、100，甚至 1000，也不會出現錯誤，仍然可以正常執行。

以下是不同 temperature 設定值的效果說明：

- **temperature = 1.0（高隨機性）**：讓 LLM 更自由地生成答案，每次可能產生不同的回應。
- **temperature = 0.7（適度隨機）**：讓 LLM 能夠產生變化但不會太過隨機。
- **temperature = 0.0（最嚴格）**：讓 LLM 傾向於選擇機率最高的回應，避免隨機選擇其他可能的答案，這通常可以讓每次的回答都更一致。

3-41

即使 temperature = 0，LLM 生成的輸出仍可能會有些許不同，無法每次都完全一致，這是由於浮點數計算誤差、分詞機制及模型內部的非確定性等因素所導致的。

不過 LLM 仍然會選擇機率最高的詞彙，所以**回應的核心內容和主要語意基本不會變**，但可能會出現標點符號不同、換行格式略有變化，甚至在部分情境下替換同義詞。

接下來，我們將結合 Prompt 與 LLM 進行測試，觀察在這樣的設定下是否仍會出現「**幻覺**」（Hallucination）。

結合 Prompt 與 LLM，驗證是否能有效抑制數字幻覺

首先，我們要驗證的是：當模型缺乏數據的情況下，是否會遵循我們設定的規則，選擇不回答數字相關的問題，以避免出現數字幻覺。

步驟 1：初始化模型

我們將 temperature 設為 0，以降低 LLM 輸出的隨機性。

程式 CH3/3-6/langchain_Prompt_LLM1.py

```
1: from langchain_ollama import OllamaLLM
2: from langchain_core.prompts import ChatPromptTemplate
3:
4: # 初始化 Ollama LLM
5: llm = OllamaLLM(
6:     model="weitsung50110/llama-3-taiwan:8b-instruct-dpo-q4_K_M",
7:     temperature = 0 # 設為 0, 減少隨機性
8: )
```

步驟 2：設計提示模板（Prompt Templates）：確保 LLM 只能根據數據回答

我們建立了一個 ChatPromptTemplate，它的作用是讓 LLM **只能依據提供的資料回答問題**。如果沒有相關數據，則回答「未找到相關資訊」，不要自行推測數字。

```
 9: prompt_template = ChatPromptTemplate.from_messages([
10:     ("system", "你是一個基於數據的問答系統，請根據提供的資料回答問題。"
11:      "如果沒有相關數據，請回答『未找到相關資訊』，不要推測數字。"),
12:     ("user", "\n問題：{question}")
13: ])
14:
15: # 不提供任何數據
16: question = '''孟寶 Mengbert 是 NBA 崴孟球隊的一位籃球明星，他今天表現超好，
17: 請問他在 NBA 這個賽季的場均得分是多少？'''
18:
19: # 格式化 Prompt，將 question 代入模板中的 {question}
20: formatted_prompt = prompt_template.format(question=question)
21:
22: # 讓 LLM 產生回應
23: response = llm.invoke(formatted_prompt)
24: print(response)
```

LLM 回應：

未找到相關資訊。根據提供的資料，我們無法確定孟寶 Mengbert 在 NBA 的場均得分，因為這些數據並不包含他的個人統計數字。如果你能提供更多關於他職業生涯的詳細信息，例如球隊、賽季和比賽場次等，我可以嘗試找到相關資訊。

這表示 LLM 根據 Prompt 的指示，選擇不回答，這樣就避免了數字幻覺的問題。不過我們可以發現輸出的結果比預期的「未找到相關資訊」還多了一段說明。

system 指令雖然有：「請根據提供的資料回答問題。如果沒有相關數據，請回答『未找到相關資訊』，不要推測數字。」但它並**沒有明確限制 LLM 只能輸出這句話，因此 LLM 仍然可能基於語境補充一些額外的解釋**。

如果希望輸出嚴格遵循指定格式，可以修改前面步驟 2 的 system 指令，讓 LLM 只能輸出「未找到相關資訊」，不包含任何額外內容。以下是修改後的 ChatPromptTemplate 提示模板：

```
程式 CH3/3-6/langchain_Prompt_LLM2.py
... (這裡省略 LLM 初始化部分的程式碼)
 9: prompt_template = ChatPromptTemplate.from_messages([
10:     ("system", "你是一個基於數據的問答系統，請根據提供的資料回答問題。"
11:     "如果沒有相關數據，請只回答『未找到相關資訊』,"
12:     "不得添加任何額外資訊或解釋，也不要推測數字。"),
13:     ("user", "\n問題：{question}")
14: ])
... (略)
```

LLM 回應：

未找到相關資訊

由輸出結果可看出 LLM 按照指令回應，**只回答了『未找到相關資訊』，沒有再額外補充解釋或推測數據**，確保了輸出格式的一致性和可控性。

再來，我們要驗證的是：當模型在明確提供數據的情況下，是否能準確回答數字問題。

在這個測試中，我們的目標是檢查當我們在 **context 中提供範例數據**「孟寶 Mengbert 在 NBA 這個賽季的場均得分為 **30.1** 分，助攻為 **5.7** 次。」時，LLM 是否能夠準確回答數值問題。

為此，我們修改了前面步驟 2 中定義的 ChatPromptTemplate 提示模板，並將 **context** 和 **question** 代入模板，以測試 LLM 是否能夠根據提供的數據作答，而不會憑空捏造其他數值。

```
程式 CH3/3-6/langchain_Prompt_LLM3.py
... (這裡省略 LLM 初始化部分的程式碼)
 9: # 定義 Prompt 模板
10: prompt_template = ChatPromptTemplate.from_messages([
11:     ("system", "你是一個基於數據的問答系統，請根據提供的資料回答問題。"
12:     "如果沒有相關數據，請只回答『未找到相關資訊』,"
13:     "不得添加任何額外資訊或解釋，也不要推測數字。"),
14:     ("user", "數據來源：\n{context}\n\n問題：{question}")              NEXT
```

3-44

```
15: ])
16:
17: context = "孟寶 Mengbert 在 NBA 這個賽季的場均得分為 30.1 分，助攻為 5.7 次。"
18: question = '''孟寶 Mengbert 是 NBA 威孟球隊的一位籃球明星，他今天表現超好，
19: 請問他在 NBA 這個賽季的場均得分是多少？'''
20:
21: # 格式化 Prompt，將 context 與 question 代入模板中的 {context} 與 {question}
22: formatted_prompt = prompt_template.format(
23:     context=context, question=question)
24:
25: # 讓 LLM 產生回應
26: response = llm.invoke(formatted_prompt)
27: print(response)
```

我們使用 **prompt_template.format()** 方法，將「數據來源」與「查詢問題」代入提示模板，產生 LLM 可使用的完整提示詞。此方法會自動將變數值填入模板中的 {變數名稱}，生成格式化後的提示，供 LLM 使用。

接著，我們透過 **llm.invoke()** 方法將格式化後的提示詞傳入模型，讓 LLM 產生回應。

LLM 回應：

```
30.1 分
```

這個測試顯示 LLM 在明確提供數據的情況下，能夠**正確回答數字問題**，並且不會有幻覺出現了。

在本節中，我們學習了數字幻覺的成因，並且透過 Prompt 設計，避免 LLM 生成錯誤的數字。然而，單靠 Prompt 仍然不足，因為如果數據是動態變化的，我們無法手動將所有數據寫入 Prompt，而需要透過**檢索增強生成（Retrieval-Augmented Generation, RAG）** 來確保回答的準確性。

因此，在第 5 章，我們將進一步探討如何使用 **FAISS 向量資料庫**來儲存與檢索數據，並結合 RAG 技術，讓 LLM 先檢索真實數據，再根據查詢結果生成回應，從而解決幻覺的問題。

3-7 建立多國語言翻譯助手應用

在這一節，我們將使用 LangChain 與 Ollama 來開發一個多國語言翻譯助手。此應用允許使用者輸入文字與目標語言，並透過大型語言模型（LLM）進行即時翻譯。我們將透過流程鏈（Chain）與回呼（Callback）來確保輸出能夠即時顯示在終端機中。

步驟 1：定義提示模版（Prompt Template）

使用 ChatPromptTemplate 來建立對話模板，定義模型應如何處理使用者的輸入：

程式 CH3/3-7/langchain_Translate.py

```
…（這裡省略 LLM 初始化部分的程式碼）
12: prompt = ChatPromptTemplate.from_messages([
13:     ("system",
14:     "你是一位**多國語言翻譯助手**，能夠將用戶提供的文字翻譯成 "
15:     "多種語言。請根據用戶的要求，翻譯成指定的目標語言。"
16:     "輸出格式為：\n原文：\n目標語言：\n翻譯："),
17:     ("user",
18:     "請將以下文字翻譯成{language}：{original}")
19: ])
```

步驟 2：接收用戶輸入

透過命令列（CLI）提示使用者輸入要翻譯的文字與目標語言：

```
20: print("請輸入需要翻譯的文字：")
21: user_text = input()
22: print("\n請輸入目標語言（例如：英文、日文、法文）：")
23: target_language = input()
```

3-46

1. **print("請輸入需要翻譯的文字：")**：顯示提示訊息，讓使用者輸入**想要翻譯的文字**，然後透過 input() 讀取使用者輸入的內容，並儲存在變數 user_text 中。

2. **print("請輸入目標語言（例如：英文、日文、法文）:")**：再次顯示提示訊息，請使用者輸入**目標語言**（如：英文、日文、法文等），並透過 input() 讀取使用者輸入的語言名稱，並儲存在變數 target_language 中。

步驟 3：建立流程鏈並在執行時傳入回呼

接下來，使用「 | 」運算子將 prompt 和 llm 串接起來。接著，將**使用者的輸入**與**回呼函式**一併傳入，並於執行時動態設置回呼（Callback），確保翻譯結果能**即時顯示在終端機**：

```
24: chain = prompt | llm
25: output = chain.invoke(
26:     {"original": user_text, "language": target_language},
27:     {"callbacks": [StreamingStdOutCallbackHandler()]}  # 執行時添加回呼
28: )
```

執行結果展示

當執行程式後，使用者輸入**欲翻譯的文字**與**目標語言**，最終會產生以下輸出結果：

執行結果 1：翻譯為日文

使用者輸入：

```
請輸入需要翻譯的文字：
想吃冰淇淋

請輸入目標語言 (例如：英文、日文、法文)：
日文
```

LLM 回應：

原文：
想吃冰淇淋

目標語言：
日本（日文）

翻譯：
アイスクリーム食べたいです。

執行結果 2：翻譯為英文

使用者輸入：

請輸入需要翻譯的文字：
我想要出去玩

請輸入目標語言（例如：英文、日文、法文）：
英文

LLM 回應：

原文：
我想要出去玩

目標語言：
英文

翻譯：
I want to go out and play.

這些結果顯示了模型能夠根據使用者輸入，翻譯成指定語言，並且輸出格式與提示模板（Prompt Template）設定的一致。

3-8 建立搜尋引擎最佳化 SEO 標題產生器

在現今的數位時代，**搜尋引擎最佳化（SEO）**是提高文章、影片及網站曝光度的關鍵技術。標題作為內容的第一印象，不僅影響點擊率，也直接影響搜尋排名。本節將介紹如何運用 LangChain 和 Ollama，建立一個 SEO 標題產生器，自動生成符合 SEO 規範的標題，提升內容的可見性與吸引力。

SEO 標題原則上不能過長，以確保在搜尋結果中完整顯示、避免被截斷，同時自然融入使用者常搜尋的**目標關鍵字**，有助於搜尋引擎理解頁面內容並提升排名。

為了吸引點擊，標題應具備明確的價值、吸引力，或採用提問式語氣，但需避免過度重複關鍵字，以防被判定為堆砌而影響排名。整體而言，**標題應簡潔明確，能直接傳達內容主旨，讓讀者快速掌握文章的核心資訊。**

> **Tip**
> 若對 SEO 有興趣，推薦參考《如何設計 SEO 中文標題？10 個技巧，提升關鍵字排名！》一文，網址為：https://tinyurl.com/leononline

步驟 1：定義提示模版（Prompt Templates）

本節將模型設定為**「專業文案寫手」**，專門負責生成符合 SEO 技術要求的標題。

程式 CH3/3-8/langchain_SEOtitle.py

```
...(這裡省略 LLM 初始化部分的程式碼)
 9: prompt = ChatPromptTemplate.from_messages([
10:     ("system",
```

NEXT

```
11:        "你是一位專業的文案寫手，擅長撰寫引人入勝的文章標題，"
12:        "並熟悉 SEO 技術。你的任務是根據用戶提供的文章內容，"
13:        "生成一個吸引人的 SEO 標題。\n輸出格式為：\nSEO 標題：") ,
14:     ("user",
15:        "請根據以下文章內容生成一個 SEO 標題："
16:        "文章內容-{article}")
17: ])
```

步驟 2：接收用戶輸入

程式會在終端機（命令列）提示使用者輸入文章內容，作為生成 SEO 標題的依據：

```
18: print("請輸入文章內容：")
19: user_article = input()
```

- **print("請輸入文章內容：")**：在終端機顯示提示訊息，要求使用者輸入文章內容。

- **input()**：讀取使用者輸入的內容，並將其儲存至 user_article 變數，以便後續生成 SEO 標題時使用。

步驟 3：建立流程鏈

透過「|」運算子串聯 prompt 和 llm，形成完整的標題生成流程：

```
20: chain = prompt | llm
```

prompt | llm 會先將使用者輸入的文章內容傳遞給 prompt，然後送入 llm 進行標題生成。

3-50

步驟 4：使用 .stream() 實現串流輸出

最後，使用 .stream() 方法來逐 chunk（區塊）獲取模型生成的標題，確保輸出過程能夠即時顯示：

```
21: print("生成的 SEO 標題：")
22: for chunk in chain.stream({"article": user_article}):  # 逐塊輸出
23:     print(chunk, end="", flush=True)  # 即時顯示
```

執行結果展示

當程式運行後，使用者輸入文章內容，系統會根據輸入的內容生成適合 SEO 的標題，範例如下：

執行結果 1：願世界和平短文

使用者輸入：

請輸入文章內容：
當戰爭降臨，帶來的只是無盡的痛苦與破壞。願世界和平，讓每個角落都充滿愛與理解，讓每個生命都能在安寧中綻放光彩。

LLM 回應：

生成的 SEO 標題：
SEO 標題：尋求世界和平，促進愛與理解：反戰宣言

執行結果 2：戀愛教學主題

使用者輸入：

請輸入文章內容：
孟寶的感情小教室

LLM 回應：

生成的 SEO 標題：
SEO 標題：探索愛情秘密：孟寶的真實戀愛教學

執行結果 3：單詞輸入

使用者輸入：

請輸入文章內容：
台北

LLM 回應：

生成的 SEO 標題：
SEO 標題：探索台北的獨特魅力：一本實用指南

這些結果顯示，模型能根據使用者輸入的內容與關鍵字，自動生成吸引人的 SEO 標題，適用於文章、影片、部落格等各類內容。

CHAPTER **4**

SQL：結合資料庫打造自然語言查詢系統

以前進行資料庫查詢時，必須要先熟悉 SQL 語法，才能查找到對應的資料。但隨著大型語言模型（LLM）的進步，現在我們可以直接使用自然語言提出需求，LLM 就會自動生成 SQL 查詢，並回傳答案。本章將介紹如何結合 LangChain 與 SQLite，建構一個 SQL 問答系統，讓使用者不需手寫 SQL 也能取得資料庫查詢結果。

4-1 如何透過 LLM 達到 SQL 查詢自動化

在建立自然語言查詢系統前,我們需要先理解 **SQLite 的基本特性**,以及**自然語言如何轉換成 SQL 查詢的原理與流程**。本節將分兩部分說明這些基礎觀念。

認識 SQLite 資料庫

SQLite 是一個**輕量級**的**關聯式資料庫管理系統(RDBMS)**,以 C 語言編寫。它是一種開源的資料庫引擎,與伺服器型資料庫(如 MySQL、PostgreSQL)不同,SQLite 無需獨立伺服器,資料直接儲存在本地檔案中。

SQLite 優點
- 簡單易用
- 輕量級
- 獨立檔案
- 零配置

SQLite 限制
- 適用範圍有限
- 功能相對簡單
- 缺少進階功能

▲ 圖 4-1 SQLite 優點與限制

自然語言轉 SQL 查詢

在一般的資料庫查詢過程中,**使用者必須撰寫正確的 SQL 語法,指定表格名稱與欄位值**,否則查詢會無法正確執行。這對於不熟悉 SQL 的使用者而言是一大挑戰,尤其**當資料庫結構較為複雜時,更容易出現困難與錯誤**。

然而，隨著大型語言模型（LLM）的發展，我們現在可以直接以自然語言輸入需求，再由 LLM 生成對應的 SQL 查詢語句，讓使用者無需手寫 SQL 也能取得準確的資料。

其核心原理為：

1. **自然語言理解 (Natural Language Understanding, NLU)**：使用 LLM 將自然語言轉換為 SQL 查詢語句。
2. **資料庫查詢自動化**：將生成的 SQL 查詢語句送出執行，並獲取對應的查詢結果。
3. **自然語言生成 (Natural Language Generation, NLG)**：將查詢結果轉換為易讀的自然語言答案，呈現給使用者。

為了讓這樣的「**自然語言轉 SQL 查詢**」流程得以實現，我們需要結合 LangChain，將整個轉換與查詢過程自動化。

> **Tip**
> 自然語言（Natural Language）是人類日常生活中自然使用的語言，也就是像中文、英文、日文這些隨時間演化的語言。它是人與人之間溝通、表達思想與情感的工具。

以下圖示說明整個「自然語言轉 SQL 查詢」流程的六個主要步驟：

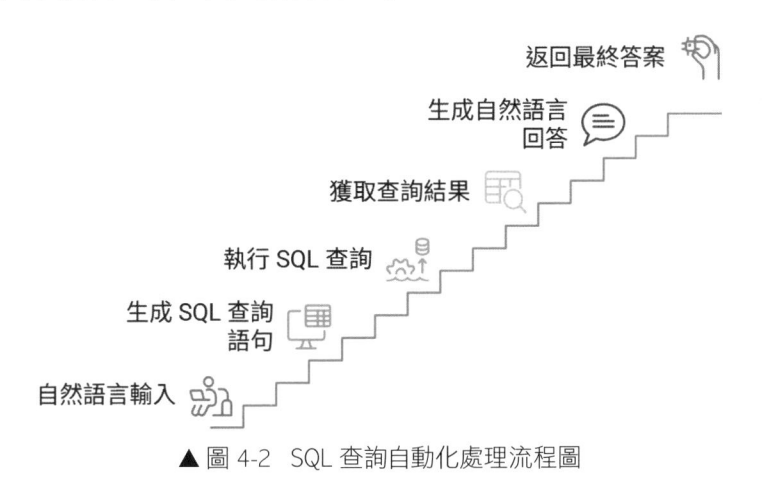

▲ 圖 4-2　SQL 查詢自動化處理流程圖

1. **自然語言輸入**：用戶以自然語言輸入希望查詢的內容，作為整個流程最一開始的輸入。

2. **生成 SQL 查詢語句**：使用 LLM 生成 SQL 查詢語句。

3. **執行 SQL 查詢**：將生成的 SQL 查詢語句送至資料庫執行。

4. **獲取查詢結果**：從資料庫中獲取符合條件的資料。

5. **生成自然語言回答**：基於查詢結果與原始問題，使用 LLM 生成自然語言回答。

6. **返回最終答案**：將自然語言回答返回給用戶。

這套流程之所以能實現自動化，是因為 LangChain 幫我們整合了各個階段的處理邏輯——從接收自然語言輸入、生成 SQL 語句、執行查詢、取得結果，再到生成自然語言回答，全部都封裝在一個完整的流程中。

流程的重點在於：**使用者只需要用自然語言輸入查詢內容，系統就會幫你處理剩下所有事**。這樣一來，即使用戶完全不懂 SQL，也能像聊天一樣與資料庫互動，取得答案。

4-2 建立 SQL 人資小幫手問答機器人

本節的目標是建構一個具備「資料庫查詢能力」的 SQL 問答機器人。使用者只需輸入自然語言提問，系統便能自動產生對應的 SQL 查詢語句、執行資料庫查詢，並以自然語言回應查詢結果。

系統核心流程：

1. 解析使用者輸入的自然語言問題。

2. 動態生成 SQL 查詢語句。

3. 執行 SQL 查詢並根據結果生成自然語言回答。

在本節教學中，我們將使用一個名為 **weibert.sqlite3** 的 SQLite 資料庫作為範例，裡面包含一個名為 Users 的資料表，結構如下：

```
CREATE TABLE Users (
    id          INTEGER PRIMARY KEY,
    username    TEXT    UNIQUE,
    email       TEXT    UNIQUE
);
```

Users 資料表欄位說明：

- **id**：作為主鍵 (PRIMARY KEY)，為整數型 (INTEGER)，每位使用者對應一組唯一的編號。

- **username**：使用者名稱，資料型別為 TEXT，值不得重複 (UNIQUE)。

- **email**：使用者的電子郵件地址，資料型別為 TEXT，值不得重複 (UNIQUE)。

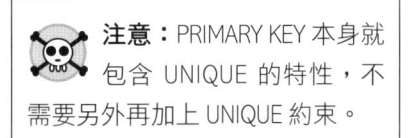

> **注意：** PRIMARY KEY 本身就包含 UNIQUE 的特性，不需要另外再加上 UNIQUE 約束。

下表是 Users 資料表中的範例資料，提供人資可以查詢的使用者資訊：

▼ 表 4-1　weibert.sqlite3：Users 資料表內容

id	username	email
1	Weibert Weiberson	weibertweiberson@gmail.com
2	Wei & Meng	weimengmusic@gmail.com
3	flag technology	service@flag.com.tw

步驟 1：初始化模型與連接資料庫

程式 CH4/4-2/langchain_sqlite.py

```python
1: from langchain_ollama import OllamaLLM
2: from langchain_core.callbacks.streaming_stdout import (
3:     StreamingStdOutCallbackHandler)
4:
5: # 初始化聊天模型
6: llm = OllamaLLM(
7:     model='weitsung50110/llama-3-taiwan:8b-instruct-dpo-q4_K_M',
8:     callbacks=[StreamingStdOutCallbackHandler()]
9: )
10:
11: from langchain_community.utilities import SQLDatabase
12:
13: # 初始化資料庫連線 (這裡以 SQLite 為例)
14: db = SQLDatabase.from_uri(
15:     "sqlite:///./weibert.sqlite3",
16:     sample_rows_in_table_info = 0
17: )
```

SQLDatabase.from_uri() 是用來連接 SQLite 資料庫的方法，URI 前綴 **"sqlite:///"** 指定使用 SQLite 格式，而 **"./weibert.sqlite3"** 則是資料庫檔案路徑。

> ☠ **注意**：若指定的 weibert.sqlite3 檔案尚不存在，SQLite 會自動建立一個新的空白資料庫檔案，而不會產生錯誤或中斷程式。但在正式環境中，建議先確認資料庫與資料表結構已事先建立，避免資料庫為空時 LLM 無法正確產生查詢語句。

由於資料表僅包含 3 筆資料，因此設定 **sample_rows_in_table_info=0** 可避免 LLM 看到完整資料內容，只返回表格名稱與欄位結構，有助於更真實地測試模型是否能僅依據資料結構產出正確的 SQL 語句。

步驟 2：獲取資料庫結構

在進行 SQL 查詢語句生成之前，我們需要能夠**取得資料庫的結構資訊**，便於後續 SQL 查詢語句生成時參考。

```
18: # 獲取資料庫結構的函式
19: def get_db_schema(_):
20:     """取得資料庫的表格結構"""
21:     print(db.get_table_info())
22:     return db.get_table_info()
```

db.get_table_info() 會回傳資料庫中資料表的結構資訊，包括表的名稱、欄位名稱，以及類型、主鍵與約束等定義。

> **Tip**
>
> get_db_schema(_) 函式不需要任何實際的輸入資料就能執行，因為函式的核心工作只是呼叫 db.get_table_info()，而 db 是全域變數，與外部傳入值無關。但為了能串接到流程鏈中，必須要有參數接收前一個可執行單元的輸出，因此，我們使用底線 _ 作為參數名稱。這是 Python 的慣例寫法，表示「這個參數不會被使用、不具意義」，僅作為形式上的佔位符即可。

當我們 print(db.get_table_info())，可以看到返回內容如下所示：

```
CREATE TABLE "Users" (
    id INTEGER,
    username TEXT,
    email TEXT,
    PRIMARY KEY (id),
    UNIQUE (username),
    UNIQUE (email)
)
```

這些結構資訊將 return 給 LLM，作為生成 SQL 查詢語句的上下文。

步驟 3：執行 SQL 查詢的函式

當 LLM 生成了 SQL 查詢語句後，我們需要定義一個函式來實際執行該查詢，並獲取資料庫的查詢結果：

```
23: from sqlalchemy.exc import OperationalError
24:
25: # 執行 SQL 查詢的函式
26: def run_query(query):
27:     """執行 SQL 查詢並處理錯誤"""
28:     try:
29:         return db.run(query)
30:     except (OperationalError, Exception) as e:
31:         return f"執行查詢時出現錯誤: {e}"
```

db.run_query(query) 會直接執行傳入的 SQL 查詢語句，並回傳結果。

若在查詢過程中發生錯誤，程式將捕捉 OperationalError 或其他例外，並回傳錯誤訊息，避免整個應用中斷。

步驟 4：SQL 查詢語句生成（自然語言輸入 → SQL 語句）

在這個步驟中，我們將使用提示模板與 LLM，建立一個能將使用者輸入的自然語言問題轉換為 SQL 查詢語句的流程鏈。

建立生成 SQL 查詢語句的提示模板

```
32: from langchain_core.prompts import ChatPromptTemplate
33:
34: # 生成 SQL 查詢語句的提示模板
35: gen_sql_prompt = ChatPromptTemplate.from_messages([
36:     ('system', '根據以下的資料庫結構，編寫 SQL 查詢來回答問題:{db_schema}'),
37:     ('user', '問題是:"{input}"。\n請生成符合以下格式的 SQL 查詢語句, '
38:              '不要添加任何額外解釋,也不要用 markdown 把 SQL 語句包起來')
39: ])
```

- **系統提示 (system)**：向 LLM 提供資料庫結構資訊 {db_schema}，幫助 LLM 理解資料表的名稱、欄位、主鍵等內容。
- **使用者提示 (user)**：傳入使用者輸入的自然語言問題 {input}，並引導 LLM 直接回傳對應的 SQL 查詢語句。

> **Tip**
> 1. {db_schema} 和 {input} 是佔位符，會在執行過程中自動填入資料庫結構與使用者問題。
> 2. {db_schema} 是從 get_db_schema() 函式取得的資料庫結構，會在後續的 SQL 查詢語句生成流程中，透過 RunnablePassthrough.assign() 傳入提示模板中使用。

定義 SQL 查詢語句生成的邏輯流程

我們將資料庫結構、提示模板與 LLM 組合，形成 SQL 查詢語句生成鏈：

```
40: from langchain_core.runnables import RunnablePassthrough
41:
42: # 定義生成 SQL 查詢語句的邏輯流程
43: gen_query_chain = (
44:     RunnablePassthrough.assign(
45:         db_schema=get_db_schema) # 插入資料庫結構
46:     | gen_sql_prompt  # 呼叫提示模板
47:     | llm  # 使用模型生成查詢
48: )
```

SQL 查詢生成鏈說明：

1. **RunnablePassthrough.assign**：RunnablePassthrough 是特別的 Runnable 物件，它會把流程鏈傳入的字典**原封不動**往流程的下一個 Runnable 物件傳遞。透過 **assign** 方法，還可以呼叫利用**指名參數**指定的函式，並將函式執行結果**以參數名稱為鍵**添加到輸入的字典中，本例就是呼叫 get_db_schema 函式將資料庫結構以 "db_schema" 為鍵加入字典傳遞給後續步驟。
2. **產生 SQL 提示模板 (gen_sql_prompt)**：將使用者問題與資料庫結構結合。
3. **大型語言模型 (llm)**：由模型生成 SQL 查詢語句。

步驟 5：執行 SQL 查詢，並將查詢結果轉換為自然語言回答

在這個步驟中，我們將結合使用者的提問、SQL 查詢語句與其查詢結果，生成一段自然語言回答：

建立自然語言回答的提示模板

```
49: # 生成自然語言回答的提示模板
50: gen_answer_prompt = ChatPromptTemplate.from_template("""
51: 根據以下信息生成一個自然語言的回答：
52: - 問題：{input}
53: - SQL 查詢：{query}
54: - 查詢結果：{result}
55:
56: 請直接給出簡潔的回答
57: """)
```

將使用者的**原始提問 {input}**、LLM 生成的 **SQL 查詢語句 {query}**，以及**查詢結果 {result}** 整合為上下文，並引導 LLM 根據這些資訊生成一段簡潔的自然語言回答。

整合完整處理鏈

從 SQL 查詢語句的生成到 LLM 自然語言回答的生成，整合成一條完整處理鏈：

```
58: # 完整的處理鏈邏輯
59: db_chain = (
60:     RunnablePassthrough
61:         .assign(query=gen_query_chain) # 根據 input 生成 SQL 查詢語句
62:         .assign(result=lambda x: run_query(x["query"])) # 執行查詢並取
                                                            # 得結果
63:     | gen_answer_prompt  # 組合提示，準備生成回答
64:     | llm  # 由 LLM 輸出自然語言回答
65: )
```

完整處理鏈說明：

1. **查詢生成 (gen_query_chain)**：根據使用者問題與資料庫結構，自動產生符合語意的 SQL 查詢語句。

2. **查詢執行 (run_query)**：執行 SQL 查詢並取得對應的資料查詢結果。

3. **生成回答 (gen_answer_prompt)**：將問題、SQL 查詢語句與查詢結果組合成提示，提供給 LLM。

4. **回答輸出 (llm)**：由 LLM 生成自然語言回答，回傳給使用者。

步驟 6：主程式

透過主程式進行互動，接收使用者的問題，並透過前面定義的 **db_chain** 執行整個處理流程，回傳最終答案。

```
66: def main():
67:     while True:
68:         user_input = input(">>> ")        # 請輸入你想查詢的內容
69:         if user_input.lower() == 'bye':   # 檢查是否退出
70:             print("感謝使用，再見！")
71:             break
72:
73:         # 若使用者輸入為有效問題 (非空白)
74:         if user_input.strip():
75:             db_chain.invoke({'input': user_input})
76:             print("\n")
77:         else:
78:             print("請輸入有效的問題！")
```

程式碼解析：

- **user_input.strip()** 用來移除前後空白，若結果仍有內容，代表使用者輸入有效問題。

- 如果輸入為空白或只有空格，則視為無效輸入，不會進行查詢。

```
79: # 執行主程式
80: if __name__ == "__main__":
81:     main()
```

當此檔案被直接執行時，會呼叫 main() 函式作為程式入口。

執行結果展示

當程式執行後，使用者可以輸入問題，系統會自動產生 SQL 查詢並返回結果，最後轉換為自然語言回答。

執行結果 1：查詢所有人的電子郵件

使用者輸入：

```
>>> 請給我所有人的電子郵件
```

LLM 生成 SQL 查詢：

```
SELECT email FROM Users;
```

LLM 回應：

以下是所有人的電子郵件：

1. service@flag.com.tw
2. weibertweiberson@gmail.com
3. weimengmusic@gmail.com

流程解析：

1. LLM 解析使用者輸入內容，判斷為「查詢所有使用者的電子郵件地址」。
2. LLM 自動產生 SQL 查詢語句：SELECT email FROM Users;
3. 取得 SQL 查詢結果，並由 LLM 將結果轉換為具可讀性的自然語言回答

執行結果 2：查詢開頭為「Wei」的使用者資料

使用者輸入：

```
>>> 請幫我查詢開頭為 Wei 的使用者相關資料
```

LLM 生成 SQL 查詢：

```
SELECT * FROM Users WHERE username LIKE 'Wei%';
```

LLM 回應：

根據你的查詢，總共找到兩位開頭為 Wei 的使用者。

第一個是 Weibert Weiberson，他的電子郵件地址是 weibertweiberson@gmail.com；
第二個是 Wei & Meng，對應的郵件地址是 weimengmusic@gmail.com。

如果需要了解更多關於這些使用者的詳細信息，可以繼續查詢相關資料。

流程解析：

1. LLM 判斷「開頭為 Wei 的使用者」是要在 username 欄位中尋找前綴為 "Wei" 的紀錄。

2. LLM 自動使用 LIKE 語法，產生對應 SQL 語句，完成模糊查詢。

3. 取得 SQL 查詢結果，並由 LLM 將結果轉換為具可讀性的自然語言回答。

執行結果 3：查詢含「meng」的使用者資訊

使用者輸入：

>>> 我只記得使用者名稱好像有 meng 字，可以給我他的資訊嗎？

LLM 生成 SQL 查詢：

```
SELECT * FROM Users WHERE username LIKE '%meng%';
```

LLM 回應：

找到了一個使用者名稱中有「meng」字樣的帳號。
該用戶名為「Wei & Meng」，其電子郵件是 weimengmusic@gmail.com。

流程解析：

1. LLM 能理解「好像有 meng 字」表示需要進行模糊查詢，而非完全比對。

2. LLM 自動使用 LIKE '%meng%' 語法，搜尋所有包含 "meng" 的使用者名稱。

3. 取得 SQL 查詢結果，並由 LLM 將結果轉換為具可讀性的自然語言回答

即使使用者僅依稀記得部分資訊（如名稱中有 "meng"），LLM 仍能理解查詢意圖，並自動轉換成合適的 SQL 語句執行查詢。這顯示**使用者不需掌握 SQL 語法或完整欄位內容，也能透過自然語言完成資料查詢，降低資料存取的技術門檻**。

4-3 跨資料表 SQL 查詢：讓 LLM 理解關聯資料並生成查詢語句

在前一節中，我們使用的資料庫僅包含 Users 單一資料表，並示範了如何讓 LLM 自動產生針對單資料表的 SQL 查詢語句。但在實務應用中，**資料往往會依照邏輯結構分散儲存在多個資料表中**，例如：使用者所屬的部門、訂單與客戶資訊、學生與課程安排等情境。

當**資料分散在不同資料表中**時（例如：Users 表只儲存使用者基本資料，而 Departments 表儲存部門資訊），若你希望查出「每位使用者所屬的部門名稱」，便無法只查詢單一資料表。這時，我們希望 **LLM 能根據多個資料表的關聯，自動產生對應的 JOIN 查詢語句**，整合並取得正確的資料結果。

為了說明**跨資料表 SQL 查詢**的應用,我們在本節中將使用一個包含 Users 和 Departments 兩張資料表的新資料庫檔案 **join.sqlite3**,並透過 **department_id** 欄位**建立兩者之間的關聯**。

```
CREATE TABLE Departments (
    id    INTEGER PRIMARY KEY,
    name TEXT
);

CREATE TABLE Users (
    id             INTEGER PRIMARY KEY,
    username       TEXT,
    email          TEXT,
    department_id INTEGER,
    FOREIGN KEY (
        department_id
    )
    REFERENCES Departments (id)
);
```

上述程式碼定義了兩張資料表 Departments 與 Users,其結構說明如下:

1. **Departments 表**(用來記錄所有部門的資訊):

   - **id**:主鍵(Primary Key),每個部門的唯一編號。

   - **name**:部門名稱,資料型別為 TEXT。

2. **Users 表**(用來記錄使用者的基本資料與所屬部門 ID):

   - **id**:主鍵,每位使用者的唯一編號。

   - **username**:使用者名稱。

   - **email**:使用者電子郵件。

   - **department_id**:外鍵(Foreign Key),用來指向 Departments 表中的 id 欄位,表示該使用者隸屬哪一個部門。

> **注意：** 透過 FOREIGN KEY (department_id) REFERENCES Departments(id)，我們建立了兩張表之間的關聯。這樣的設計稱為多對一（Many-to-One）關係，即「每位使用者可對應至一個部門，而一個部門可有多位使用者」。

此關聯結構建立完成後，我們便可在資料表中填入以下範例資料，作為之後測試的依據。下表為 Users 資料表的內容，包含每位使用者的名稱、電子郵件與所屬的部門 ID：

▼ 表 4-2　join.sqlite3：Users 資料表內容

id	username	email	department_id
1	Weibert Weiberson	weibertweiberson@gmail.com	1
2	Wei & Meng	weimengmusic@gmail.com	1
3	flag technology	service@flag.com.tw	2

接著是 Departments 資料表的內容，記錄各個部門的基本資訊：

▼ 表 4-3　join.sqlite3：Departments 資料表內容

id	name
1	幸福部門
2	行銷部門

透過這樣的結構，我們將示範 LLM 如何根據使用者的自然語言輸入，產出結合兩張表的 JOIN 查詢語句，並以自然語言回應查詢結果。

程式碼修改說明

本節與〈4-2 建立 SQL 人資小幫手問答機器人〉的程式碼相同，**僅針對資料庫改為使用 join.sqlite3，其餘程式碼維持不變**。以下僅列出與本節有關的差異重點：

程式 CH4/4-3/langchain_join.py

```
...(這裡省略重複的程式碼)
13: # 初始化資料庫連線 (這裡以 SQLite 為例)
14: db = SQLDatabase.from_uri(
15:     "sqlite:///./join.sqlite3",
16:     sample_rows_in_table_info = 0
17: )
...(略)
```

執行結果展示

當程式執行後，使用者可以透過自然語言查詢與兩張資料表（Departments 與 Users）相關的資訊，例如部門成員、成員所屬部門等。以下為兩個實際的查詢範例，展示 LLM 如何自動**產生跨表 JOIN 的 SQL 查詢語句**，並以自然語言回應查詢結果：

執行結果 1：查詢每位使用者所屬的部門名稱

使用者輸入：

>>> 每位使用者分別屬於哪個部門？

LLM 生成 SQL 查詢：

```sql
SELECT Users.username, Departments.name
FROM Users
JOIN Departments ON Users.department_id = Departments.id;
```

這段查詢會透過 JOIN 將 Users 表與 Departments 表做關聯，條件為 **Users.department_id = Departments.id**，也就是從部門編號連接對應的部門名稱。

LLM 回應：

根據提供的 SQL 查詢和查詢結果，每位使用者分別屬於以下部門：

```
- Weibert Weiberson：幸福部門
- Wei & Meng：幸福部門
- flag technology：行銷部門
```

執行結果 2：查詢「幸福部門」所有成員的 email

使用者輸入：

```
>>> 請幫我查詢"幸福部門"中，每個人的 email 為何？
```

LLM 生成 SQL 查詢：

```sql
SELECT Users.email
FROM Users
JOIN Departments ON Users.department_id = Departments.id
WHERE Departments.name="幸福部門";
```

這段查詢同樣先透過 JOIN 將 Users 表與 Departments 表關聯起來，接著再透過 **WHERE** 條件式，過濾出 **Departments.name** 為「幸福部門」的紀錄，最後只回傳該部門成員的 email。

LLM 回應：

```
根據查詢結果，"幸福部門"中的兩個人的 email 分別是 weibertweiberson@gmail.com 和 weimengmusic@gmail.com。
```

透過簡單地擴充資料庫結構並建立**外鍵（Foreign Key）關聯**，我們讓 **LLM 能看懂跨資料表之間的連結**，進而**理解跨表關係**。

即使使用者的查詢語意同時涉及多張資料表，LLM 仍能根據自然語言自動產出正確的 JOIN 查詢語句，並將查詢結果轉換為易懂的自然語言回答，讓不會撰寫 SQL 的使用者也能輕鬆取得所需資訊，實現無需手寫 SQL 的查詢體驗。

CHAPTER **5**

向量資料庫：基礎 RAG 與語義相似性檢索

本章將介紹向量資料庫（Vector Database）的基礎概念，並展示如何結合 LangChain 和 FAISS（Facebook AI Similarity Search）向量資料庫進行語義相似性檢索，實現資料檢索應用。此外，本章的範例應用了「檢索增強生成（Retrieval-Augmented Generation, RAG）」的基礎概念，透過大型語言模型（LLM）來根據檢索結果生成回答。

5-1 認識檢索增強生成（RAG）

檢索增強生成（Retrieval-Augmented Generation, RAG）將檢索系統與生成系統結合在一起，致力於提升語言模型的準確性和實用性。RAG 的優勢在於能夠在保持生成靈活性的同時，充分利用外部資料來擴展知識範圍和應用深度。

RAG 解決了模型的一個關鍵限制：**語言模型依賴於固定的訓練數據集，可能存在資訊過時或不完整的問題。**

模型通常擁有內部知識，但這些知識往往是固定的，並且由於訓練成本高昂，更新頻率較低。這使得模型難以回答與最新事件相關的問題，或提供特定領域的深入知識。為了解決這一問題，有一些方法可以注入新知識，例如微調（fine-tuning）或持續預訓練（continued pre-training）。然而，這些方法成本較高且不適合用於快速事實檢索。

> **技巧補充**
>
> ### 持續預訓練與微調的差別
>
> **持續預訓練**（Continued Pre-training）是指在一個已預訓練好的語言模型上，使用大量特定領域的資料（通常是未標註的）進行進一步訓練。這個過程可以讓模型內化該領域獨有的語言風格與知識，進一步提升其在該領域的整體理解能力與適應性。
>
> **微調**（Fine-tuning）則是將這個已預訓練（甚至可能已進行過持續預訓練）的模型，再用一小筆特定任務的有標註資料進行訓練。透過微調，模型的參數會進一步被調整，使其在特定應用或任務上達到最佳表現。
>
> 簡單來說，**持續預訓練**比較像是「補強知識」，而**微調**則是「針對任務精修調整」。

LLM 就像是一個背誦知識的學生,知識來自於訓練數據,更新緩慢;而 RAG 則像是一個可以即時查資料的學生,遇到不確定的問題時,可以翻閱最新的書籍或網站來回答,確保資訊是最新且準確的。

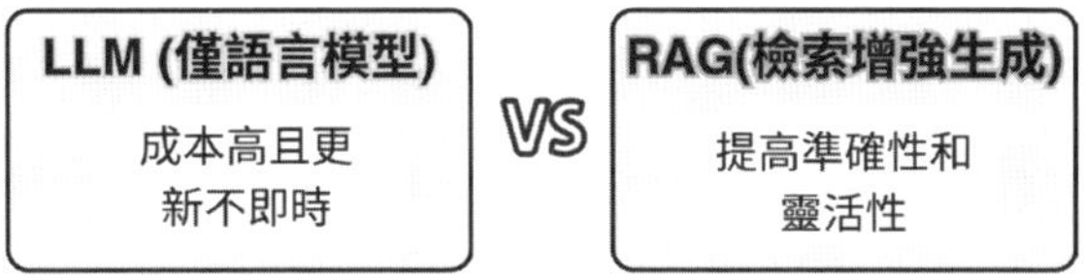

▲ 圖 5-1　LLM 方法和 RAG 比較圖

本章主要介紹檢索增強生成(RAG)的基礎概念與應用,幫助讀者理解如何利用 FAISS 向量資料庫(以下都簡稱 FAISS)進行語義相似性檢索。

主要學習目標:

1. **理解向量資料庫的作用**:什麼是向量資料庫?為什麼它對於語義檢索如此重要?

2. **學習 FAISS 的基本概念與索引機制**:了解 FAISS 的記憶體特性與索引類型,以及掌握餘弦相似度(Cosine Similarity)、最大內積(Max Inner Product, MIP)與 L2 距離(歐幾里得距離, Euclidean Distance)如何影響相似性計算。

3. **使用嵌入模型(Embeddings)**:介紹 OllamaEmbeddings,學習如何將文字轉換為向量。

4. **設定相似度閾值來控制檢索範圍**:為什麼 FAISS 需要相似度閾值?如何透過閾值調整檢索結果,影響搜尋準確度?

5. **將 FAISS 向量資料庫本地化,實現持久化儲存**:FAISS 預設為記憶體內運行(In-Memory),如何將索引儲存到本地?以及掌握儲存與載入 FAISS 資料庫的完整流程。

下一章(第 6 章)則會說明進階的 RAG 技術,如:

- **原始數據向量化**：如何將文本轉換為可檢索的向量？
- **文本分割（Chunking）**：如何讓檢索資料更符合 LLM 的處理需求？
- **檔案載入器（Document Loaders）**：如何處理 PDF、JSON、網頁等不同類型的資料？
- **記憶（Memory）**：如何讓 LLM 擁有上下文記憶能力？

建議讀者先掌握本章內容，熟悉向量資料庫的基本應用，之後再進一步學習完整的 RAG 流程。

RAG 使用檢索系統帶來的優勢

檢索增強生成（RAG）的最大優勢之一，是能夠存取外部資料來源，**提取最新資訊**，進而生成符合當前現況的回應。這使得 RAG 特別適合應用於**需要即時更新的情境**。

除了即時性外，RAG 也能透過連接**特定領域的專業資料庫**（如醫學論文庫、法律文件、企業內部知識庫等），使大型語言模型（LLM）在生成回答時能引用專業、可靠的資料，進一步**擴展其知識邊界**並產出更具行業準確性的內容。

> **Tip**
> **重點：RAG** 透過檢索可信資料庫的內容，**提升了生成內容的可靠性**，讓 LLM 可以根據經過驗證的資料來生成回應，減少不準確或錯誤資訊的可能性。此外，由於 LLM 的訓練數據是靜態的，無法反映即時變化，而 RAG 則可以通過檢索即時更新的外部資料，**實現對動態數據的支援**。

另一方面，RAG 也比模型微調（fine-tuning）更具**成本效益**。微調方法需要大量的計算資源與時間，才能將新知識融入模型內部；而 RAG 則透過檢索外部現有資料來擴充知識，**無需對模型本身進行大規模改動**，降低了開發成本，同時仍能保持知識的廣度與靈活性。因此，RAG 成為擴展 LLM 應用範圍的一種主流方式，使模型不僅能夠生成內容，還能夠在不斷變化的環境中提供準確且符合時效性的資訊。

▼ 表 5-1 RAG 與微調 (Fine-tuning) 在知識擴展方式的比較表

方式	知識更新方式	成本
微調（Fine-tuning）	根據新資料對模型進行額外訓練以注入知識	高
RAG	即時檢索外部資料，擴展模型知識範圍（無需改模型）	低

RAG 的優勢

- **成本效益**：比微調方法更具經濟效益
- **檢視外部數據**：允許提取最新資訊以保持內容相關性
- **靜態特性解決**：支持動態數據以反映即時變化
- **專業資料庫整合**：提供與專業相關的回答
- **內容可靠性**：提升生成內容的可信度

▲ 圖 5-2 RAG 使用檢索系統帶來的優勢圖

幫 LLM 擴展知識並減少幻覺（Hallucination）

RAG 也能幫助 LLM **減少幻覺問題**（Hallucination）。當僅依賴 LLM 時，它可能會生成虛構資訊，而 RAG 透過檢索外部資料來補充 LLM 的知識，使生成的內容更具可信度，**提升回答的準確性**。

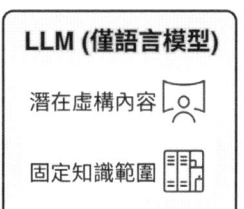

LLM (僅語言模型)
- 潛在虛構內容
- 固定知識範圍

RAG (檢索增強生成)
- 提升回答的準確性
- 動態知識更新

▲ 圖 5-3 LLM 和 RAG 比較圖

由於 LLM 的生成方式是基於機率，當它缺乏足夠的知識時，會產生「**最可能的回答**」，但這個答案**未必是真實的**。

例如，在**沒有使用 RAG 的情況**下，若詢問 LLM「最新一屆奧運在哪裡舉辦？」，模型會依據訓練時，所學得的知識來預測可能的答案。然而，若該資訊並未包含在原始訓練資料中，模型產生的回應很可能是過時或錯誤的。

相對地，在**使用 RAG 的情況**下，LLM 在回答之前會先從**指定的奧運資料庫中檢索相關資訊**，然後根據檢索到的內容生成回應。不過，RAG 的檢索能力取決於外部資料庫的品質與內容覆蓋範圍，因此在上述例子中，**必須有一個包含最新奧運資訊的資料來源**，LLM 才能正確檢索並提供準確答案。

5-2 嵌入向量與語義相似性檢索流程

向量資料庫（Vector Database）是一種專門用來處理**嵌入向量**（Embedding Vector）的資料結構，用於有效地查詢與比對資料，根據查詢內容找出語義上「**最相似**」的數據。

> **Tip**
> 「語義相似」指的是語句在語義空間中的接近程度，不代表意思完全相同。例如「我愛你」和「我討厭你」雖表達相反情感，但因句型與詞彙相近，在向量空間中的距離仍可能很接近，因此被視為語義相似。

為了能夠有效檢索，RAG 使用嵌入向量技術來達到語義比對的目的，以下就介紹相關技術。

嵌入向量（Embedding Vector）

在語義相似性檢索中，嵌入模型會將文本或其他類型的數據轉換為**高維度的向量表示**（通常為數百到上千維），這些向量捕捉了數據的語義特徵。

嵌入向量是一種數學表示法，不同嵌入模型產生的向量維度也不同，常見的**嵌入維度**（如 384、768、1024、1536）決定了向量中用來表達這些資料特徵的「**維度數**」。向量的維度越高，會增加儲存空間與查詢時間。

> ☠ **注意**：如果你用的是 1024 維的嵌入模型，那麼整個向量是由 1024 個數值所組成的陣列。

舉例來說，像「崴孟想去日本旅遊」這句話，經過嵌入模型處理後，可能會被轉換成一個 1024 維的向量，例如：

```
[0.016206749, 0.019615281, -0.0208808, ..., 0.015669605]
   ↑第1個        ↑第2個        ↑第3個         ↑最後一個（第1024個）
```

這個向量可以被視為這句話在「**語義空間**」中的一個**座標點**。嵌入模型會讓語義相近的句子，其向量在空間中彼此靠近。比如「崴孟想去日本旅遊」與「崴孟想去日本旅行」這兩句話，轉換後的向量就會很接近。

這些向量是經過「**嵌入模型**」算出來的數學表示方式，用來表示句子的「**語義**」。也因為這個特性，我們可以透過向量資料庫，在高維的向量空間中進行「**語義比對**」，找出與查詢內容最相關的資料，這正是語義相似性檢索（Semantic Similarity Retrieval）的核心原理。

> **Tip**
> **簡單來說**：向量資料庫就像是在語義空間中幫我們找資料的「語義搜尋引擎」。

> **Tip**
> 想像我們在 Google 地圖上找地點，那是二維平面；而語義空間是 384 維、768 維，甚至 1536 維的超高維度空間，向量資料庫的厲害之處就在於它能在這樣的空間中找到「**語義最接近**」的資料。

筆者會在〈5-4 OllamaEmbeddings 嵌入模型〉中，帶領讀者學習如何在 Ollama 尋找並取得合適的嵌入模型，以及如何使用嵌入模型。

語義相似性檢索（Semantic Similarity Retrieval）

語義相似性檢索（Semantic Similarity Retrieval）是 RAG 的基礎概念，當 LLM 需要額外的資訊來回答問題時，讓它透過向量資料庫查找語義上最相關的內容。

下圖展示了語義相似性檢索的典型流程，包含三個主要步驟：載入來源數據、生成查詢向量，以及查詢向量資料庫並擷取最相近的結果。這三個步驟構成了**向量檢索的基本架構**。

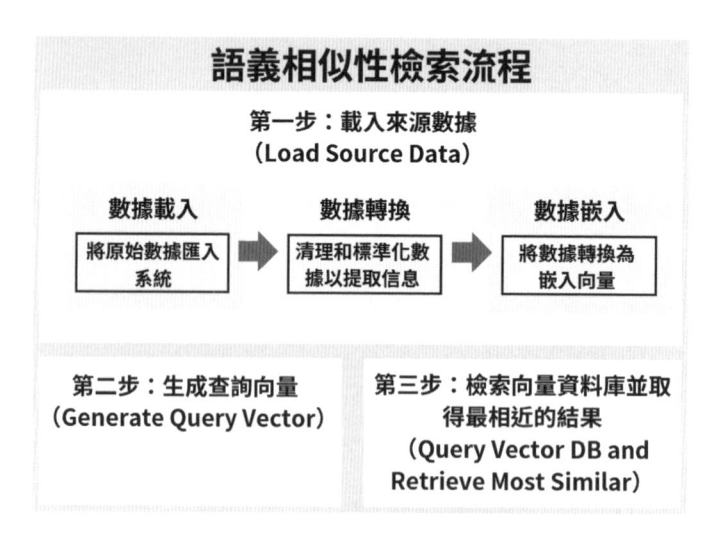

▲ 圖 5-4　語義相似性檢索流程

第一步：載入來源數據（Load Source Data）

在第一步中，各種來源數據（如文字檔案、圖片、影片、社交媒體數據、電子郵件、HTML 等）會被讀取並進行處理。此步驟包含以下幾個過程：

- **載入（Load）**：將原始數據匯入系統。
- **轉換（Transform）**：清理和標準化數據，提取出有價值的信息。
- **嵌入（Embedding）**：將數據轉換為**嵌入向量**，捕捉數據的語義特徵。

這些生成的嵌入向量將被儲存到向量資料庫中，作為後續檢索的基礎。

第二步：生成查詢向量（Generate Query Vector）

當使用者發出查詢（例如一段自然語言敘述或問題）時，系統會將該**查詢內容轉換為嵌入向量**，以便與資料庫中的嵌入向量進行語義比對。為確保語義表示的一致性，**查詢所使用的嵌入模型必須與建立向量資料庫時所使用的嵌入模型相同。**

> ☠ 注意：如果**查詢時使用的嵌入模型**與**建立向量資料庫時所使用的嵌入模型不同**，可能會導致**語義表示不一致**，使得**相似性比較失準**。

> **Tip**
> 生成的**查詢向量**將用於與**向量資料庫中的嵌入向量**進行**語義相似性比較**，找出最相關的內容。

第三步：檢索向量資料庫並取得最相近的結果 (Query Vector DB and Retrieve Most Similar)

系統會以查詢向量為基準，在向量資料庫中進行向量相似性比較，**找出與之最相近的嵌入向量**，並將其**映射回原始數據**，從而檢索出與查詢相關的文檔段落、圖片或影片等符合查詢主題的內容項目。

5-3 FAISS 向量資料庫與相似度計算方式

FAISS（Facebook AI Similarity Search）是由 Meta 研究團隊開發的一款開源工具，主要用於高維度向量的相似性檢索，並提供部分聚類分析功能。

> **Tip**
> 聚類分析（Clustering Analysis）是一種非監督式學習（Unsupervised Learning）方法，主要用來將相似的數據分成同一群組，而不同群組的數據則有較大的差異。

在處理高維度資料時，FAISS 採用「索引（index）」技術。索引是指用來組織與儲存向量的資料結構，目的是讓相似度搜尋變得更有效率。此外，FAISS 也內建了 K-Means 聚類演算法來進行數據分群。在相似性檢索的時侯，可以先找到相似的分群，縮小檢索範圍，讓檢索過程更有效率。

FAISS 主要是用 C++ 開發，並提供 Python 介面。另外，它還支援 GPU 加速，在處理大規模資料時，能有效利用 GPU 的平行運算能力，讓檢索效率更進一步提升。

FAISS 的記憶體特性

FAISS 的設計初衷是為了處理大規模向量數據，因此它的預設行為是將**向量資料庫儲存在記憶體（In-Memory）**中，也就是 RAM 中，以實現快速的相似性檢索。

這種設計會使得在預設情況下，FAISS 的向量資料庫是**非持久化**的，這意味著當程式結束時，資料庫內容會從記憶體中消失。如果需要長期保存向量資料庫，必須手動將其保存到本地硬碟。

所幸，FAISS 有提供將資料庫保存到本地硬碟的功能，使得開發者可以**實現持久化儲存與加載**。我們會在〈5-6 將 FAISS 向量資料庫本地化：實現持久化儲存與載入〉中詳細說明。

FAISS 索引類型概覽

FAISS 支援多種索引（Index）類型，也就是儲存向量的資料結構，以便加速向量相似性檢索，這些索引是基於各種演算法與技術所建構的，可以幫助 FAISS 在查詢速度、準確性與記憶體使用之間取得平衡。

以下介紹其中三種常見的索引類型：

1. **平坦索引（Flat Index，IndexFlat）**：

    不進行資料的分群或壓縮，只儲存完整的向量。實際檢索時，會以暴力搜尋（Brute-force search），逐一計算查詢向量與資料庫中所有向量的距離，並找出相似結果。

    常見的平坦索引類型包括適用於以歐幾里得距離（Euclidean distance）計算相似度的 IndexFlatL2，以及適用於以用內積（Inner Product）計算相似度的 IndexFlatIP。此方法適用於資料量較小、對結果精度要求高，且搜尋速度不是主要考量的情況。

2. **乘積量化索引（Product Quantization Index，IndexPQ）**：

    將向量切割成多個子向量，分別量化壓縮後儲存，可大幅降低記憶體用量，並且在實際檢索時可減少計算量，加快搜尋速度。適合記憶體資源有限、且優先考量效率而非絕對精確度的應用情境。

3. **倒排檔索引（Inverted File Index，IndexIVF）**：

    將向量分割成多個聚類（clusters），檢索時會先找到與欲查詢向量相近的聚類，再從這些聚類中搜尋相似結果，以提升搜尋效率。可與其他方法結合，如乘積量化（Product Quantization），組成 IndexIVFPQ。適合追求快速搜尋，可接受小幅度精度損失。

在 LangChain 中，FAISS 在未指定索引類型時，**預設使用 IndexFlatL2** 作為索引類型。IndexFlatL2 使用的是**歐幾里得距離的平方（squared Euclidean distance）**來進行相似性檢索。

此外，像 IndexIVF 與 IndexPQ 這類進階的 FAISS 索引類型，**目前 LangChain 並不支援**。若要在 LangChain 中使用這些進階索引類型，需要直接透過 FAISS 函式庫建立索引，然後自行將其整合進 LangChain 的 FAISS 包裝器中。

LangChain 原生僅支援 FAISS 的 **IndexFlatIP** 和 **IndexFlatL2** 這兩種索引類型。

開發者無需手動指定 FAISS 的索引類別，LangChain 會根據建立向量資料庫時所設定的 DistanceStrategy 自動選擇相對的索引方式。

目前支援以下三種策略：

- 設定 DistanceStrategy.EUCLIDEAN_DISTANCE → 使用 **IndexFlatL2**
- 設定 DistanceStrategy.MAX_INNER_PRODUCT → 使用 **IndexFlatIP**
- 設定 DistanceStrategy.COSINE → 使用 **IndexFlatL2**

LangChain 這樣的設計簡化了開發流程，使得開發者無需深入瞭解 FAISS 的底層細節即可快速使用向量搜尋功能。不過，相對地也限制了對底層索引類型與細節參數的控制。

相似度計算方式介紹

在進行向量相似性檢索時，選擇適當的相似度計算方式是影響搜尋效果的重要因素，以下是幾種常見相似度的介紹：

餘弦相似度 (Cosine Similarity)

餘弦相似度（Cosine Similarity）的核心概念是：**比較兩個向量之間的「夾角」有多小**。其中 **cos(θ)** 表示兩個向量夾角的餘弦值，也就是我們常說的「**餘弦相似度**」。

想像兩個向量是從原點出發的箭頭，若它們的方向一致（也就是語義相近），它們的夾角就越小，cos(θ) 的值（即餘弦相似度）就越接近 1。

簡單來說，**向量的夾角越小，餘弦相似度越大，代表語義越相近。**

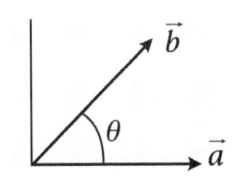

▲ 圖 5-5 向量夾角示意圖

Cosine Similarity（餘弦相似度）的公式如下：

$$cosine\ similarity = \frac{\vec{a} \cdot \vec{b}}{\|\vec{a}\| \cdot \|\vec{b}\|} = \cos\theta$$

其中 $\vec{a} \cdot \vec{b}$ 是 $\vec{a}$ 和 $\vec{b}$ 之內積，$\|\vec{a}\|$ 和 $\|\vec{b}\|$ 則分別是向量 $\vec{a}$ 和 $\vec{b}$ 之長度。

如果我們先將向量**正規化為單位長度**（也就是 $\|\vec{a}\| = \|\vec{b}\| = 1$），那麼內積值就等同於 cos(θ) 餘弦相似度。

常見數值對照如下：

- cos(θ) 餘弦相似度 **1.0** → 兩向量方向完全一致（**語義完全或極度相關**）
- cos(θ) 餘弦相似度 **0.0** → 夾角為 90 度（**沒有語義關聯或關聯極弱**）
- cos(θ) 餘弦相似度 **-1.0** → 方向完全相反（**語義方向相反**）

餘弦距離（Cosine Distance）

若我們將 1 減掉 cos(θ) 餘弦相似度，就會得到**餘弦距離**（Cosine Distance）。它的公式如下：

$$cosine\ distance = 1 - cosine\ similarity$$

透過這種轉換，餘弦相似度的範圍會從 -1～1 轉換成餘弦距離的範圍 0～2。因此：

- cos(θ) 餘弦相似度越大 → **餘弦距離越小** → **語義越相關**
- cos(θ) 餘弦相似度越小 → **餘弦距離越大** → **語義越不相關**

我們可以由前面介紹的資訊整理出以下表格：

▼ 表 5-2　餘弦相似度與語義關係一覽表

向量關係	夾角 θ	cos(θ) 餘弦相似度	1 - cos(θ) 餘弦距離	語義關係說明
完全同方向（重疊）	θ = 0°	1	0	語義完全相同或極度相似
完全無關（垂直）	θ = 90°	0	1	沒有語義關聯或關聯極弱
方向完全相反	θ = 180°	-1	2	語義方向相反

最大內積（Max Inner Product, MIP）

最大內積（MIP）是在**查詢向量**與資料庫中所有向量的**內積值**中，找到**最大值對應的向量**。也就是說，我們想找出「**跟查詢向量在方向上最一致、最匹配的向量**」。

以下我們先回顧內積的定義。根據餘弦定理,我們知道兩個向量的內積可以這樣表示:

$$\vec{a} \cdot \vec{b} = \|\vec{a}\| \cdot \|\vec{b}\| \cdot \cos\theta$$

其中:

- $\|\vec{a}\|$ 和 $\|\vec{b}\|$ 是向量 $\vec{a}$ 和 $\vec{b}$ 的長度
- θ 是兩個向量 $\vec{a}$ 和 $\vec{b}$ 的「夾角」
- $\cos\theta$ 是夾角的餘弦值

如果我們先將向量正規化為單位長度(也就是 $\|\vec{a}\| = \|\vec{b}\| = 1$),那公式就變成:

$$\vec{a} \cdot \vec{b} = \cos\theta$$

也就是說,在**正規化之後,內積值就等同於餘弦相似度**。因此,如果你使用的嵌入模型已預先將**向量正規化**,那麼就可以直接使用「最大內積」來當作相似度指標,並可以理解為:「**內積越大、語義越相近**」。

如果向量沒有經過正規化,則內積值除了與方向有關,還會受到「**向量長度**」的影響,所以不一定能直接代表語義相似性。

L2 距離 (歐幾里得距離, Euclidean Distance)

L2 距離越小,代表向量之間**越相似**;反之,距離越大則表示不相似。

L2 距離是用來衡量兩個向量之間的「幾何距離」,也就是兩個點在 n 維空間中的直線距離。

其公式如下：

$$d(\vec{a}, \vec{b}) = \sqrt{\sum_{i=1}^{n}(a_i - b_i)^2}$$

其中：

- $d(\vec{a}, \vec{b})$ 代表向量 $\vec{a}$ 和 $\vec{b}$ 之間的 L2 距離。
- a_i 和 b_i 是向量 $\vec{a}$ 和 $\vec{b}$ 的第 i 個分量。
- n 是向量的維度數。

這個公式的作用是計算兩個向量之間的直線距離（即歐幾里得距離），L2 距離越小，代表這兩個向量在向量空間中越接近，也就是語義或特徵越相似。

也就是說：

- **距離小代表兩個向量幾乎重疊，意即它們非常相似。**
- **距離大代表兩個向量相距較遠，表示它們在語義上較不相關。**

為了提升效能，在實際應用中（如 FAISS），通常會省略開根號的步驟，改用 **L2 距離的平方**（Squared Euclidean Distance）來進行計算：

$$d^2(\vec{a}, \vec{b}) = \sum_{i=1}^{n}(a_i - b_i)^2$$

因為排序相似度時，平方與未平方的結果順序相同，因此不需額外花費計算根號的成本。

若想進一步了解相似度計算方式的原理與推導，請參考在 Tom Hazledine 發表的《Alternatives to cosine similarity》文章。文中他探討了餘弦相似度的計算方式及其替代方案，如歐幾里得距離、曼哈頓距離和柴比雪夫距離，並比較了它們在計算效率和準確性方面的表現：

▲圖 5-6　《Alternatives to cosine similarity》：https://tomhazledine.com/cosine-similarity-alternatives/

其中，作者指出：**當向量已正規化為單位長度**時，**Cosine 相似度**與 **L2 距離**在數學上基本**等價**，因此在實務應用中，這兩種方法所產生的相似度排序結果通常非常接近，甚至完全一致。

5-4　OllamaEmbeddings 嵌入模型

在這裡，我們將透過 FAISS 向量資料庫進行語義檢索，並探討嵌入模型（Embedding Model）在相似性檢索中的應用。

在 Ollama 尋找、更換與下載嵌入模型的方法

一般來說，大型語言模型（LLM）主要用於生成文本，但有些也能產生嵌入向量（embeddings），不過並非所有 LLM 都適合這樣做，而且計算成本較高。

如果你的目標是語義檢索或相似度計算，通常會選擇**專門的嵌入模型**，因為這類模型專為嵌入任務設計，但**只能產生嵌入向量，無法生成文本**。

在語義檢索和文本匹配的應用中，選擇合適的嵌入模型至關重要。Ollama 平台提供了多種嵌入模型供選擇，可依需求挑選最適合的模型來提升檢索效果。

前往 Ollama 官網（https://ollama.com/）：

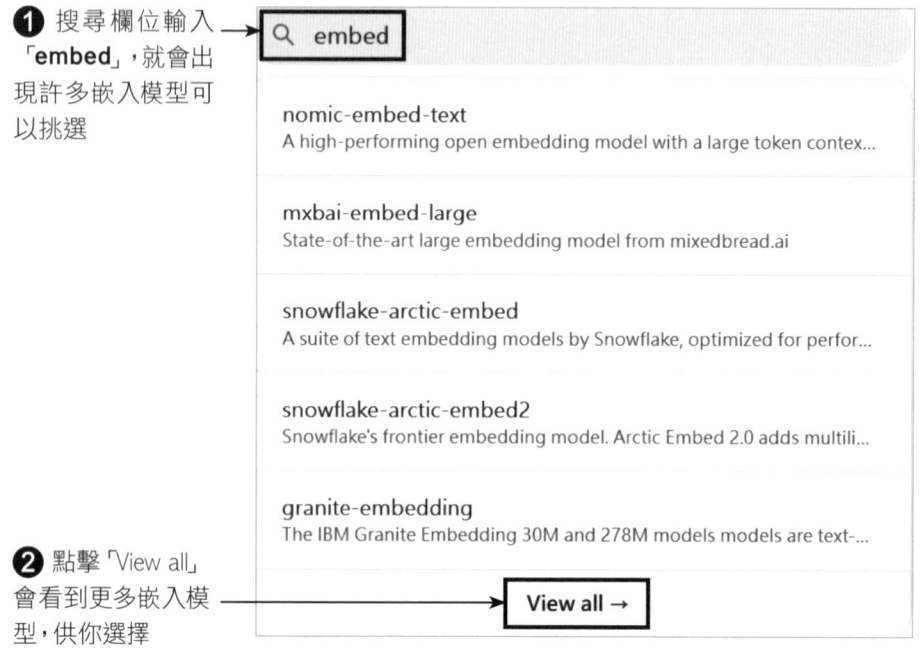

❶ 搜尋欄位輸入「**embed**」，就會出現許多嵌入模型可以挑選

❷ 點擊「View all」會看到更多嵌入模型，供你選擇

▲ 圖 5-7　Ollama 官網搜尋「embed」關鍵字結果圖

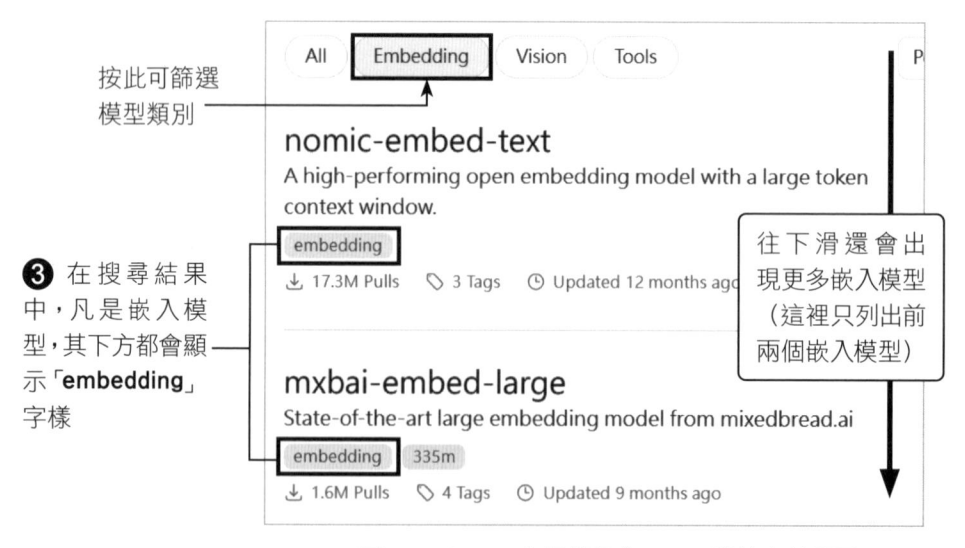

按此可篩選模型類別

❸ 在搜尋結果中，凡是嵌入模型，其下方都會顯示「**embedding**」字樣

往下滑還會出現更多嵌入模型（這裡只列出前兩個嵌入模型）

▲ 圖 5-8　Ollama 官網搜尋「embed」關鍵字結果圖

5-18

如果你使用英文，大多數嵌入模型都可以選擇，以下三個就是相當受歡迎的選項：

- **all-minilm**：

    是一款基於 BERT 架構的輕量級嵌入模型，設計目標是為資源有限的設備提供文本嵌入能力。以 **33m** 版本為例，該模型擁有 **3320 萬參數**，最大支援 **256 個 token** 的上下文長度，並使用 F16 量化技術，使其**模型大小僅為 67MB**。

- **nomic-embed-text**：

    是一款基於 Nomic-BERT 架構的嵌入模型，具備更大的上下文窗口，能夠處理長文本內容。以 **v1.5** 版本為例，其擁有 **1.37 億參數**，支援長達 **8192 個 token** 的上下文長度。該**模型的大小為 274MB**，使用 F16 量化技術。

- **mxbai-embed-large**：

    是一款基於 BERT 架構的嵌入模型。以 **v1** 版本為例，擁有 **3.34 億參數**。該模型支援 **512 個 token** 的上下文長度，並使用 F16 量化技術，**模型大小為 670MB**。

不過這類模型主要針對英文進行訓練，因此**對於英文以外的語言效果較差**。如果你的應用場景涉及中文，請務必選擇支援中文的嵌入模型，以確保最佳的語義檢索與匹配效果。

筆者建議可以直接在 Ollama 官網搜尋「**Multilingual**」，就會找到許多支援「**多語言**」的嵌入模型可以選擇。

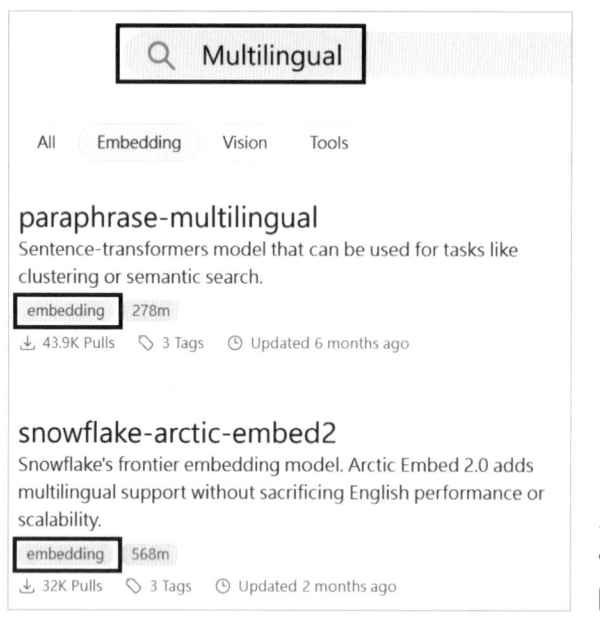

◀ 圖 5-9　Ollama 官網搜尋「Multilingual」關鍵字結果圖

這裡有一點需要注意，雖然某些嵌入模型標示為「Multilingual」，但這並**不代表它一定支援中文**。最安全的做法是前往 Hugging Face 查閱該模型支援的語言列表。稍後我們會進行相關教學，但在此之前，筆者想先介紹一篇關於嵌入模型在繁體中文檢索能力上的實驗文章。

在《**使用繁體中文評測各家 Embedding 模型的檢索能力**》一文中，作者（ihower）探討了在 RAG 系統中，選擇適合繁體中文的嵌入模型（Embedding Model）的重要性。由於現有的評測多針對簡體中文，作者決定自行進行評測，以找出對繁體中文表現最佳的模型。

▲ 圖 5-10　《使用繁體中文評測各家 Embedding 模型的檢索能力》：https:ihower.tw/blog/archives/12167

評測方法為使用聯發科整理的 TCEval-v2 資料集中的台達閱讀理解資料集（DRCD），包含 1000 個不重複的文章段落和 3493 個相關問題。將所有問題和對應的正確段落轉換為嵌入向量，對每個問題進行餘弦相似性搜尋，從 1000 個段落中找出前 5 個最相似的並計算以下指標：

- **平均命中率（Hit Rate）**：在前 5 個結果中，是否包含正確的段落。
- **平均倒數排名（MRR）**：在前 5 個結果中，正確段落排名的倒數，例如正確段落出現在檢索結果中的第 3 名，就是 1/3，排名越後面取倒數就會越小，得分越低。

評測結果顯示，Voyage-multilingual-2 以 97% 命中率獲得最佳表現，而 multilingual-e5-large 則以 95% 命中率位居第二。然而，multilingual-e5-large 是開源模型，而 Voyage-multilingual-2 並非開源。因此，在接下來的應用中，我們將選擇 **multilingual-e5-large** 作為嵌入模型來使用。

為了確保 multilingual-e5-large 有支援中文，我們前往 Hugging Face，查閱該嵌入模型所支援的語言列表。

❶ 前往 Hugging Face 官網 (https://huggingface.co/)

❷ 搜尋欄位輸入「intfloat/multilingual-e5-large」

❸ 可以發現 multilingual-e5-large 有支援 94 種語言

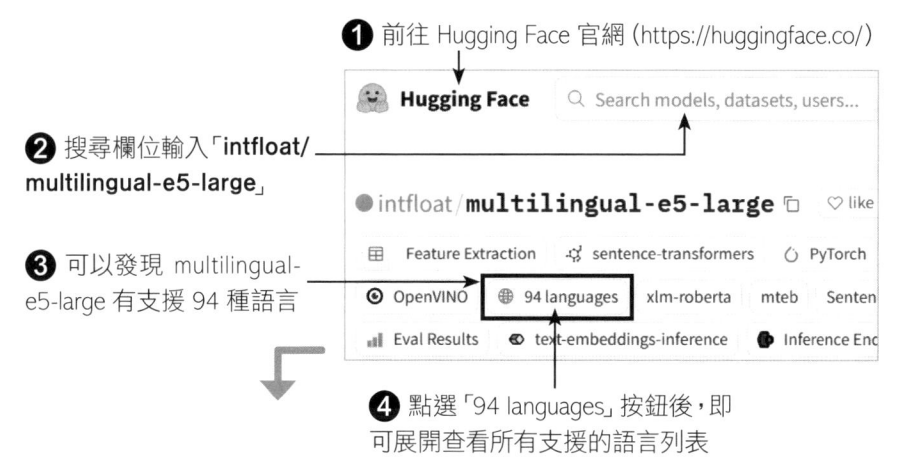

❹ 點選「94 languages」按鈕後，即可展開查看所有支援的語言列表

▲ 圖 5-11　Hugging Face 官網 - multilingual-e5-large 模型資料圖

❺ 找到「Chinese」字樣，代表 multilingual-e5-large 有支援中文

▲ 圖 5-12　Hugging Face 官網 - multilingual-e5-large 模型資料圖

接下來帶大家看看，在 Hugging Face 上除了 multilingual-e5-large 外，還有哪些相關版本可以選擇。

❶ 點選「intfloat」作者名稱即可查看作者所整理的模型集合（Collections）頁面

▲ 圖 5-13　Hugging Face 官網 - multilingual-e5-large 模型資料圖

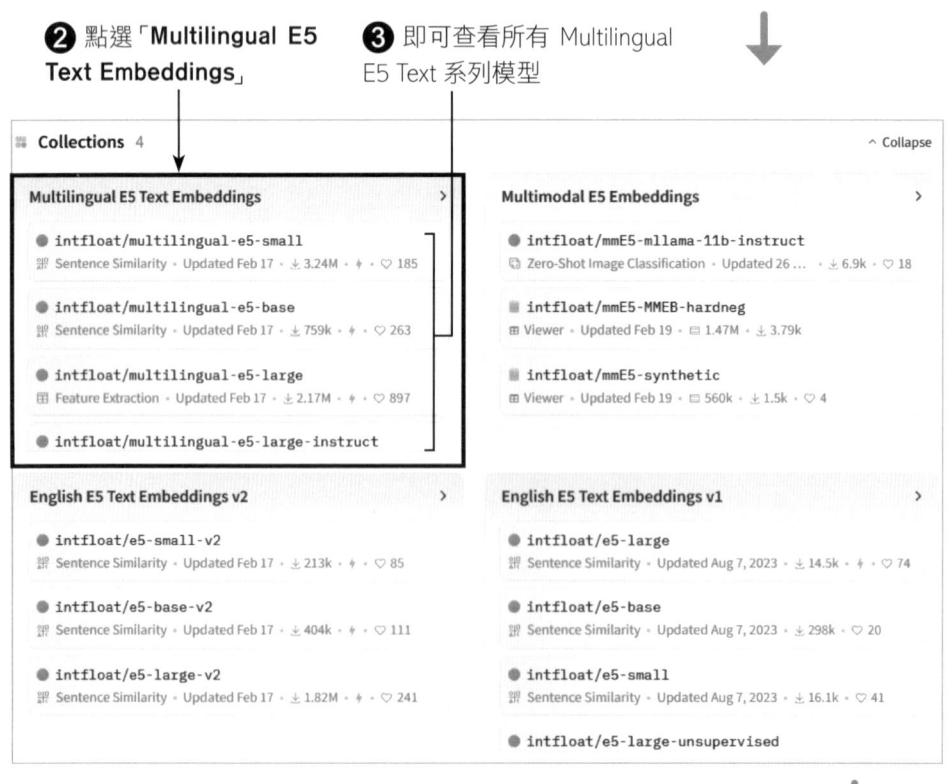

❷ 點選「Multilingual E5 Text Embeddings」

❸ 即可查看所有 Multilingual E5 Text 系列模型

▲ 5-14　Hugging Face 官網 -「intfloat」整理的模型集合頁面

5-22

```
Multilingual E5 Text Embeddings          updated Feb 17

 ● intfloat/multilingual-e5-small
   Sentence Similarity • Updated Feb 17 • ↓ 3.24M • ⚡ • ♡ 185

 ● intfloat/multilingual-e5-base
   Sentence Similarity • Updated Feb 17 • ↓ 759k • ⚡ • ♡ 263

 ● intfloat/multilingual-e5-large
   Feature Extraction • Updated Feb 17 • ↓ 2.17M • ⚡ • ♡ 897

 ● intfloat/multilingual-e5-large-instruct
   Feature Extraction • Updated Feb 17 • ↓ 811k • ⚡ • ♡ 389

 ● intfloat/e5-mistral-7b-instruct
   Feature Extraction • Updated Apr 23, 2024 • ↓ 179k • ♡ 503
```

❹ 查看其釋出的所有 Multilingual E5 Text 系列模型，包含 small、base、large，以及經過指令微調的 instruct 版本等

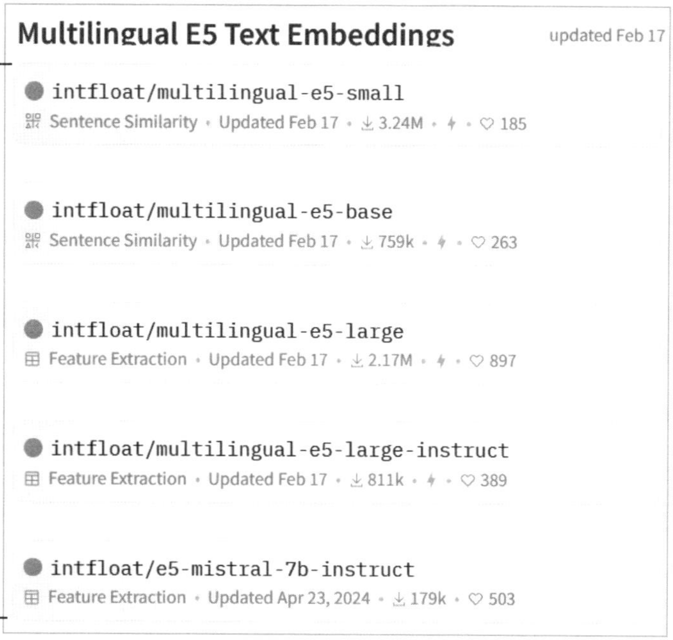

▲ 圖 5-15　Hugging Face 官網 -「intfloat」提供的 Multilingual E5 Text 系列模型

> **注意**：Multilingual E5 Text 系列模型的文本長度限制為 512 個 token，超過的部分將會被截斷。另外，其輸出向量的維度（embedding size）為 1024，表示模型會將每段文字轉換成一個包含 1024 個數值的向量，也就是一個 1024 維的陣列。

　　其中，值得特別注意的是除了 multilingual-e5-large 之外，還有一個名為 **multilingual-e5-large-instruct** 的版本。該模型在原始模型的基礎上加入了「**指令微調**（instruction fine-tuning）」，使其更能理解任務導向的輸入，並產生更符合語境的語義嵌入向量。

　　我們最終決定選擇 multilingual-e5-large-instruct 作為本書後續章節中所使用的嵌入模型。接下來，我們將前往 Ollama 官網，尋找並安裝這個模型進行應用。

❶ 前往 Ollama 官網 (https://ollama.com/) 搜尋欄位輸入「**weitsung50110**」加上「**multilingual-e5-large**」

❷ 找到筆者的「weitsung50110/multilingual-e5-large-instruct」模型

❸ 點選模型，進入模型資料頁面

▲ 圖 5-16　Ollama 官網搜尋「weitsung50110 multilingual-e5-large」關鍵字結果圖

Tip

在 Ollama 官網搜尋 multilingual-e5-large 時，還可以看到其他使用者上傳的不同版本，例如 jeffh/intfloat-multilingual-e5-large-instruct 或 aroxima/multilingual-e5-large-instruct 等，這些版本提供了更多不同的量化選擇，讀者可依需求選擇合適的版本。不過，這些模型若由原上傳者移除，將無法再下載使用。

筆者所上傳的版本 weitsung50110/multilingual-e5-large-instruct 將**長期保留於 Ollama，不會任意下架**，讀者可安心下載與使用。

▲ 圖 5-17　Ollama 官網「weitsung50110/multilingual-e5-large-instruct」模型資料圖

5-24

下載嵌入模型

在使用 multilingual-e5-large-instruct:f16 之前,我們需要先下載該模型。可以使用 ollama pull 指令來取得嵌入模型:

```
ollama pull weitsung50110/multilingual-e5-large-instruct:f16
```

下載後,可以在本機執行 ollama list 檢查已經安裝的模型:

```
ollama list
```

預期輸出:

```
NAME                                                    ID              SIZE
weitsung50110/multilingual-e5-large-instruct:f16        ad6d1b04ec00    1.1 GB
```

正規化測試

在進行向量相似度運算時,我們經常會聽到「**正規化**(Normalization)」這個詞。正規化的目的是將一個**向量的長度(L2 norm)轉換為 1**,使其成為「**單位向量**(unit vector)」。這樣做有助於在進行相似度比較(餘弦相似度)時,將重點放在**方向**而非長度上。

np.linalg.norm() 是 NumPy 中「線性代數模組」的一部分,用來計算向量或矩陣的**範數(norm)**。最常見的用法是計算 L2 norm,也就是向量的長度。

以下示範 multilingual-e5-large-instruct 嵌入模型的輸出是否已正規化:

程式 CH5/5-4/langchain_normalize.py

```
1: from langchain_ollama import OllamaEmbeddings
2:
3: query = "崴孟想要去日本旅遊"
4:
```

NEXT

```
 5: embeddings = OllamaEmbeddings(
 6:     model="weitsung50110/multilingual-e5-large-instruct:f16")
 7:
 8: vec = embeddings.embed_query("崴孟想要去日本旅遊")
 9:
10: import numpy as np
11:
12: # 計算 L2 範數（模長）
13: norm = np.linalg.norm(vec)
14: print(f"原始向量：{vec}")
15: print(f"向量長度（L2 norm）：{norm:.4f}")
```

輸出結果：

```
原始向量：[0.016206749, 0.019615281, -0.0208808, ..., 0.015669605]
向量長度（L2 norm）：1.000
```

可以看到**向量長度為 1**，由此可以確認，嵌入模型的輸出已經**預先正規化**。

> ☠ **注意**：multilingual-e5-large-instruct 模型的嵌入向量維度為 1024，因此上述「原始向量」實際上包含 1024 個數值，為了方便閱讀，這裡僅顯示部分內容。

> ☠ **注意**：若使用其他嵌入模型，務必自行確認是否已正規化。否則在進行比對時，可能會因為向量長度不一致而導致相似度計算不準確。

嵌入模型測試與相似性檢索

在 LangChain 中，FAISS 提供以下幾種主要的相似性檢索方法，可用來查找與查詢向量（query vector）語義上最接近的資料：

- **similarity_search（相似性檢索）：**

  根據查詢向量與資料庫中每個向量之間的相似度，返回最相似的結果。

- **similarity_search_with_score（相似性檢索 + 回傳分數）：**

  這個方法與 similarity_search 相同，不過它還會額外返回每筆結果的相似度分數。

- **similarity_search_with_relevance_scores（相似性檢索 + 分數轉換 + 回傳分數）：**

  這個方法會呼叫 similarity_search_with_score 來取得相似度分數，接著根據所選的相似度計算方式（EUCLIDEAN_DISTANCE、MAX_INNER_PRODUCT 或 COSINE），將相似度分數轉換為 0～1 之間的數值。不過實際上計算的結果會出現一些狀況，本節後面會再解釋。

- **asimilarity_search（非同步相似性檢索）：**

  對應於 similarity_search 的非同步版本，功能相同，但以 async 非同步方式執行，適用於需要並行處理多筆查詢的情境。

- **asimilarity_search_with_score（非同步相似性檢索 + 回傳分數）：**

  對應於 similarity_search_with_score 的非同步版本，同樣支援 async 執行

- **asimilarity_search_with_relevance_scores（非同步相似性檢索 + 分數轉換 + 回傳分數）：**

  對應於 similarity_search_with_relevance_scores 的非同步版本，同樣支援 async 執行

> **注意：** 本章節示範以同步版本為主，非同步方法的使用方式與同步版本類似，有興趣的讀者可進一步探索官方 API 文件（https://tinyurl.com/LangchainFaiss）。

嵌入模型測試部分，我們將分別使用 similarity_search、similarity_search_with_score 與 similarity_search_with_relevance_scores來進行示範。

接下來，我們將 distance_strategy 設定為EUCLIDEAN_DISTANCE（歐幾里得距離）、MAX_INNER_PRODUCT（最大內積）與 COSINE（餘弦）來進行比較：

DistanceStrategy.EUCLIDEAN_DISTANCE

我們準備了兩則測試文本，並使用 multilingual-e5-large-instruct:f16 嵌入模型將其轉換為向量，然後透過 FAISS 進行相似性檢索。

程式 CH5/5-4/langchain_OllamaEmbeddings1.py

```
1: from langchain_ollama import OllamaEmbeddings
2: from langchain_community.vectorstores import FAISS
3: from langchain_core.documents import Document
4: from langchain_community.vectorstores.utils import DistanceStrategy
5:
6: docs = [
7:     Document(page_content="崴孟喜歡吃公館的高麗菜飯，非常好吃。"),
8:     Document(page_content="崴孟想要去日本旅遊，吃日本的美食。"),
9: ]
10: query = "崴孟想要去日本旅遊"
```

docs 代表待搜尋的文本內容，而 **query** 則是使用者輸入的查詢語句。在本範例中，查詢為「崴孟想要去日本旅遊」，我們將透過嵌入模型進行相似度計算，來看看它是否能成功找出最相近的文本。

> ☠ 注意：當使用不同的查詢語句時，嵌入模型會表現出不同的相似度結果。

首先使用 multilingual-e5-large-instruct:f16 來生成嵌入，以此來進行相似度計算與結果分析：

```
11: embeddings = OllamaEmbeddings(
12:     model="weitsung50110/multilingual-e5-large-instruct:f16")
```

> **注意**：multilingual-e5-large-instruct 嵌入模型的輸出已經預先正規化，輸出即為單位向量（L2 norm = 1）。

將文件轉換為向量後，並指定 distance_strategy 為 EUCLIDEAN_DISTANCE（歐幾里得距離），再儲存至 FAISS 向量資料庫中：

```
13: faiss_index = FAISS.from_documents(
14:     docs,
15:     embeddings,
16:     distance_strategy=DistanceStrategy.EUCLIDEAN_DISTANCE,
17: )
```

> **注意**：若未指定 distance_strategy 參數，LangChain 預設依舊是使用 EUCLIDEAN_DISTANCE（L2 距離，即歐幾里得距離）。

```
18: # 相似性檢索 + 回傳分數 (越小越相似)
19: retrieved_with_scores = faiss_index.similarity_search_with_score(
20:     query)
21: for doc, score in retrieved_with_scores:
22:     print(f"- {doc.page_content} (分數: {score:.4f})")
```

> **注意**：在 LangChain 封裝的 similarity_search_with_score(query) 會自動把 query 轉換成向量。因此你不用自行轉換。

similarity_search_with_score（相似性檢索 + 回傳分數）輸出結果：

```
- 崴孟想要去日本旅遊，吃日本的美食。    (分數: 0.0977)
- 崴孟喜歡吃公館的高麗菜飯，非常好吃。  (分數: 0.3517)
```

L2 距離分數越小，代表兩個向量越接近，也就是語義相似度越高。最相似的句子是「崴孟想要去日本旅遊，吃日本的美食」（0.0977），這與查詢句 query = "崴孟想要去日本旅遊"成功對應。

在一些應用情境中，開發者或使用者比較習慣以「相似度分數（越大越相似）」來判斷結果好壞，而不是越小越相似。為了符合這種「**相似度越高分數越大**」的直覺，LangChain 有提供 **similarity_search_with_relevance_scores** 將**相似度分數轉換**為 0～1 之間的數值：

```
23: # 相似性檢索 + 相似度分數轉換 (0~1, 越大越相似)
24: retrieved_with_scores = (
25:     faiss_index.similarity_search_with_relevance_scores(query))
26: for doc, score in retrieved_with_scores:
27:     print(f"- {doc.page_content} (分數: {score:.4f})")
```

similarity_search_with_relevance_scores（相似性檢索 + 分數轉換 + 回傳分數）輸出結果：

```
- 崴孟想要去日本旅遊, 吃日本的美食。 (分數: 0.9309)
- 崴孟喜歡吃公館的高麗菜飯, 非常好吃。 (分數: 0.7513)
```

由此可見，「崴孟想要去日本旅遊，吃日本的美食」與查詢句在語義上最為接近。透過相似度分數的轉換，原本「距離越小代表越相近」的概念，改為「分數越接近 1，代表語義關聯性越強」。

LangChain 所提供的相似度轉換程式碼，如下所示：

```
def _euclidean_relevance_score_fn(distance: float) -> float:
    """Return a similarity score on a scale [0, 1]."""
    return 1.0 - distance / math.sqrt(2)
```

如果讀者不想要回傳分數，可以改用 similarity_search 即可：

```
28: # 相似性檢索 (不含分數)
29: retrieved_docs = faiss_index.similarity_search(query)
30: for doc in retrieved_docs:
31:     print(f"- {doc.page_content}")
```

similarity_search（相似性檢索）輸出結果：

- 崴孟想要去日本旅遊，吃日本的美食。
- 崴孟喜歡吃公館的高麗菜飯，非常好吃。

DistanceStrategy.MAX_INNER_PRODUCT

我們將 distance_strategy 設定為 MAX_INNER_PRODUCT（最大內積）：

因為我們使用的模型輸出的向量已經**正規化**（向量長度都是 1），也就是 $\|\vec{a}\| = \|\vec{b}\| = 1$，所以可以得到以下公式：

$$cosine\ similarity = \vec{a} \cdot \vec{b} = \cos\theta = Inner\ Product$$

> **Tip**
> 若對公式不熟，可以參考 5-3 節的〈相似度計算方式介紹〉。

使用 DistanceStrategy.MAX_INNER_PRODUCT 會採用 IndexFlatIP 索引。藉由正規化（向量長度為 1）和 IndexFlatIP 這兩個搭配起來，就等於在做 **cosine similarity（餘弦相似性）比對**！

程式 CH5/5-4/langchain_OllamaEmbeddings2.py

```
…（這裡省略文件列表與嵌入模型初始化部分的程式碼）
13: faiss_index = FAISS.from_documents(
14:     docs,
15:     embeddings,
16:     distance_strategy=DistanceStrategy.MAX_INNER_PRODUCT,
17: )
…（略）
```

similarity_search_with_score（相似性檢索 + 回傳分數）輸出結果：

- 崴孟想要去日本旅遊，吃日本的美食。（分數：0.9511）
- 崴孟喜歡吃公館的高麗菜飯，非常好吃。（分數：0.8242）

內積分數越大，代表兩個向量越接近，也就是語義相似度越高。最相似的句子是「崴孟想要去日本旅遊，吃日本的美食」（0.9511），這與查詢語句 query = "崴孟想要去日本旅遊" 成功對應。

因為我們使用的嵌入模型已經將向量正規化（向量長度為 1），所以內積值即為餘弦相似度（cosine similarity），其值會落在 **-1 到 1 之間**，也就有可能是負數。若向量未經正規化，則內積的範圍則不受限制，可能大於 1 或小於 -1。

若讀者希望將相似度分數轉換為正數範圍，LangChain 有提供 similarity_search_with_relevance_scores 將**距離轉換**為 0～1 之間的數值：

similarity_search_with_relevance_scores（相似性檢索 + 分數轉換 + 回傳分數）輸出結果：

```
- 崴孟想要去日本旅遊，吃日本的美食。    (分數: 0.0489)
- 崴孟喜歡吃公館的高麗菜飯，非常好吃。  (分數: 0.1758)
```

可以發現，輸出的相似度分數，從原本「數值越大代表越相似」的直觀判斷方式，變成「**數值越小代表越相似**」，不僅不直覺，還可能造成理解上的**混淆與誤解**。

LangChain 所提供的相似度轉換程式碼，如下所示：

```python
def _max_inner_product_relevance_score_fn(distance: float) -> float:
    """Normalize the distance to a score on a scale [0, 1]."""
    if distance > 0:
        return 1.0 - distance
    return -1.0 * distance
```

筆者建議在需要將內積相似度轉換為 0～1 正數範圍時，**不要依賴** similarity_search_with_relevance_scores，而是手動進行轉換：

```python
results = faiss_index.similarity_search_with_score(query)

for doc, sim in results:
    cosine_similarity = sim  # 內積（因為向量是正規化）
    similarity_0_to_1 = (cosine_similarity + 1) / 2
```

按照這個公式，即便輸出的相似度為負數，也仍能被正確轉換到 0〜1 的範圍內。而且分數越接近 1，表示越相似，越接近 0，則表示越不相似。

DistanceStrategy.COSINE（不推薦使用）

雖然 LangChain 支援 DistanceStrategy.COSINE 作為選項，但實際上 **FAISS 並不原生支援餘弦相似度（cosine similarity）計算**。LangChain 的實作方式只是將 L2 距離分數透過 1 - distance 的方式轉換為類似相似度的分數，並非真正透過餘弦相似度計算。

由於本書所使用的嵌入模型會自動輸出經正規化的向量（向量長度為 1），因此若希望計算餘弦相似度，建議使用 **DistanceStrategy.MAX_INNER_PRODUCT**，這樣才會搭配 FAISS 的 **IndexFlatIP** 索引，實質上等同於餘弦相似度的計算方式。

> **Tip**
> 在向量已正規化的情況下，**Cosine 相似度**與 **L2 距離（Euclidean Distance）**基本上是**等價的**。

5-5 設定相似度閾值：控制語義檢索範圍

FAISS 本質上是**基於相似度排名**來篩選結果，因此即使使用者查詢的內容在資料庫中找不到完全匹配的記錄，它仍然會試圖提供最相似的內容。

具體來說，它會：

1. 計算查詢（query）與資料庫每筆資料的相似度。
2. 選出最相似的 k 筆結果。

這種機制的問題在於，如果查詢與資料庫中的內容沒有足夠的相似度，FAISS 仍然會硬選出 k 筆結果，這會導致 LLM 使用錯誤的資訊來回答問題。

> ☠ **注意**：在 LangChain 中，FAISS 的相似性檢索預設使用 k = 4，這表示若未特別指定 k 值，系統會自動返回最相關的前 4 筆結果。

因為 FAISS 只負責找出**「最接近」**的結果，但不代表這些結果真的適合回答使用者的問題。

為了解決這個問題，我們可以**設置相似度閾值（Similarity Threshold）**，也就是當 FAISS 找到的結果相似度低於一定標準時，就不返回任何數據，避免讓 LLM 參考錯誤的內容。這樣，當 FAISS 無法找到足夠相似的資料，不會硬選一筆**看似相關但實際無關的數據**。

L2 距離（歐幾里得距離, Euclidean Distance）

使用 **L2 距離（歐幾里得距離）** 來計算相似度時，相似度閾值其實是在控制「**接受的最大 L2 距離**」。

也就是說：

- **閾值越小**（嚴格匹配）：只允許非常相似的查詢結果，確保 LLM 只基於高度相關的數據回答問題。
- **閾值越大**（寬鬆匹配）：容許 FAISS 返回較廣泛的匹配結果，即使不完全相關也會提供給 LLM。

▲ 圖 5-18 L2 距離 - 相似度閾值設定圖

如果我們有一個店家名稱的資料庫，並希望使用 FAISS 進行相似度搜尋，設定不同的相似度閾值將會影響 FAISS 返回的搜尋結果。

程式 CH5/5-5/langchain_SIMILARITY_THRESHOLD.py

```
...（這裡省略匯入套件相關的程式碼）
 5: # 設定相似度閾值（L2 距離分數越小越相似）
 6: SIMILARITY_THRESHOLD = 0.1   # 可調整
 7:
 8: # 初始化嵌入模型
 9: embedding_model = OllamaEmbeddings(
10:     model="weitsung50110/multilingual-e5-large-instruct:f16")
11:
12: # 建立文件列表
13: docs = [
14:     Document(page_content="崴崴孟孟早餐店, 一個幸福的早晨"),
15:     Document(page_content="崴孟快炒, 威猛好吃"),
16:     Document(page_content="孟寶早午餐, 永遠幸福寶"),
17:     Document(page_content="孟孟的可愛服飾店")
18: ]
19:
20: # 建立 FAISS 索引
21: faiss_index = FAISS.from_documents(docs, embedding_model)
```

> ☠ **注意**：當未指定 distance_strategy 參數時，LangChain 預設會使用 EUCLIDEAN_DISTANCE（L2 距離，即歐幾里得距離）。

```
22: # 使用者查詢
23: query = "崴崴孟孟幸福早餐店"
24:
25: # 根據查詢進行相似性檢索，並回傳符合相似度閾值的文件與其分數
26: retrieved_docs_with_scores = faiss_index.similarity_search_with_score(
27:     query,
28:     score_threshold = SIMILARITY_THRESHOLD
29: )
```

score_threshold 控制的是距離門檻，只有距離 <= score_threshold 的項目才會被回傳。

```
30: # 顯示檢索到的文件內容與對應的 L2 距離分數 (距離分數越小代表越相似)
31: for doc, score in retrieved_docs_with_scores:
32:     print(f"- {doc.page_content} (分數: {score:.4f})")
```

當輸入查詢「**崴崴孟孟幸福早餐店**」，FAISS 會計算該查詢與資料庫中各項目的 L2 距離分數，並根據設定的閾值（threshold）篩選檢索結果，不同的閾值會影響返回的項目數量與匹配精確度。

閾值（SIMILARITY_THRESHOLD）為 0.1 輸出結果：

```
- 崴崴孟孟早餐店，一個幸福的早晨 (分數: 0.0386)
- 孟寶早午餐，永遠幸福寶 (分數: 0.0964)
```

FAISS 只回傳 L2 距離小於等於 0.1 的兩筆資料，其餘如「崴孟快炒，威猛好吃」與「孟孟的可愛服飾店」則因距離分數過大而被過濾掉。

使用 MAX_INNER_PRODUCT 實現餘弦相似度（Cosine Similarity）

本書使用 DistanceStrategy.MAX_INNER_PRODUCT 搭配正規化過的向量，來實現餘弦相似度計算。此時，**內積值即為餘弦相似度**（Cosine Similarity），計算時，閾值代表的是「最小接受的相似度分數」，其數值範圍為 -1～1。

也就是說：

● **閾值越大**（嚴格匹配）
● **閾值越小**（寬鬆匹配）

圖 5-19 餘弦相似度閾值設定圖

下方範例的程式碼結構與前述相同，為簡潔起見，此處省略建立文件列表與嵌入模型初始化等重複部分。

程式 CH5/5-5/langchain_SIMILARITY_THRESHOLD2.py

```
...（這裡省略建立文件列表與嵌入模型初始化部分的程式碼）
20: from langchain_community.vectorstores.utils import DistanceStrategy
21:
22: # 設定相似度閾值 (分數越高越相似)
23: SIMILARITY_THRESHOLD = 0.98    # 可調整
24:
25: # 建立 FAISS 索引 (使用最大內積作為相似度策略)
26: faiss_index = FAISS.from_documents(
27:     docs,
28:     embedding_model,
29:     distance_strategy=DistanceStrategy.MAX_INNER_PRODUCT,
30: )
31:
32: # 使用者查詢
33: query = "崴崴孟孟幸福早餐店"
34:
35: # 根據查詢進行相似性檢索，並回傳符合相似度閾值的文件與其分數
36: retrieved_docs_with_scores = faiss_index.similarity_search_with_score(
37:     query,
38:     score_threshold = SIMILARITY_THRESHOLD
39: )
40:
41: # 顯示檢索到的文件內容與相似度分數 (分數越高代表越相似)
42: for doc, score in retrieved_docs_with_scores:
43:     print(f"- {doc.page_content} (分數: {score:.4f})")
```

當輸入查詢「**崴崴孟孟幸福早餐店**」，FAISS 會計算該查詢（query）與資料庫中各項目的餘弦相似度，並根據設定的閾值（threshold）篩選檢索結果。

閾值（SIMILARITY_THRESHOLD）為 0.98 輸出結果：

- 崴崴孟孟早餐店, 一個幸福的早晨 (分數: 0.9807)

當相似度閾值設為 0.98 時，只有最相近的一筆資料被保留，其餘項目未達門檻，因此被過濾掉了。設置閾值可以確保 FAISS 在選擇最相似的結果時，不會讓 LLM 引用到相關性較低的資訊。

當閾值設置太鬆時，雖然可以獲取更多的匹配結果，但可能會**引入與查詢（query）無關的數據**，影響檢索品質。相反地，當**閾值設置太嚴**時，檢索結果會變得過於嚴格，只返回與查詢（query）極為相似的項目，導致部分**潛在的相關結果被過濾掉**。

5-6 將 FAISS 向量資料庫本地化：實現持久化儲存與載入

FAISS 預設是將向量資料庫儲存在記憶體（In-Memory）中，這意味著每次重新運行程式時，都需要重新生成向量資料庫，這在實際應用中非常不便。為了解決這個問題，我們將學習如何將 FAISS 向量資料庫本地化，讓系統可以將向量資料儲存至本地，並在**需要時直接載入**，避免每次重新生成向量資料庫的麻煩。

向量資料庫本地化流程

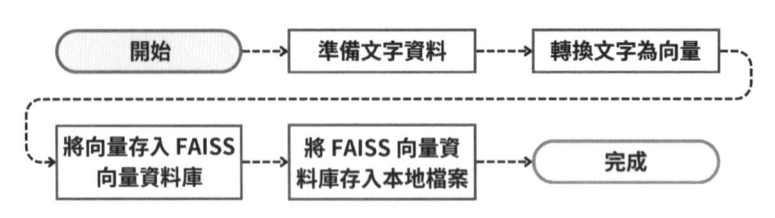

▲圖 5-20　向量資料庫本地化流程圖

1. **文字資料（Text Data）**：首先，我們有一組文本數據，這些文字內容是我們要進行向量化的基礎。

2. **轉換文字為向量（Convert Text to Vectors）**：使用嵌入模型（Embeddings Model）將每段文字轉換成高維度數值向量，這些向量將用於相似性檢索。

3. **將向量存入 FAISS 向量資料庫（Store Vectors in FAISS Database）**：生成的向量會被儲存在 FAISS 向量資料庫中，以便後續查詢時能夠檢索相似內容。

4. **將 FAISS 向量資料庫存入本地檔案（Save FAISS Database to Disk）**：將 FAISS 資料庫存成本地檔案，確保未來可以快速載入使用。

當我們已經成功將 FAISS 向量資料庫儲存到本地，接下來要了解如何使用這些儲存的向量來進行相似性檢索。

檢索本地向量資料庫流程

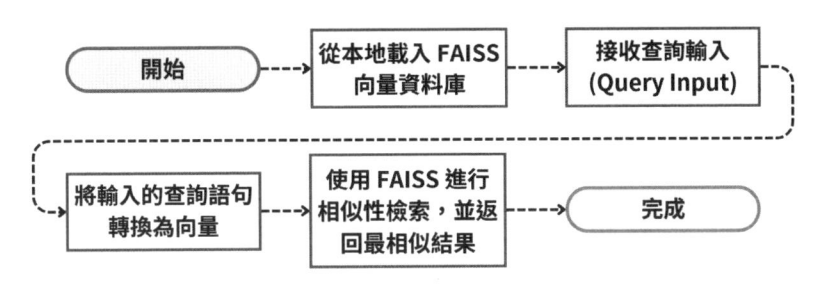

▲ 圖 5-21　檢索本地向量資料庫流程圖

1. **從本地載入 FAISS 向量資料庫（Load FAISS from Disk）**：FAISS 向量資料庫已預先儲存在本地檔案中，當系統啟動時，會直接載入向量索引，避免每次重新計算向量，提高檢索效率。

2. **接收查詢輸入（Receive Query Input）**：使用者輸入一段查詢文字。

3. **將輸入的查詢語句轉換為向量（Convert Query to Vector）**：使用嵌入模型（Embeddings Model）將輸入的查詢語句轉換成向量。

4. **使用 FAISS 進行相似性檢索，並返回最相似結果（FAISS Similarity Search and Retrieve Most Similar Results）**：FAISS 根據查詢向量，計算與資料庫中所有向量的相似度分數，返回與查詢（query）最相似的結果。

建立與檢索本地 FAISS 向量資料庫

我們已經了解了 FAISS 向量資料庫的本地化概念，以及如何檢索本地向量資料庫的基本流程。接下來，將透過實際範例程式碼來操作，說明如何建立 FAISS 資料庫並將其儲存至本地，以及如何載入本地 FAISS 向量資料庫並執行檢索。

步驟 1：儲存 FAISS 向量資料庫到本地

首先，需要使用 OllamaEmbeddings 將文本轉換成向量，並使用 FAISS 來儲存這些向量。以下程式碼展示如何建立 FAISS 資料庫並將其儲存到本地：

```
程式 CH5/5-6/langchain_Faiss_Local.py
...（這裡省略匯入套件的程式碼）
 4: # 初始化嵌入模型
 5: embeddings = OllamaEmbeddings(
 6:     model="weitsung50110/multilingual-e5-large-instruct:f16")
 7:
 8: # 建立向量資料庫的文字內容
 9: texts = [
10:     "崴孟寶幸福下午茶，美好的開端",
11:     "孟寶服飾店，時尚的開端",
12:     "夏天藥局，健康安心"]
13:
14: # 建立 FAISS 資料庫並儲存到本地
15: vectorstore = FAISS.from_texts(texts, embeddings)
16: vectorstore.save_local("my_faiss_db")  # 資料庫保存到 my_faiss_db 資料夾
```

- **FAISS.from_texts(texts, embeddings)**：使用 embeddings 將 texts 轉換為向量，並存入 FAISS 向量資料庫。

- **save_local("my_faiss_db")**：這行程式碼將 FAISS 資料庫儲存到 "my_faiss_db" 資料夾，方便日後重新載入。

當這段程式碼執行後，FAISS 會在當前目錄下建立 my_faiss_db/ 資料夾，並自動生成 **index.faiss** 和 **index.pkl**。這些檔案將用於後續載入。

▲ 圖 5-22　my_faiss_db 資料夾

步驟 2：載入 FAISS 向量資料庫

執行程式時，無需重新計算嵌入向量，可以直接載入 FAISS 資料庫，而不需要重新計算向量，節省時間。

```
17: # 從本地載入資料庫
18: loaded_db = FAISS.load_local(
19:     folder_path = "my_faiss_db",
20:     embeddings = embeddings,
21:     allow_dangerous_deserialization = True
22: )
```

- **FAISS.load_local()**：從 "my_faiss_db" 目錄載入 FAISS 向量資料庫。

- **allow_dangerous_deserialization=True**：

    由於 FAISS 是以 Python 的 pickle 格式儲存在檔案上，pickle 檔案可能被惡意修改，進而執行不安全的代碼。allow_dangerous_deserialization 主要用來控制是否允許**反序列化** pickle 檔案，預設為 False，不允許載入資料庫，以避免潛在的安全風險。

    如果你確定要載入的 FAISS 資料庫是自己建立的，且未被修改，就必須將 allow_dangerous_deserialization 設為 True 才能載入資料庫。由於本範例載入的 FAISS 資料庫是筆者自行建立的，因此這裡將 allow_dangerous_deserialization 設為 True。

5-41

> **注意**：載入 FAISS 不會影響已儲存的向量,但若要執行新的查詢(query),**轉換查詢向量的嵌入模型必須與儲存時一致**,否則結果可能會出錯。

步驟 3:檢索 FAISS 本地向量資料庫中的資料

在進行相似性檢索時,我們設置 **k = 1**,讓系統只返回最匹配的一筆資料。以下我們輸入查詢「美好的下午茶」進入 FAISS 進行相似性檢索:

```
23: # 設置檢索參數 k=1, 只返回最相關的 1 筆結果
24: results = loaded_db.similarity_search("美好的下午茶", k=1)
25: print(results)
```

輸出結果:

```
[Document(metadata={}, page_content='崴孟寶幸福下午茶, 美好的開端')]
```

輸出結果顯示,FAISS **僅返回了 1 筆資料**,成功檢索到與查詢「美好的下午茶」最相似的內容:「崴孟寶幸福下午茶,美好的開端」。

如果不指定 k 值,預設會**返回 4 筆最相關的結果**。但當資料庫內的內容少於 4 筆(如 2~3 筆),FAISS 會返回所有資料,因為沒有其他選擇:

```
26: # 不設置 k
27: results = loaded_db.similarity_search("美好的下午茶")
28: print(results)
```

輸出結果:

```
[Document(metadata={}, page_content='崴孟寶幸福下午茶, 美好的開端'),
Document(metadata={}, page_content='夏天藥局, 健康安心'),
Document(metadata={}, page_content='孟寶服飾店, 時尚的開端')]
```

返回 **3 筆**相似的結果,這是因為資料庫中總共僅有 3 筆資料。

整合 LLM 來回答問題

在前面的章節中,我們已經學習了如何使用相似性檢索。然而,單純的檢索無法完全回答使用者的問題。因此,我們將加入 LLM,讓系統不僅能檢索資料,還能透過 LLM 生成回答。

RAG 核心概念:先檢索,再生成

檢索增強生成(Retrieval-Augmented Generation, RAG)的核心概念是「**先檢索,再生成**」,透過檢索外部數據來提升 LLM 的回應準確性。

RAG 核心概念與基本運作原理,主要可以拆解為兩個步驟:

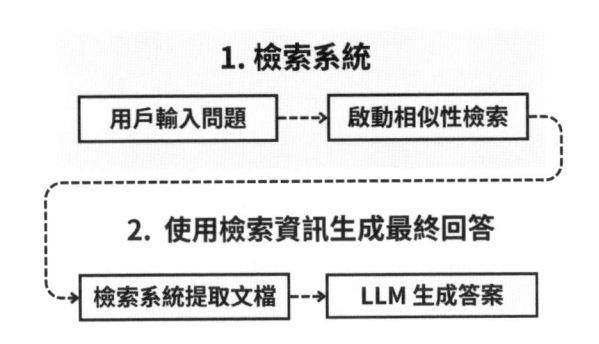

▲ 圖 5-23　RAG 核心概念與基本運作原理圖

1. **檢索系統:**

   當用戶輸入問題(query)時,系統會啟動檢索機制,從外部資料庫中提取與問題相關的文檔或數據片段。這些檢索到的資料作為 LLM 生成回答的參考資訊,確保回應的內容基於可驗證的外部數據,而不是模型自行「想像」的資訊。

2. **使用檢索資訊生成最終回答:**

   檢索到的資料會被傳遞給 LLM 作為上下文資訊。LLM 會根據這些額外的資訊來生成回應。

我們沿用前一節已建立的 FAISS 向量資料庫和 OllamaEmbeddings 作為基礎，並進一步整合 LLM，以建立 RAG 問答鏈，使 LLM 能夠基於檢索到的內容生成回答。

程式 CH5/5-6/langchain_Faiss_Local_LLM.py

```
... (這裡省略匯入套件和初始化嵌入模型部分的程式碼)
 9: # 從本地載入 FAISS
10: loaded_db = FAISS.load_local(
11:     folder_path="my_faiss_db",
12:     embeddings=embeddings,
13:     allow_dangerous_deserialization=True
14: )
15:
16: # 設定 LLM
17: llm = OllamaLLM(
18:     model='weitsung50110/llama-3-taiwan:8b-instruct-dpo-q4_K_M'
19: )
20:
21: # 用戶輸入問題
22: query = "有沒有販賣下午茶的店?"
23:
24: # 使用 similarity_search 檢索最相似的資料 (可設定 k 值)
25: retrieved_docs = loaded_db.similarity_search(query, k=1)
26:
27: # 將檢索結果組成文字內容
28: context = "\n".join(doc.page_content for doc in retrieved_docs)
```

- **retrieved_docs** 是 FAISS 檢索回傳的一組 Document 物件列表，每個 Document 都有屬性 page_content，代表向量資料庫中實際的文字內容。

- **doc.page_content for doc in retrieved_docs** 會遍歷每個檢索到的文件，取出它的 page_content，然後用換行符號 \n 把它們串接起來。

因為設定 k=1，所以 retrieved_docs 中僅有一筆資料，context 實際上只會包含最相關的那一筆內容。

```
29: # 手動建立 Prompt
30: prompt = f"根據以下資料回答問題：\n{context}\n問題：{query}"
```

這裡手動建立 Prompt，在提示詞中先呈現資料（context），再提出使用者的查詢問題（query），讓 LLM 知道要根據哪些資訊來回答問題。

```
31: # LLM 生成回應
32: response = llm.invoke(prompt)
33: print(response)
```

執行結果展示

使用者查詢（query）：

有沒有販賣下午茶的店?"

LLM 回應：

是的，有這樣一家叫做「崴孟寶」的下午茶店，他們的名稱就是「崴孟寶幸福下午茶」。從名字來看，這似乎是一家專門提供美味和舒適的下午茶體驗的商店。

由執行結果，可以看出 LLM 成功從 FAISS 向量資料庫中檢索到「崴孟寶幸福下午茶，美好的開端」這條相關內容，並據此對檢索到的資訊進行推理，生成自然語言的回答。到這裡，我們已經搭建了一個最基本的 RAG 結構，讓 LLM 能夠透過 FAISS 向量資料庫進行檢索增強回答。

在下一章，我們將進一步探討更進階的 RAG 技術，包括原始數據向量化、文本分割（Chunking）、檔案載入器（Document Loaders）和記憶（Memory）等，以支援 PDF、JSON、網頁等不同類型的資料，讓 RAG 系統在回答生成時能夠更加靈活。

MEMO

CHAPTER **6**

進階 RAG：記憶、數據向量化、檔案載入器與多資料來源

在前一章中，我們學習了基礎的 RAG（Retrieval-Augmented Generation）概念與應用，本章將進一步探討 RAG 的數據處理流程，包括數據向量化、檔案載入、文本分割（Chunking）、記憶（Memory）與多資料來源整合。這些技術能夠幫助我們建立更強大且靈活的檢索問答系統，使 LLM 能夠更準確地回應使用者問題。

6-1 認識檢索、生成與數據向量化流程

這一章節我們會加入提示模板（Prompt Templates），把檢索到的資料嵌入到提示中，傳遞給大型語言模型（LLM）作為上下文資訊。此外，我們還會介紹數據向量化流程，包括載入（Load）、分割（Split）、嵌入（Embedding）到儲存（Store），最終形成可檢索的資料庫。

RAG 詳細運作流程

我們將 RAG 的完整運作方式拆解為五個步驟，以便更詳細地了解從用戶輸入問題（query）到 LLM 回答的整個過程，如右圖所示：

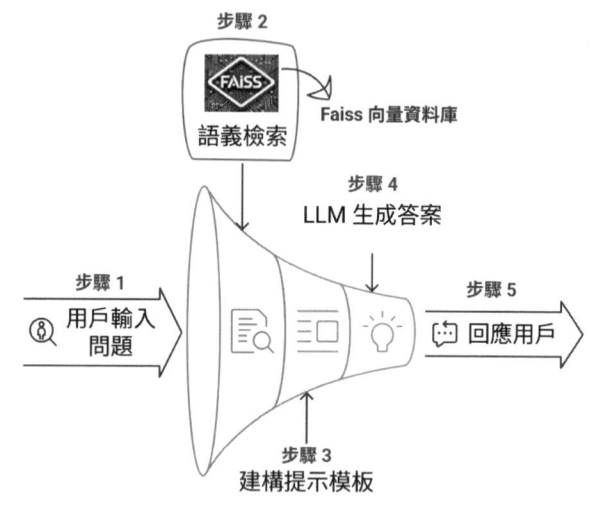

▲ 圖 6-1　RAG 詳細運作流程圖

- **步驟 1 - 用戶輸入問題**：用戶輸入問題（query），這個 query 會進入 RAG 系統，並傳遞到檢索模組。

- **步驟 2 - 語義檢索**：檢索系統根據用戶輸入的問題，生成嵌入向量（Embedding Vector），並在向量資料庫中進行比對，找到最相關的文檔片段。

- **步驟 3 - 建構提示（Prompt）**：檢索到的相關文檔會被嵌入到提示模板中，確保 LLM 在回答問題時，可以結合檢索到的資料，而不是單憑自身的內部知識生成回應。
- **步驟 4 - LLM 生成答案**：LLM 會根據提示模板提供的資訊，生成答案。
- **步驟 5 - 回應用戶**：最終產出的答案會回傳給用戶。

這五個步驟可以進一步拆分為兩個主要階段：

1. **檢索階段（Retriever）- 「問題 → 語義檢索（步驟 1 和步驟 2）」**：目標是透過語義檢索，從資料庫中找出與問題最相關的內容。
2. **生成階段（Generator）- 「建構提示 → LLM 生成答案 → 回應用戶（步驟 3、步驟 4 和步驟 5）」**：LLM 會根據檢索到的資訊來產生答案，確保回應的內容基於外部數據，而非單憑內部模型的推測。

在步驟 2「語義檢索」中，系統會在向量資料庫中進行比對，找到最相關的文檔片段。然而，這些向量究竟是如何生成的？又是**如何將原始數據轉換為向量**，存入向量資料庫，讓 RAG 能夠檢索呢？這正是所謂的 **RAG 數據向量化流程**。

RAG 數據向量化流程

在 RAG 的數據向量化流程中，原始數據需要經過一系列步驟，從**載入（Load）**、**分割（Split）**、**嵌入（Embedding）**到**儲存（Store）**，最終形成可檢索的資料庫：

1. 載入數據	2. 分割數據	3. 嵌入向量	4. 儲存向量	向量資料庫 (FAISS)
從各種來源載入原始數據	將數據拆分為小片段	將片段轉換為向量	將向量儲存到資料庫中	

▲ 圖 6-2 RAG 原始數據向量化流程

1. **載入數據（Load）：**

   首先，系統會**載入（Load）**來自不同來源的原始數據，如 JSON 檔案、PDF、網頁等。這些數據可能來自不同的格式與結構，因此載入過程的目的在於統一數據格式，確保後續處理能順利進行。

2. **分割數據（Split）：**

   在完成數據載入後，系統會執行**分割（Split）**步驟，將大型文本拆分為較小的片段。而對於篇幅較短、結構明確的文本，則可視需求略過分割，直接進行嵌入處理。

3. **嵌入向量（Embedding）：**

   分割後的文本片段需要進一步轉換為數學表示，這一過程稱為**嵌入（Embedding）**。在這個步驟中，系統會使用嵌入模型來將每個文本片段轉換為向量。這些向量能夠捕捉文本的語義特徵，使得系統能夠根據語義相似度進行檢索，而不只是單純的關鍵字匹配。

4. **儲存向量（Store）：**

   最後，生成的向量會被**儲存（Store）**到向量資料庫中（如 FAISS）。這些資料庫專門設計用來儲存與檢索高維度向量，使得系統能夠在需要時查詢並獲取與查詢內容最相關的資料。

   透過這一系列流程，RAG 能夠有效地從外部知識來源提取資訊，並轉換為可檢索的向量格式。

6-2 建立 RAG 向量化檢索泛用聊天機器人

本教學目標是使用 FAISS 建立向量化檢索泛用聊天機器人，實現：

- **儲存對話**：使用 FAISS 儲存對話過程中的「使用者輸入」和「LLM 回應」，支援後續檢索。
- **檢索與生成整合**：系統根據使用者提問，檢索 FAISS 中的相關內容輔助回答。
- **支援向量化檢索的資料庫**：每輪對話都會被存入 FAISS，逐步形成向量化資料庫，用於後續檢索和回答生成。

步驟 1：初始化 LLM

初始化 Ollama 語言模型 和 Ollama 嵌入模型（OllamaEmbeddings）：

程式 CH6/6-2/langchain_Conversation_Retrieval_Faiss.py

```
 1: from langchain_ollama import OllamaLLM, OllamaEmbeddings
 2: from langchain_core.callbacks.streaming_stdout import (
 3:     StreamingStdOutCallbackHandler)
 4:
 5: # 初始化 Ollama 語言模型，啟用即時回饋
 6: llm = OllamaLLM(
 7:     model='weitsung50110/llama-3-taiwan:8b-instruct-dpo-q4_K_M',
 8:     callbacks=[StreamingStdOutCallbackHandler()]
 9: )
10:
11: # 初始化 Ollama 嵌入模型
12: embedding_model = OllamaEmbeddings(
13:     model="weitsung50110/multilingual-e5-large-instruct:f16")
```

初始化 **Ollama 語言模型**，並設定 StreamingStdOutCallbackHandler，以確保對話過程中的回應能夠即時顯示在終端機。接著，初始化 **Ollama 嵌入模型（OllamaEmbeddings）**用於**將文字轉換成向量表示**，以支援後續的語義相似性檢索。

> **技巧補充**
>
> ### 模型建議與補充說明
>
> 在實作本章節時,筆者使用的模型是:
>
> ```
> model='weitsung50110/llama-3-taiwan:8b-instruct-dpo-q4_K_M'
> ```
>
> 該模型在回答問題時,經常會額外補充許多內容,甚至自行產生故事情境。這類行為與其訓練語料與微調方式有關,雖然有時能增添互動性,但對於泛用型聊天機器人而言,可能會造成回應過於戲劇化或偏離使用者提問主軸。
>
> 此外,即使同樣的輸入,每次生成的結果也可能不同,建議讀者可多次測試觀察。若你也遇到類似情形,可以嘗試更換其他模型,例如:
>
> ```
> model='gemma3:4b-it-q4_K_M'
> ```
>
> 你也可以前往 Ollama 平台尋找更大型、更新的模型來替代,例如 OpenAI 推出的開源權重模型 gpt-oss:20b,但這需要 16GB 記憶體才能運行。更換模型後,回應品質通常會更加穩定,也更符合一般對話機器人的預期行為。
>
> 提醒:不同模型在語氣風格、提示理解與輸出邏輯上可能有所差異,建議依實際需求多加測試,選擇最適合你應用場景的模型版本。

步驟 2:儲存向量並初始化檢索器

利用 **FAISS.from_texts()** 儲存一則初始的描述性文字,作為聊天機器人的預設知識庫。該描述將透過 OllamaEmbeddings 轉換為嵌入向量,方便後續檢索使用。

```
14: from langchain_community.vectorstores import FAISS
15:
16: vector = FAISS.from_texts(['系統：你是一位 AI 助理，名字叫做孟孟'],
17:                           embedding_model)
18: retriever = vector.as_retriever()
```

初始內容前加上「系統」，這樣它就更明確地代表是系統的初始設定，而不會混淆成對話的一部分。而 **as_retriever()** 則將向量資料庫轉換為檢索器，使系統能透過相似性檢索找到最相關的內容。

> **Tip**
>
> 在 LangChain 中，.as_retriever() 方法可將向量資料庫轉換為 retriever 檢索器介面，從而**標準化不同向量資料庫的檢索方式**。無論使用哪種向量資料庫，開發者都能透過 **.as_retriever()** 進行統一且一致的檢索操作，提升整體整合效率與開發彈性。

步驟 3：建立提示模板

流程：檢索結果 + 用戶輸入 → prompt_get_answer → 具體回答生成

一旦檢索系統找到與使用者問題（query）相關的內容，系統會透過提示模板（prompt_get_answer）將檢索到的內容與使用者提問結合，並生成最終回應。

```
19: from langchain_core.prompts import ChatPromptTemplate
20:
21: prompt_get_answer = ChatPromptTemplate.from_messages([
22:     ("system", "根據以下相關內容回答使用者的問題：\n\n{context}"),
23:     ("user", "{input}")])
```

這個模板的作用是將**檢索到的相關內容（{context}）**與使用者的**原始提問（{input}）**結合，確保 LLM 回應時不僅參考問題本身，還能融合相關知識或歷史紀錄，從而提供更完整的回答。

步驟 4：建立檢索鏈與檔案處理鏈

為了讓系統根據使用者的輸入進行語義檢索，並根據檢索結果生成回應，本步驟將**建立檢索器**與**回答生成**的流程鏈，整合為一個可以呼叫的回答系統。

建立檢索鏈

直接使用 .as_retriever() 所建立的檢索器，並將其指定為 retriever_chain：

```
24: retriever_chain = retriever   # 直接使用 retriever
```

retriever_chain 會根據使用者的輸入文字，轉換為向量，並從向量資料庫（FAISS）中找出語義上最相關的內容，也就是整個「資料檢索」的核心步驟。

> **Tip**
> retriever 是由 .as_retriever() 方法轉換而來，具備了「輸入 → 語義檢索 → 返回相關文件」的能力。簡單來說，retriever_chain 就是一條「給問題，找相關內容」的語義檢索流程，後續我們會把這條檢索鏈與 LLM 回答生成結合，構成完整的問答系統。

建立檔案處理鏈

接著，使用 create_stuff_documents_chain 來建立**檔案處理鏈**，確保系統在獲取檢索內容後，能夠透過 LLM 生成完整的回應：

```
25: from langchain.chains.combine_documents import (
26:     create_stuff_documents_chain)
27:
28: document_chain = create_stuff_documents_chain(
29:     llm, prompt_get_answer)
```

這段程式碼的作用是：當系統從 FAISS 中檢索到相關內容後，會將這些內容（即 context）與使用者的輸入問題（input）一起，依照 prompt_get_answer 的提示格式，送入 LLM。

> **Tip**
>
> 在此範例中，stuff_documents_chain 會接收一組字典作為輸入（來自檢索器的輸出），包含「input」（使用者的原始提問）以及「context」（從向量資料庫中檢索到的 Document 物件）。其中，context 是一串 Document 物件，每個 Document 都具備 page_content 屬性，代表其文字內容。在這條 chain 的處理流程中，這些 page_content 會被填入 Prompt 中的 {context} 佔位符，用以提供 LLM 所需的相關內容參考。

整合檢索鏈與檔案處理鏈

最後，將**檢索鏈與檔案處理鏈結合**，形成完整的檢索與回答流程：

```
30: from langchain.chains import create_retrieval_chain
31:
32: retrieval_chain_combine = create_retrieval_chain(
33:     retriever_chain, document_chain)
```

流程解析：

1. 使用者輸入問題（query）。
2. retriever_chain（檢索鏈）：使用者的輸入向量化後，進行語義檢索，取得相關資料。
3. document_chain（檔案處理鏈）：以 retriever_chain 的輸出作為輸入，透過 LLM 參考檢索到的內容生成最終回答。
4. retrieval_chain_combine：將 retriever_chain 和 document_chain 整合。

這條 retrieval_chain_combine 確保系統能夠依據使用者問題，先檢索 FAISS 儲存的內容，再透過 LLM 生成自然語言回答。

步驟 5：啟動對話系統

最後，建立主程式 main()，負責處理使用者輸入來生成回應，並將對話內容存入 FAISS，以便後續檢索使用。

```
34: def main():
35:     while True:
36:         input_text = input('>>> ').strip()  # 獲取使用者輸入
37:
38:         if input_text.lower() == 'bye':
39:             print("再見!期待下次再與你對話!")
40:             break
41:
42:         if input_text:
43:             # 處理輸入,並生成回應
44:             response = retrieval_chain_combine.invoke({
45:                 'input': input_text,})
46:
47:             # 將對話紀錄存入 FAISS,區分使用者與 AI 的發言
48:             vector.add_texts([
49:                 f"使用者輸入:{input_text}",
50:                 f"AI 回應:{response['answer']}"
51:             ])
52:
53:             # LLM 輸出回應結構
54:             print("\n\n")
55:             print(response)
56:
57: if __name__ == "__main__":
58:     main()
```

流程解析:

1. **初始化對話**:main() 開始執行時,系統會等待使用者輸入。若使用者輸入 "bye",系統會顯示告別訊息並結束對話。

2. **生成回應**:每次使用者輸入問題後,**retrieval_chain_combine.invoke()** 根據檢索結果生成回應。

3. **儲存對話紀錄**:**vector.add_texts(...)** 用來將「**使用者輸入**」與「**AI 回應**」存入 FAISS 資料庫。這樣一來,當使用者未來詢問類似問題時,系統可以透過語義相似性檢索找出相關歷史紀錄,並將其作為回應的參考依據。

執行結果展示

當程式運行後,使用者可以開始與 LLM 進行對話。以下我們將**展示 LLM 如何根據過去提到的內容(如使用者名稱)進行語義檢索**,並在回答中表現出「記得」的效果。

使用者輸入(第 1 次)

>>> 我是崴寶 Weibert, 很高興認識你

LLM 回應:

非常高興認識你,崴寶 Weibert!我是 AI 助理,孟孟,我會盡力回答你的問題和提供各種相關的資訊。如果有什麼我可以幫助你的,請隨時問我。不用擔心,我會樂於為你服務!

LLM 輸出回應結構

```
{
    'input': '我是崴寶 Weibert, 很高興認識你',
    'context': [
        Document(
            metadata={},
            page_content='系統:你是一位 AI 助理,名字叫做孟孟'
        )
    ],
    'answer': '非常高興認識你, 崴寶 Weibert!我是 AI 助理, 孟孟, 我會盡力回答你的問題和提供各種相關的資訊。如果有什麼我可以幫助你的 ...(略)'
}
```

在對話系統中,retrieval_chain_combine 會生成回應,並包含三個主要部分:

- **input** - 使用者的輸入(query)。
- **context** - 系統檢索到的相關內容。
- **answer** - LLM 最終返回給使用者的回答,基於 input 和 context 產生的自然語言回答。

在 context 中，LLM 會從向量資料庫（FAISS）檢索出與使用者輸入相關的資訊，並根據這些內容來生成回應。**Document** 代表檢索到的檔案，而 **page_content** 則是該檔案的具體內容，提供 LLM 產生回答的背景依據。

使用者輸入（第 2 次）

>>> 請問你記得我的名字叫什麼嗎？

LLM 回應：

當然，崴寶 Weibert！我已經記下了你的名字。如果有任何我能幫忙的事情，請隨時與我交談。非常高興認識你，我會樂於為你提供各種資訊和協助的。我是 AI 助理，孟孟，也希望我們成為好朋友，共同成長！

LLM 輸出回應結構

```
{
    'input': '請問你記得我的名字叫什麼嗎？',
    'context': [
        Document(
            metadata={},
            page_content='系統：你是一位 AI 助理，名字叫做孟孟'
        ),
        Document(
            metadata={},
            page_content='AI 回應: 非常高興認識你，崴寶 Weibert！我是 AI 助
            理，孟孟，我會盡力回答你的問題和提供各種相關的資訊。如果有什麼我可
            以幫助你的 ...(略) '
        ),
        Document(
            metadata={},
            page_content='使用者輸入: 我是崴寶 Weibert，很高興認識你'
        )
    ],
    'answer': '當然，崴寶 Weibert！我已經記下了你的名字。如果有任何我能幫忙的
    事情，請隨時與我交談。非常高興認識你，我會樂於為你提供各種資訊和協助的...(略)'
}
```

藉由使用者輸入（第 2 次）和 LLM 輸出回應結構，我們可以看出以下幾點：

- **透過 FAISS 進行檢索**：在第一次對話時，LLM 將使用者的對話內容儲存至 FAISS 向量資料庫中。這些資料將作為後續語義檢索的依據。

- **LLM 回應是基於檢索結果推理得出的**：從 "context" 欄位可以看到，系統成功檢索出三段與提問語意相關的內容（3 個 Document），其中包含使用者之前提過的名字。LLM 便根據這些語義相關的資料，推理出使用者的名字並生成回應。

> **注意**：因為是透過語義相似性檢索的緣故，因此並**不會保留上下文時序記憶**。而是根據每次提問的語義內容，**動態檢索出與當前問題最相關的對話紀錄作為回應依據**。

常見觀念誤區整理

每當使用者提出新問題時，系統會根據語義相似度，從 FAISS 過往的對話紀錄中找出最相關的內容作為回答依據。這種記憶方式**並非讓 LLM「記住」每句話的上下文**，而是透過語義相似度來**「找回」可能有幫助的歷史資料**，進而產生更具連貫性的回應。

這種方式也代表：LLM 的回答是「**參考過去的相似內容**」而非「理解上下文邏輯脈絡」，因此雖然能模擬出具有記憶的效果，但仍屬於語義檢索的範疇。

以下是常見的觀念誤區整理：

1. LLM 不會主動「記住」過去的對話，因為它本身沒有內建長期記憶機制。

2. 當使用者提問時，系統會透過 FAISS 向量資料庫，根據語義相似度找出過去對話紀錄中與當前問題相關的內容，並將這些內容提供給 LLM 參考。

3. 系統只透過語義相似度來比對向量,不考慮對話的時間順序,因此無法保留對話脈絡。

4. 如果使用者目前的提問與過去的對話內容語義相似度不高,FAISS 可能無法成功檢索到對應的資料,此時 LLM 就無法取得相關資訊,也就無法「記得」之前的內容。

6-3 建立相似度閾值機制:本地 RAG 球員戰績問答機器人

在〈3-6 避免數字幻覺:用 Prompt 確保 LLM 只根據提供的數據回答〉,我們學習了如何利用 Prompt 限制 LLM 只能根據提供的數據回答問題,從而**避免數字幻覺**。然而,光靠 Prompt 還不夠,如果數據量龐大或需要頻繁更新,我們需要 FAISS 向量資料庫來幫助我們有效檢索相關數據,確保 LLM 只能根據真正的數據回答。

本節的目標是建立一個**基於本地 FAISS 向量資料庫檢索的 NBA 球員數據問答系統**:

- **處理結構化數據**:將 JSON 格式的 NBA 球員數據,轉換為嵌入向量(Vector Embeddings),以便於檢索。

- **自動更新本地向量資料庫**:透過 MD5 哈希值比對,檢查數據是否變動,避免重複載入 FAISS 資料庫,確保使用最新數據。

- **提示與檢索結合**:我們將使用明確的 Prompt 設計,確保 LLM 只能基於檢索結果回答問題,並防止 LLM 在數據缺失時胡亂推測數字。

- **FAISS 檢索方式**:similarity_search_with_score() 使我們可以獲得每個檢索結果的相似度分數,進一步進行篩選。

- **引入相似度閾值**:確保 LLM 能夠過濾掉不夠相似的數據。

為了更清楚地管理與更新資料，我們採**從外部檔案讀取球員資料**的方式，將資料儲存在 nba_data.json 中，使程式更容易維護與擴充。

程式 CH6/6-3/nba_data.json
```
[
    {
        "player": "好崴寶",
        "points_per_game": 30.1,
        "assists_per_game": 5.7,
        "team": "Weibert Weiberson"
    },
    {
        "player": "孟孟",
        "points_per_game": 29.7,
        "assists_per_game": 8.7,
        "team": "Mengbert"
    },
    {
        "player": "崴崴",
        "points_per_game": 25.1,
        "assists_per_game": 10.5,
        "team": "Weibert Weiberson"
    }
]
```

其中包含虛構的 NBA 球員名稱（player）、場均得分（points_per_game）、場均助攻（assists_per_game）以及所屬球隊（team）：

- 「好崴寶」效力於 Weibert Weiberson，場均得分 30.1，助攻 5.7 次。
- 「孟孟」效力於 Mengbert，場均得分 29.7，助攻 8.7 次。
- 「崴崴」同樣效力於 Weibert Weiberson，場均得分 25.1，助攻 10.5 次。

步驟 1：新增 SIMILARITY_THRESHOLD 與準備數據

首先，我們設定 FAISS 檢索時的**相似度閾值**（SIMILARITY_THRESHOLD），確保只返回「足夠相似」的結果。

程式 CH6/6-3/langchain_rag_doc_restrict.py

```
...（這裡省略 LLM 與嵌入模型初始化部分的程式碼）
14: SIMILARITY_THRESHOLD = 0.8
```

SIMILARITY_THRESHOLD = **0.8** 只是**示範數值**，筆者將在後續的執行結果中**測試不同的閾值**，觀察其對檢索效果的影響。

```
15: # 向量資料庫儲存目錄
16: persist_directory = "faiss_vectorstore_nba"
17:
18: # 範例球員數據
19: import json
20:
21: with open("nba_data.json", "r", encoding="utf-8") as f:
22:     nba_data = json.load(f)
```

我們將 NBA 球員資料從外部 JSON 檔案（nba_data.json）中讀入，以利後續建構向量資料庫。此外，我們也預先定義一個本機資料夾 **persist_directory_nba**，作為 FAISS 向量資料庫與對應哈希檔案的儲存位置。

步驟 2：檢查數據是否需要更新

為了避免每次啟動都重新生成向量資料庫，我們使用哈希值（Hashing）來判斷數據是否有變動，若數據更新，則重新生成 FAISS 資料庫。

```
23: import hashlib
24: import os
25:
26: # 計算數據哈希值
27: def calculate_data_hash(data):
28:     hasher = hashlib.md5()
29:     hasher.update(str(data).encode('utf-8'))
30:     return hasher.hexdigest()
31:
32: # 哈希文件存儲路徑
33: hash_file_path = os.path.join(
34:     persist_directory, "data_hash.txt")
```

calculate_data_hash() 函式負責計算數據的哈希值，以便後續比對是否有變動。它會接收當前的 **nba_data**，將其轉換為字串格式後，使用 **MD5 演算法**生成一個唯一的**哈希值**。如果數據內容發生變化，計算出的哈希值也會不同，因此可以作為變更檢測的依據。

而 **hash_file_path** 則作為 FAISS 向量資料庫**存放哈希值的檔案路徑**，記錄上次更新時的哈希值。

```
35: # 檢查是否需要更新資料庫
36: def needs_update(data, hash_file_path):
37:     new_hash = calculate_data_hash(data)
38:     if not os.path.exists(hash_file_path):
39:         return True, new_hash
40:     with open(hash_file_path, "r") as f:
41:         existing_hash = f.read().strip()
42:     return new_hash != existing_hash, new_hash
```

needs_update() 函式負責比對當前數據的哈希值與上次儲存的哈希值，來判斷數據是否發生變動，決定是否需要重新生成向量資料庫。

needs_update() 函式會：

1. 先使用 calculate_data_hash() 函式計算當前數據的哈希值。

2. 如果哈希檔案不存在，代表是首次執行，需要建立 FAISS 資料庫。

3. 如果哈希檔案存在，則讀取其中的舊哈希值，並與當前哈希值比對：若**兩者相同**，則代表數據沒有變動，**FAISS 資料庫可以沿用**；若**兩者不同**，代表數據已更新，需要**重新計算向量嵌入並儲存 FAISS**。

步驟 3：建立 FAISS 向量資料庫

根據數據是否變動來決定 FAISS 向量資料庫的處理方式。

```
43: import shutil
44: from langchain_community.vectorstores import FAISS
45: from langchain_core.documents import Document
46: from langchain_community.vectorstores.utils import DistanceStrategy
47:
48: # 檢查是否需要更新向量資料庫
49: update_required, new_hash = needs_update(
50:     nba_data, hash_file_path)
51:
52: if os.path.exists(persist_directory) and not update_required:
53:     print("--- 正在加載現有的向量資料庫 ...")
54:     vectorstore = FAISS.load_local(
55:         folder_path=persist_directory,
56:         embeddings=embeddings,
57:         allow_dangerous_deserialization=True)
```

程式碼呼叫 **needs_update()** 來判斷 nba_data 是否發生變更，若**數據未變動**，則直接使用 FAISS.load_local() 讀取現有資料庫。

```
58: else:
59:     print("--- 數據已更新, 正在重新生成資料庫 ...")
60:
61:     # 清理舊資料庫
62:     if os.path.exists(persist_directory):
63:         print("--- 正在刪除舊的向量資料庫 ...")
64:         shutil.rmtree(persist_directory)
65:
66:     # 生成嵌入並儲存數據
67:     print("--- 正在生成向量資料庫 ...")
68:     documents = [
69:         Document(page_content=data["player"],
70:                  metadata=data) for data in nba_data]
71:     print(documents) # 顯示球員 Document 結構
72:
73:     # 創建 FAISS 向量資料庫
74:     vectorstore = FAISS.from_documents(
75:         documents=documents,
76:         embedding=embeddings,
77:         distance_strategy=DistanceStrategy.MAX_INNER_PRODUCT)
```

這裡是使用餘弦相似性（Cosine Similarity）來進行檢索，**數值越大代表越相似**。

> **Tip**
> 因為使用的模型輸出的向量已經正規化（向量長度為 1），所以將 distance_strategy 設定為 MAX_INNER_PRODUCT（最大內積），就是在做餘弦相似性（Cosine Similarity）比對。詳情參考 5-3 節中的〈相似度計算方式介紹〉。

```
78:     # 保存向量資料庫到本地
79:     vectorstore.save_local(persist_directory)
80:
81:     # 保存新的數據哈希值
82:     with open(hash_file_path, "w") as f:
83:         f.write(new_hash)
84:     print("--- 向量資料庫已保存！")
```

當**數據有更新**時，程式會：

1. **刪除舊的向量資料庫**：

   使用 shutil.rmtree() 刪除 persist_directory 中的所有內容，確保不會有過期數據殘留。

2. **轉換數據並建立向量資料庫**：

   將 nba_data 轉換為 Document 物件，並將球員名稱（player）設為 page_content，確保**檢索時球員名稱成為主要的比對內容**。同時，也將數據存入 metadata，以便在檢索後提供完整的球員資訊。球員 Document 結構如下所示：

```
[
    Document(
        metadata={
            'player': '好崴寶',
            'points_per_game': 30.1,
            'assists_per_game': 5.7,
            'team': 'Weibert Weiberson'
        },
        page_content='好崴寶'
    ) ...（略）
```

這樣，當使用者輸入某個球員的名字（或類似的名稱）時，系統可以透過嵌入相似度找到最相關的球員數據。最後，使用 **FAISS.from_documents()** 建立新的向量資料庫，確保 LLM 在檢索時能獲取最新的球員資訊。

3. **儲存新資料庫與哈希值**：

呼叫 **vectorstore.save_local()**，將 FAISS 向量資料庫儲存到 persist_directory，以便未來可以直接讀取，而無需重新計算嵌入。同時，更新 **data_hash.txt**，記錄最新的數據哈希值，以便日後檢查數據是否變更。

步驟 4：建立檢索與問答系統

使用者提出問題時，**從 FAISS 檢索出相關的數據**。

```
85: def query_system():
86:     while True:
87:         query = input(">>> ") # 請輸入你想查詢的球員名稱(輸入 'bye' 退出)
88:         if query.lower() == "bye":
89:             print("已退出查詢系統。")
90:             break
91:
92:         # 檢索並篩選符合閾值的結果
93:         results_scores = vectorstore.similarity_search_with_score(
94:             query)
95:
96:         print("--- 檢索結果（未過濾） ---")
97:         for doc, score in results_scores:
98:             print(f"內容: {doc.page_content} | 相似度: {score:.4f}")
```

similarity_search_with_score() 會回傳與查詢（query）最接近的前 4 筆資料（LangChain 預設 k = 4），每筆結果包含檢索到的文本內容（即球員名稱）與其對應的相似度分數。

```
99:         filtered_results = [
100:            (doc, score) for doc, score in results_scores
101:            if score > SIMILARITY_THRESHOLD # 相似度越大，代表越相似
102:        ]
```

接著,系統會根據事先設定的相似度閾值(SIMILARITY_THRESHOLD),**排除相似度小於閾值的資料**,避免 LLM 參考到與查詢(query)不夠相關的內容。

> **Tip**
> 在使用 similarity_search_with_score() 方法時,可透過 **score_threshold** 參數直接設定相似度門檻,讓系統僅回傳足夠相似的結果,無需額外手動撰寫過濾條件(score > SIMILARITY_THRESHOLD)。如需進一步了解 score_threshold 的使用方式與相似度閾值的設定技巧,請參考〈5-5 設定相似度閾值:控制語義檢索範圍〉。
>
> 提醒:這裡為了教學目的,刻意不使用 score_threshold 參數,讓讀者可以觀察所有檢索結果的相似度分數,進一步理解語義相似度的計算邏輯與分數意義。

```
103:        if filtered_results:
104:            print("--- 檢索到的相關數據 ---")
105:            context = "\n".join([
106:                f"球員: {doc.metadata['player']}, "
107:                f"場均得分: {doc.metadata['points_per_game']}, "
108:                f"助攻: {doc.metadata['assists_per_game']}, "
109:                f"球隊: {doc.metadata['team']}"
110:                for doc, _ in filtered_results
111:            ])
112:            print(context)
113:
114:            # 組成手動 Prompt
115:            prompt = (
116:                f"以下是檢索到的相關數據:\n{context}\n\n"
117:                f"根據以上數據,回答以下問題:{query}。 "
118:                f"若沒有符合的數據資料,請回答『未找到相關資訊』, "
119:                f"不得添加任何額外資訊或解釋。 "
120:            )
121:
122:            llm.invoke(prompt)
123:            print("\n")
124:
125:        else:
126:            print("LLM 不用推理,直接跳出")
127:
128: query_system()
```

6-21

建立一個互動式查詢系統,讓使用者可以輸入 NBA 球員數據相關的問題:

1. **接收使用者查詢:**

   使用 input() 函數等待使用者輸入查詢內容。若輸入為 "bye",則結束整個查詢系統並退出迴圈。

2. **使用 FAISS 進行相似性檢索:**

   系統會將使用者輸入的問題轉換為向量,並透過語義比對從資料庫中找出最接近的球員資料,同時顯示所有檢索結果及其對應的相似度分數。接著,透過相似度閾值過濾掉不夠相似的資料,僅保留語義上足夠相近的資料。

3. **組合檢索結果並建立 Prompt:**

   若有通過相似度門檻的資料,系統會將這些球員的數據(如球員名稱、得分、助攻、球隊等)整理成文字內容,然後與使用者的查詢(query)一起組成 Prompt。

   若沒有任何資料通過相似度門檻,則系統不會組成 Prompt,也不會呼叫 LLM,而是直接顯示提示訊息(如 "LLM 不用推理,直接跳出"),以節省資源。

4. **呼叫 LLM 並輸出回答:**

   若有成功組成 Prompt,系統會將其傳給 LLM 執行推理,使用 llm.invoke(prompt) 取得回應。透過這種方式,使用者可以根據語義相關的球員資料獲得針對性的回答。

執行結果展示

以下為我們的 NBA 球員問答系統在實際執行時的各種狀況與行為,包含資料庫生成與不同查詢輸入的結果:

當第一次執行或數據有更新時

當系統偵測到**原始球員資料有異動**（或是第一次執行時沒有資料庫），會自動清除舊資料並重新建立 FAISS 向量資料庫：

```
--- 數據已更新，正在重新生成資料庫 ...
--- 正在刪除舊的向量資料庫 ...
--- 正在生成向量資料庫 ...
--- 向量資料庫已保存！
```

當數據未變更時

如果**資料內容與上次相同**，系統則會直接載入先前儲存的向量資料庫，避免重建。請依下列步驟操作，以體驗資料未變更時的行為：

1. 先在互動式查詢畫面輸入「bye」結束第一次執行。

2. 然後重新執行一次程式。

這時候，畫面會顯示：

```
--- 正在加載現有的向量資料庫 ...
```

代表系統偵測到資料未變更，因此直接載入既有的向量資料庫。

接下來，展示 NBA 球員戰績問答機器人在實際運行時的效果：

執行結果 1：相似度閾值設定為 0.8，查詢不存在球員

設定相似度閾值（SIMILARITY_THRESHOLD）為 0.8，查詢一位不存在球員的場均得分。

使用者輸入：

```
>>> 大蓮花場均得分是幾分？
```

檢索結果的相似度分數：

```
--- 檢索結果 (未過濾) ---
內容：好崴寶 | 相似度：0.8288
內容：崴崴   | 相似度：0.8163
內容：孟孟   | 相似度：0.8154
```

檢索到的相關數據：

```
--- 檢索到的相關數據 ---
球員：好崴寶,場均得分：30.1,助攻：5.7,球隊：Weibert Weiberson
球員：崴崴,場均得分：25.1,助攻：10.5,球隊：Weibert Weiberson
球員：孟孟,場均得分：29.7,助攻：8.7,球隊：Mengbert
```

LLM 回應：

```
未找到相關資訊。
```

在這個案例中，「大蓮花」並不在 FAISS 向量資料庫中，但 FAISS 仍然檢索到了「好崴寶」、「崴崴」和「孟孟」的數據。儘管 FAISS 檢索出資料庫中球員的資料作為相關數據，不過 **LLM 在回答時依據 Prompt 的設定**——僅能參考提供的數據，因此當沒有匹配內容時則回應「未找到相關資訊」，成功**避免了錯誤回答**。

> **Tip**
> 在此例中，LLM 仍會根據檢索結果進行**推理**，儘管最後回應正確，仍會造成不必要的運算資源浪費。為了避免這種情況，我們可以**提高相似度閾值（Similarity Threshold）**，過濾掉關聯性不足的項目，從源頭阻擋無效資訊進入 LLM 的推理流程。

執行結果 2：相似度閾值設定為 0.9，查詢已知球員

設定相似度閾值（SIMILARITY_THRESHOLD）為 0.9，查詢一位已知球員的相關數據。

使用者輸入：

```
>>> 孟孟的相關數據為何？
```

檢索結果的相似度分數：

```
--- 檢索結果（未過濾）---
內容：孟孟 | 相似度：0.9064
內容：好崴寶 | 相似度：0.8429
內容：崴崴 | 相似度：0.8404
```

檢索到的相關數據：

```
--- 檢索到的相關數據 ---
球員：孟孟,場均得分：29.7,助攻：8.7,球隊：Mengbert
```

LLM 回應：

```
孟孟的相關數據如下：

- 場均得分：29.7
- 助攻：8.7
- 球隊：Mengbert
```

　　FAISS 只返回了與查詢內容**最相似的「孟孟」數據**，並過濾掉其他相似度較低的結果，確保檢索內容與查詢匹配。

　　以下為被過濾掉的數據：

● 好崴寶 | 相似度：0.8429（小於 0.9，被過濾）

● 崴崴 | 相似度：0.8404（小於 0.9，被過濾）

執行結果 3：相似度閾值設定為 0.9，查詢不存在球員

　　設定相似度閾值（SIMILARITY_THRESHOLD）為 0.9，查詢一位不存在球員的相關數據。

使用者輸入：

```
>>> 大蓮花的相關數據為何？
```

檢索結果的相似度分數：

```
--- 檢索結果（未過濾）---
內容：好崴寶 | 相似度：0.8376
內容：孟孟   | 相似度：0.8280
內容：崴崴   | 相似度：0.8191
```

檢索到的相關數據：空

LLM 回應：

```
LLM 不用推理，直接跳出
```

當我們查詢「大蓮花」的相關數據時，FAISS 檢索到的結果其相似度分數皆小於 SIMILARITY_THRESHOLD，因此這些數據被過濾掉，最終未能返回任何符合條件的相關數據。

1. 以往的流程（當有檢索結果時）：

```
流程：FAISS 檢索 → 建構 Prompt（將數據交給 LLM）→ LLM 產生回應
```

2. 當檢索到的相關數據為空時：

```
流程：FAISS 檢索 → 檢索到的相關數據為空 → 直接 print() 回應「LLM 不用推理，
直接跳出」
```

當 FAISS 檢索到的相關數據為空時，程式碼直接**跳過 LLM 處理，避免無謂的計算**。

即使讓 LLM 執行，它也只能根據 Prompt 的限制回應「未找到相關資訊」，但這樣等於白白**浪費 LLM 的運算資源**。

6-4 文本分割（Chunking）

文本分割（Chunking）是將長文本拆分成較小片段的過程。這有助於在向量資料庫中嵌入（embedding）內容時，優化檢索結果的相關性。

以下是文本分割帶來的幾項好處：

1. **處理不同長度的文檔**：文檔的長度可能各不相同。通過拆分文檔，可以確保所有文檔以一致的方式處理，無論其原始長度如何。

2. **應對模型的限制**：大多數嵌入模型（Embedding Model）或語言模型（LLM）都有輸入長度的上限（Token 限制）。將文檔拆分成較小的部分，可以有效處理超過模型限制的長文檔。

3. **提升表現的品質**：當處理較長的文檔時，因為模型需要處理過多的信息，嵌入的表現可能會變得不夠準確。將文檔拆分成適當的大小，可以讓每個部分的表現更加聚焦。

> **Tip**
> 對於篇幅較短、結構明確的文本，則可視需求略過文本分割，直接進行嵌入處理。

短片段 vs. 長片段

針對篇幅較長的原始文本，我們可以選擇將其分割成較短或較長的片段（chunks），以利後續進行向量嵌入與語義檢索：

- **短片段（短文本）**：每個片段僅涵蓋一句話或一小段文字，優點是語義聚焦、主題明確，特別適合查詢與特定概念高度對應的情境。不過，過於短小的片段可能會失去上下文資訊，導致檢索結果過於片段化，缺乏語意連貫性。

- **長片段（長文本）**：每個片段涵蓋整段甚至多段內容，能保留較多的上下文資訊與主題邏輯，有助於處理需要較多背景理解的查詢。不過，過長的片段可能混入多個主題，使語意向量不夠聚焦，甚至引入無關資訊，影響檢索精度。

```
┌─────────────────┐        ┌─────────────────┐
│   短片段（短文本） │        │   長片段（長文本） │
│  專注於具體語義，可 │  VS   │  考慮整體上下文，但 │
│   能缺乏上下文理解  │        │    可能引入雜訊    │
└─────────────────┘        └─────────────────┘
```

▲ 圖 6-3　短文本和長文本比較圖

短片段與長片段各有優缺點，關鍵在於如何根據使用情境來選擇最合適的文本長度，從而最大化 RAG 的檢索效果。

分割時需要考量的因素

在進行文本分割（Chunking）時，我們需要考量幾個因素：

1. 文本類型（Text Type）：

文本的類型會影響分割策略，根據其結構不同，適合的分割方式也會有所差異。對於較長的論文或報告，通常會以段落為單位進行分割，以保持語義的完整性。然而，像社交媒體貼文或常見問題解答（FAQ）這類文本通常較短且資訊密度高，則可能需要更細緻的分割。

2. 嵌入模型（Embedding Model）：

不同的嵌入模型（Embedding Model）對文本長度的適應性不同，在選擇分割長度時，應該根據所使用的嵌入模型來決定，以確保轉換成向量時的語義資訊不會因文本過長而遭到截斷或失真。

> ☠ **注意**：本書所使用的 multilingual-e5-large-instruct 嵌入模型，其輸入長度限制為 512 個 token，超過的部分將會被截斷。因此，在進行文本分割時，需特別留意每個片段的長度是否落在可接受的範圍內，以避免語義資訊的遺失。

常見的文本分割策略

在處理文本時，選擇適當的**分割策略**（Chunking Strategy）是至關重要的。以下是四種常見的文本分割策略：

固定大小分割 (Fixed-size Chunking)

固定大小分割是最簡單的文本切割方式，系統會根據固定的字元數來拆分文本。為了保持上下文的連貫性，可以設定一定的重疊區域（Chunk Overlap），確保每個區塊都能包含部分前後文。

這種方法具有以下幾個優點：

- **實現簡單**：無需解析文檔結構。
- **區塊大小一致**：文本區塊的大小固定。

以下是使用 LangChain 的 CharacterTextSplitter 進行固定大小分割的範例：

程式 CH6/6-4/langchain_Character_Recursive.py

```python
text = """崴崴和孟孟今天一起去探險，他們來到了一座神秘的森林。
孟孟小心翼翼地走在崴崴後面，突然，他們看到了一座古老的神廟。

崴崴興奮地說：「我們去裡面看看吧！」孟孟點了點頭，跟著走了進去。
探索完成，回家的路上，孟孟笑說：「世界這麼大，總有新的地方等著我們！」End!
"""

from langchain_text_splitters.character import CharacterTextSplitter

# 使用 CharacterTextSplitter, 但不提供 separator
char_splitter = CharacterTextSplitter(
    separator="",           # 將分隔符設為空字串，表示按單個字元切割
    chunk_size=50,          # 每個文本區塊的最大字數
    chunk_overlap=10        # 每個區塊與前一塊的重疊字數
)
chunks_char = char_splitter.split_text(text)

# 顯示 CharacterTextSplitter（按固定字數切割，不考慮標點與結構）結果
for idx, chunk in enumerate(chunks_char):
    print(f"Chunk {idx+1}:\n{chunk}\n{'-'*40}")
```

LLM 輸出結果：

```
Chunk 1:
崴崴和孟孟今天一起去探險，他們來到了一座神秘的森林。
孟孟小心翼翼地走在崴崴後面，突然，他們看到了一
----------------------------------------
Chunk 2:
，突然，他們看到了一座古老的神廟。

崴崴興奮地說：「我們去裡面看看吧！」孟孟點了點頭，跟著走了進去
----------------------------------------
Chunk 3:
了點頭，跟著走了進去。
探索完成，回家的路上，孟孟笑說：「世界這麼大，總有新的地方等著我們！」En
----------------------------------------
Chunk 4:
方等著我們！」End!
```

　　由輸出可見，句子在分割時可能被切斷，影響上下文的流暢性。例如 Chunk 1 中的「他們看到了一座古老的神廟。」被拆開，導致 Chunk 2 的開頭變成「，突然，他們看到了一座古老的神廟。」此外，詞語也被截斷，如 Chunk 3 中的「End!」被拆成「En」，使語義不完整。

　　由於此方法完全不考慮標點符號，文本的閱讀體驗可能顯得突兀，不夠自然。

- **優點**：固定大小的文本區塊，適合 LLM（大型語言模型）處理時需要一致的輸入長度。

- **缺點**：切斷句子與詞語，影響語義連貫性。閱讀性較差，因為切割點可能落在任意位置，破壞語法結構。

> **注意**：當 separator="" 時，LangChain 會將文本視為字元進行處理，不會根據句子或段落來分割。因此，文本會在任意位置被截斷。

基於標點的分割 (Punctuation-based Chunking)

這種方法會指定特定的標點符號（如句號「。」）作為切割點，讓每個文本片段盡量對應一個完整句子，確保語意的邏輯連貫。以下是使用 LangChain 的 CharacterTextSplitter 搭配句號作為分隔符的範例：

程式 CH6/6-4/langchain_Character_Recursive2.py

```
...（此處省略前面 text 故事內容定義的程式碼）
 8: from langchain_text_splitters.character import CharacterTextSplitter
 9:
10: # 使用 CharacterTextSplitter，指定標點符號作為 separator
11: char_splitter = CharacterTextSplitter(
12:     separator="。",  # 以句號作為主要切割點
13:     chunk_size=50,
14:     chunk_overlap=10
15: )
16: chunks_char_sep = char_splitter.split_text(text)
17:
18: # 顯示CharacterTextSplitter（以句號 '。' 作為分割點）結果
19: for idx, chunk in enumerate(chunks_char_sep):
20:     print(f"Chunk {idx+1}:\n{chunk}\n{'-'*40}")
```

LLM 輸出結果：

```
Chunk 1:
崴崴和孟孟今天一起去探險，他們來到了一座神秘的森林
----------------------------------------
Chunk 2:
孟孟小心翼翼地走在崴崴後面，突然，他們看到了一座古老的神廟
----------------------------------------
Chunk 3:
崴崴興奮地說：「我們去裡面看看吧！」孟孟點了點頭，跟著走了進去
----------------------------------------
Chunk 4:
探索完成，回家的路上，孟孟笑說：「世界這麼大，總有新的地方等著我們！」End!
```

由於此方法以 "。" 作為主要切割點，例如「他們看到了一座古老的神廟」就不會被拆開，而是完整地保留在同一個 Chunk 中，使文本更加流暢且語義清晰。

- **優點**：保留句子完整性，閱讀體驗更好，避免切斷句子。
- **缺點**：如果段落內沒有 "。" 符號，則可能產生較長的文本塊，導致不夠均勻。

> **技巧補充**
>
> ### 重疊片段的注意事項
>
> 如果有提供 separator，系統會優先根據指定的分隔符（如句號「。」）將文本切成一個個「句子片段」。這些片段會被視為基本單位，再進一步組合成接近 chunk_size 長度的區塊。這時，chunk_overlap 的行為會變得不太一樣：
>
> 1. 系統會嘗試讓每個新區塊與上一個區塊「重疊一部分」，以保留上下文。
> 2. 但因為分割單位是句子，重疊的內容也必須是「整句」，不能只取句子的一部分。
> 3. 若某個句子太長，導致加上重疊句後超出 chunk_size 限制，系統就會放棄加入重疊句子，改用不重疊的方式繼續分塊。
>
> 這也是為什麼：
>
> 1. 即使有設定 chunk_overlap，若數值太小（例如 10），也無法產生實際重疊效果，因為沒辦法容納一整句，剛剛的範例就是因為如此而完全沒有重疊，如果改用逗號分隔，就會看到重疊的效果。
> 2. 想看到有效的重疊區塊，應讓 chunk_overlap 足夠大，能容納至少一整句的長度。

基於文本結構的分割 (Text-structured based Chunking)

　　基於文本結構的分割會根據文本的內在結構（如段落、句子、單詞）來決定如何切割，確保拆分後的片段仍然能保持語義完整性。這通常使用遞迴分割（Recursive Splitting），按照「**大→小**」的層次結構依序拆分。

遞迴分割的工作原理如下：

- **優先保持較大單位的完整性**：工具會先嘗試以段落為單位進行分割。
- **逐層拆分**：如果某個段落超出長度限制，則進一步拆成句子。
- **細化到單詞層級**：如果以段落或句子作為分割單位仍然無法將文本壓縮至符合 chunk_size 長度限制，系統就會進一步將句子切成單詞（或甚至逐字切割），直到每個片段都不超出限制為止。

這種方法具有以下幾個優點：

- **語義連貫**：拆分後的內容仍然能保持上下文完整。
- **適應不同文本長度**：比固定大小分割更靈活，不會強制切斷句子或段落。

以下是使用 LangChain 的 RecursiveCharacterTextSplitter 進行遞迴分割的範例：

```
程式 CH6/6-4/langchain_Character_Recursive3.py
...(此處省略前面 text 故事內容定義的程式碼)
 8: from langchain_text_splitters.character import (
 9:     RecursiveCharacterTextSplitter)
10:
11: # 使用 RecursiveCharacterTextSplitter, 提供多層分割策略
12: recursive_splitter_graph = RecursiveCharacterTextSplitter(
13:     separators=["\n\n", "。 ", " "],  # 先按段落拆分, 再按句子, 最後按單詞
14:     chunk_size=50,
15:     chunk_overlap=10,
16:     keep_separator=False
17: )
```

- \n\n：會找段落換行（空行）切割。
- "。 "：會嘗試在「句號+空格」這個組合處切割，但如果只有句號卻沒有空格，就不會切。
- " "：最後才以空格當最細單位切。

> **技巧補充**
>
> ## keep_separator 參數設定
>
> 在 RecursiveCharacterTextSplitter 中,提供了 keep_separator 參數用來控制分隔符的保留方式:
>
> ```
> keep_separator: bool | Literal["start", "end"] = True
> ```
>
> keep_separator 預設為 True,行為等同 "start",分隔符會被保留到下一個 chunk 的開頭;若設為 "end" 則會保留在當前 chunk 的結尾;設為 False 則兩邊都不保留。也就是說 RecursiveCharacterTextSplitter 預設會把分隔符保留在下一段的開頭(預設 keep_separator=True)。
>
> 以第一層分隔符 "\n\n" 為例,當 text 被 "\n\n" 切開後,預設行為會將分隔符保留在下一個 chunk 的開頭,因此下一個 chunk 會以 \n\n 起始,也就是「兩行空白」,若不特別設定 keep_separator=False,本例會在 Chunk 2 開頭看到兩行空白。為了避免此情況,我們將 keep_separator 設定為 False。

```
18: chunks_recursive_graph = recursive_splitter_graph.split_text(
19:     text)
20:
21: # 顯示RecursiveCharacterTextSplitter (依段落、句子與空格分層遞迴切割) 結果
22: for idx, chunk in enumerate(chunks_recursive_graph):
23:     print(f"Chunk {idx+1}:\n{chunk}\n{'-'*40}")
```

LLM 輸出結果:

```
Chunk 1:
崴崴和孟孟今天一起去探險,他們來到了一座神秘的森林。
孟孟小心翼翼地走在崴崴後面,突然,他們看到了一座古老的神廟。
----------------------------------------
Chunk 2:
崴崴興奮地說:「我們去裡面看看吧!」孟孟點了點頭,跟著走了進去。
探索完成,回家的路上,孟孟笑說:「世界這麼大,總有新的地方等著我們!」
----------------------------------------
Chunk 3:
End!
```

由輸出可見，段落保持完整，例如 Chunk 1 的「崴崴和孟孟今天一起去探險......他們看到了一座古老的神廟。」這些句子沒有被拆開，而是按照大單位（段落）優先分割，當段落過長時，才會進一步拆分成較小的單位，確保上下文的完整性，同時避免隨機切斷句子。

- **優點**：上下文保持完整，不會隨機切斷句子。
- **缺點**：比 CharacterTextSplitter 略為複雜。

> **注意**：若未指定 separators，RecursiveCharacterTextSplitter 會使用預設分隔順序 ["\n\n", "\n", " ", ""] 進行遞迴切割。

基於文檔結構的分割（Document-structured based Chunking）

有些文檔具有明確的內部結構，例如 Markdown、HTML、JSON、程式碼檔案。對於這些格式化文檔，**根據文檔結構進行拆分**，可以保留語義上的組織和內容的原始組織方式

若想深入了解基於文檔結構的分割及其他 Text Splitters 模組的使用方式，可以參考 LangChain 官方 API（https://tinyurl.com/langchain-text-splitters）。

文本分割的實施建議

無論使用哪種文本分割策略，建議遵循以下原則：

1. **先對原始資料進行預處理**：在分割文本之前，先清理原始內容，例如移除無意義的標點符號、多餘的空行或特殊字元。這樣可以避免雜訊影響分割品質與向量檢索的精準度。
2. **選擇合適的分割大小**：根據文本內容與嵌入模型的特性，測試不同大小的分割，找到最佳的上下文保留與檢索精度平衡點。
3. **效能評估與優化**：針對不同的分割策略進行測試，並觀察查詢結果的準確性與模型表現，反覆調整分割參數，以找到最適合的方案。

6-5 檔案載入器（Document Loaders）

在 RAG（Retrieval-Augmented Generation）應用中，LLM 本身不具備直接讀取與解析各種文件格式的能力，如 PDF、HTML、Markdown、CSV、JSON，甚至網頁內容等，因此需要檔案載入器（Document Loaders）來解析不同格式的文檔。

這些載入器的作用是**將原始數據轉換為 LLM 可處理的文本格式**，然後再進行嵌入向量、檢索或生成等應用。

主要流程如下：

1. 使用**檔案載入器（Document Loaders）**，將 PDF、HTML、Markdown、JSON、CSV 等不同格式的數據轉換為可處理的文本格式。
2. 進行**文本分割（Chunking）**，讓模型更容易理解內容。
3. **嵌入向量（Embedding）**，將非結構化文本轉換成可搜尋的向量。
4. 儲存到**向量資料庫（Vector Database）**，以便語義檢索。
5. 讓 LLM 透過檢索**擴展知識範圍**，提升回答的即時性與準確性。

LangChain 的檔案載入器

LangChain 支援多種**檔案載入器（Document Loaders）**，幫助開發者輕鬆讀取和處理各種格式的數據，以下為幾類常見的載入工具整理。

網頁載入器（Webpage Loaders） 可用於抓取和解析網頁內容：

▼ 表 6-1　網頁載入器一覽表

載入器	描述
WebBaseLoader	使用 urllib 和 BeautifulSoup 載入並解析 HTML 網頁
RecursiveUrlLoader	從根網址遞迴抓取所有子連結
SiteMapLoader	抓取指定網站地圖中的所有網頁

PDF 載入器（PDF Loaders）支援不同的 PDF 解析工具：

▼ 表 6-2　PDF 載入器一覽表

載入器	描述
PyPDFLoader	使用 pypdf 載入並解析 PDF 檔案
MathPixPDFLoader	使用 MathPix 載入 PDF 檔案
PDFPlumberLoader	使用 PDFPlumber 載入 PDF 檔案
PyPDFDirectoryLoader	載入包含 PDF 檔案的目錄
PyPDFium2Loader	使用 PyPDFium2 載入 PDF 檔案
PyMuPDFLoader	使用 PyMuPDF 載入 PDF 檔案
PDFMinerLoader	使用 PDFMiner 載入 PDF 檔案

常見文檔類型載入器（Common File Type Loaders） 支援從不同格式的文件中提取數據：

▼ 表 6-3　常見文檔類型載入器一覽表

載入器	支援的數據類型（Data Type）
CSVLoader	CSV 文件
DirectoryLoader	指定目錄中的所有文件
JSONLoader	JSON 文件
BSHTMLLoader	HTML 文件

訊息服務載入器（Messaging Service Loaders）可用於從不同的訊息平台擷取聊天記錄：

▼ 表 6-4　訊息服務載入器一覽表

載入器	訊息平台（Messaging Platform）
TelegramChatFileLoader	Telegram
WhatsAppChatLoader	WhatsApp
DiscordChatLoader	Discord
FacebookChatLoader	Facebook Chat
MastodonTootsLoader	Mastodon

除了上述提到的這些載入器，還有雲端服務（Cloud Providers）、社交平台（Social Platforms）、生產力工具（Productivity Tools）等多種類型的載入工具。

如果讀者想了解更多不同類型的載入工具，可以前往 LangChain 官方 API 文檔，在 Community 模組的 document_loaders 中查閱詳細資訊：https://python.langchain.com/api_reference/community/document_loaders.html。

檔案載入器用法介紹

在本節，我們將分別使用 PyPDFLoader、JSONLoader 和 WebBaseLoader 來載入數據，並對這些載入器的功能與使用方式進行簡單介紹。

WebBaseLoader：載入網頁內容

WebBaseLoader 是一個專門用來從 HTML 網頁中提取文本的載入器，並將其轉換為 LangChain 可處理的文檔格式。

在爬取網頁之前，我們首先需要確認目標網站，以下是兩個範例網站：

- **YouTube 頻道頁面**：https://www.youtube.com/@weibert
- **個人技術網站**：https://weitsung50110.github.io/

1. 載入單個網頁

我們以 YouTube 頻道頁面做為要載入的單個網頁，使用 WebBaseLoader，並透過 **.load()** 方法來擷取網頁內容：

```
程式 CH6/6-5/langchain_web_test.py
1: from langchain_community.document_loaders import WebBaseLoader
2:
3: # 載入單個網頁
4: loader = WebBaseLoader("https://www.youtube.com/@weibert/")
5: documents = loader.load()
6:
7: # 列印單個網頁的內容                                          NEXT
```

```
 8: print("單個網頁內容:")
 9: for doc in documents:
10:     print(doc.page_content)  # page_content 包含提取的文本
```

抓取的網頁內容如下：

```
單個網頁內容:
Weibert好崴寶程式 - YouTube
AboutPressCopyrightContact usCreatorsAdvertiseDevelopers
TermsPrivacyPolicy & SafetyHow YouTube worksTest new features
© 2025 Google LLC
```

> ☠ **注意**：由於 WebBaseLoader 不支援 JavaScript 解析，所以無法提取動態產生的內容。

2. 載入多個網頁

WebBaseLoader 也支援同時載入多個網頁，只需在 WebBaseLoader 的網址改用串列傳入多個網址，即可一次性抓取多個頁面內容。

我們以 YouTube 頻道頁面和個人技術網站做為要載入的多個網頁：

```
11: # 載入多個網頁
12: loader = WebBaseLoader([
13:     "https://www.youtube.com/@weibert/",
14:     "https://weitsung50110.github.io/"
15: ])
16: documents = loader.load()
17:
18: # 列印多個網頁的內容
19: print("\n多個網頁內容:")
20: for i, doc in enumerate(documents, start=1):
21:     print(f"網頁 {i}:")
22:     print(doc.page_content)  # page_content 包含提取的文本
23:     print("-" * 50)
```

在 **enumerate(documents, start=1)** 中，**start=1** 表示從數字 1 開始編號，而不是預設的 0。這樣做能讓輸出的網頁順序看起來更自然，更符合一般使用者的直覺（從「網頁 1」而非「網頁 0」開始）。

抓取的網頁內容如下：

```
多個網頁內容：
網頁 1:
Weibert好崴寶程式 - YouTube
AboutPressCopyrightContact usCreatorsAdvertiseDevelopers
TermsPrivacyPolicy & SafetyHow YouTube worksTest new features
© 2025 Google LLC
------------------------------------------------
網頁 2:
Weibert好崴寶程式 - 好崴寶 Weibert Weiberson
好崴寶 Weibert Weiberson
關於 文章 分類 電子報 社團 跟隨 ...(略)
------------------------------------------------
```

PyPDFLoader：載入 PDF 檔案

PyPDFLoader 是 LangChain 的 PDF 檔案載入器，可用來讀取 PDF 檔案，並將其轉換為 LangChain 可處理的文檔格式。

本範例使用 pdf_weibert.pdf 作為示範，內容為筆者簡短的個人介紹。

建立載入器並加載 PDF 檔案

以下示範如何使用 PyPDFLoader 讀取本地 PDF 檔案，透過 .load() 方法載入 PDF：

```
程式 CH6/6-5/langchain_pdf_test.py
1: from langchain_community.document_loaders import PyPDFLoader
2:
3: loader = PyPDFLoader("pdf_weibert.pdf")
4:
5: docs = loader.load()
6: print(docs)
```

執行後的輸出結果：

```
[
    Document(
        metadata={
            'source': 'pdf_weibert.pdf',
            'page': 0
        },
        page_content=(
            '好威寶 (Weibert Weiberson) 個人簡介 \n'
            '- 好威寶 (Weibert Weiberson) 是一位 AI 軟體工程師。   \n'
            '- 他熱衷學習新技術，並喜歡與他人分享知識。  '
        )
    )
]
```

執行後，PyPDFLoader 會返回一個包含 Document 物件的列表，每個 Document 代表 PDF 的一個頁面，其中 **page_content** 存放提取出的 **PDF 文本內容**，而 **metadata** 則包含**檔案的來源資訊**。

metadata 裡面包含的 source 和 page 代表以下意思：

- **source**: PDF 檔案名稱（pdf_weibert.pdf）。
- **page**: 這段文字來自於 PDF 的第 0 頁（即人類視角中的「第 1 頁」）。

JSONLoader：載入 JSON 檔案

JSONLoader 是 LangChain 的 JSON 檔案載入器，可用來讀取 JSON 格式的數據，並將其轉換為 LangChain 可處理的文檔格式。

本例將使用 json_weibert.json 作為示範，內容為筆者的社群媒體介紹。

檔案 CH6/6-5/json_weibert.json

```
[
    {
        "content": "個人技術網站，了解更多程式教學：weitsung50110.github.io"
    },
    {
        "content": "YouTube 頻道，觀看最新教學影片：@weibert"
    },
    {
```

NEXT

```
        "content": "Instagram, 觀看程式教學貼文:weibert_coding"
    },
    {
        "content": "Threads, 探索更多程式動態:@weibert_coding"
    }
]
```

這個 JSON 檔案中,每筆數據都是一個獨立的**物件(Objects)**,每個物件都有一個 content 欄位,並存放於陣列(Array)中。

建立載入器並加載 JSON 檔案

我們使用 JSONLoader 來讀取 JSON 檔案,並將其轉換為可用於 LLM 檢索的文本格式案:

程式 CH6/6-5/langchain_json_test.py
```python
1: from langchain_community.document_loaders import JSONLoader
2:
3: # 初始化 JSONLoader, 載入 JSON 檔案
4: loader = JSONLoader(
5:     file_path="json_weibert.json",  # 指定 JSON 檔案路徑
6:     jq_schema=".[] | .content",     # 只提取 "content" 欄位
7:     text_content=False,
8: )
```

以下是 JSONLoader 各參數的說明:

- **file_path**:指定 JSON 檔案的路徑。
- **jq_schema**:使用 jq 語法選擇 content 欄位作為主要數據來源。
- **text_content=False**:表示依據 jq 語法取出的是純文字還是含有 JSON 結構的內容,本例會取出個別物件內的 content 欄位,該欄位內容是純文字,設為 True 或是 False 都可以;若是取得內容是 JSON 結構,就必須設為 False,否則會引發錯誤。

> **技巧補充**
>
> ### jq 工具
>
> jq 是一種專門設計用來處理 JSON 資料的工具,由 Stephen Dolan 於 2012 年開發。它可被視為針對 JSON 的串流編輯器(stream editor, sed),支援在命令列中快速查詢、過濾、轉換、格式化 JSON 資料。
>
> jq 採用類似 Unix 管道(|)的風格,透過鏈式過濾器來處理 JSON 結構。
>
> jq 的常見用途包括:
>
> 1. 從 JSON API 回傳資料中提取指定欄位
> 2. 對 JSON 陣列進行篩選與轉換
> 3. 結合 curl 工具在命令列中處理資料
>
> 在本例中所使用的 jq_schema=".[] | .content" 意思如下:
>
> 1. .[]:表示遍歷 JSON 陣列中的每個元素。
> 2. | .content:對每個元素取出其中的 content 欄位。
>
> 換句話說,這段語法的意思是「取出 JSON 陣列中每一筆物件的 content 欄位內容」。

接下來,我們使用 .load() 方法來載入 JSON,並查看第 4 筆資料的內容:

```
 9: docs = loader.load()
10: print(docs[3])
```

執行後的輸出結果:

```
'page_content': 'Threads,探索更多程式動態:@weibert_coding',
'metadata': {
    'source': '/app/json_weibert.json',
    'seq_num': 4
}
```

其中 metadata 裡面包含的 source 和 seq_num 分別代表：

- **source**：包含 JSON 檔案名稱（如 json_weibert.json）及其路徑，路徑文字可能因儲存位置不同而有所差異，這是正常現象。

- **seq_num**：這段文字來自 JSON 的第 4 筆資料。

若你只想個別檢視 page_content 或 metadata，可參考以下方式：

1. 查看文字內容（page_content）：

```
print(docs[3].page_content)
```

2. 查看 metadata：

```
print(docs[3].metadata)
```

6-6 建立 PDF、網頁爬蟲、JSON 檢索問答機器人

本節將介紹如何利用 LangChain 結合 FAISS 向量資料庫，建立一個能夠**檢索網頁爬蟲內容、PDF 及 JSON 的問答機器人**。我們將使用 WebBaseLoader 來載入網頁內容，以及透過 PyPDFLoader 和 JSONLoader 分別載入 PDF 和 JSON 檔案。此外，還會進行文本處理與嵌入向量，為後續的語義檢索打下基礎。

我們會先以 PDF 檔案載入來進行示範。

PDF 檢索問答機器人

本範例的 PDF 檔名為 **pdf_weibert2.pdf**，檔案內容為筆者的個人簡介，**共兩頁、總計 956 個字元**。讀者也可以更換為自己想要測試的 PDF 檔案。

步驟 1：載入 PDF 檔案並進行分割

首先，我們使用 OllamaLLM 來載入 Llama 3 Taiwan 模型：

程式 CH6/6-6/langchain_rag_pdf_Faiss.py

```
1: from langchain_ollama import OllamaLLM
2: from langchain_core.callbacks.streaming_stdout import (
3:     StreamingStdOutCallbackHandler
4: )
5: # 初始化 LLM
6: llm = OllamaLLM(
7:     model='weitsung50110/llama-3-taiwan:8b-instruct-dpo-q4_K_M',
8:     callbacks=[StreamingStdOutCallbackHandler()]
9: )
```

接下來，我們需要載入 PDF 檔案：

```
10: from langchain_community.document_loaders import PyPDFLoader
11:
12: # 載入並分割 PDF 文件
13: pdf_path = "pdf_weibert2.pdf"
14: loader = PyPDFLoader(pdf_path)
15: docs = loader.load()
```

步驟 2：顯示 loader.load() 拆分後的頁面數、字數和段落

我們可以加入以下程式碼，把 PDF 的頁數、字元數以及 loader.load() 拆分後的段落內容顯示到終端機上：

```
16: # 顯示 loader.load() 拆分後的頁面數
17: print(f"loader.load() 解析後，共有 {len(docs)} 頁")
18:
19: # 顯示 loader.load() 拆分後的字數
20: for i, doc in enumerate(docs):
21:     num_chars = len(doc.page_content)
22:     print(f"頁面 {i+1}: {num_chars} 個字")
23:
24: # 顯示 loader.load() 拆分後，每個段落的內容
25: for i, doc in enumerate(docs):
26:     print(f"原始段落 {i+1}:\n{repr(doc.page_content)}\n{'-'*40}")
```

輸出結果：

```
loader.load() 解析後，共有 2 頁
頁面 1: 489 個字
頁面 2: 465 個字
原始段落 1:
'好崴寶 (Weibert Weiberson) 個人簡介 \n🎓 個人簡介 \n- 好崴寶 (Weibert
Weiberson) 是一位資訊科學碩士，同時也是 ...(略)
----------------------------------------
原始段落 2:
'\uf0b7 遊戲開發：Unity、Android 開發 \n\uf0b7 虛擬機技術：VM \n🔧 曾參與項目
\n\uf0b7 電腦視覺：專注於模型訓練與影像處理。 \n ...(略)
```

此為範例 PDF（pdf_weibert2.pdf）的輸出結果，若你有更換 PDF 檔案，那麼輸出結果將會不同。

步驟 3：進一步分割文本

雖然 **loader.load()** 會將 PDF 按頁解析成多個 Document，但我們仍需使用 RecursiveCharacterTextSplitter 進一步細化，確保 LLM 能更精準地檢索內容。

```
27: from langchain_text_splitters.character import (
28: RecursiveCharacterTextSplitter)
29:
30: chunk_size = 320      # 文本分割器設置，每段文字的長度
31: chunk_overlap = 80    # 重疊部分
32: text_splitter = RecursiveCharacterTextSplitter(
33:     chunk_size=chunk_size, chunk_overlap=chunk_overlap,
```

NEXT

```
34:     separators=["\n\n", "。", " "]  # 先按段落拆分,再按句子,最後按單詞
35: )
36:
37: # 將原始檔案分割成小塊
38: split_docs = text_splitter.split_documents(docs)
39: print(f"總共拆分了 {len(split_docs)} 個 chunk")
```

輸出結果：

總共拆分了 5 個 chunk

我們可以加入以下程式碼，把 PDF 每個段落的內容和拆分後的 chunk 片段顯示到終端機上：

```
40: # 顯示拆分後的 chunk 內容
41: for idx, chunk in enumerate(split_docs):
42:     print(f"Chunk {idx+1}:\n{repr(chunk.page_content)}\n{'-'*40}")
```

輸出結果：

Chunk 1:
'好崴寶 (Weibert Weiberson) 個人簡介 \n● 個人簡介 \n- 好崴寶 (Weibert Weiberson) 是一位資訊科學碩士,同時也是 ...(略)

Chunk 2:
'。 \n✏ 技能專長 \n自然語言處理 (NLP) \n\uf0b7 LangChain \n\uf0b7 RAG (Retrieval-Augmented Generation) \n\uf0b7 HuggingFace \n ...(略)

Chunk 3:
'系統管理 \n\uf0b7 資料庫技術：SQLite、MySQL、Firebase、NoSQL \n\uf0b7 網路應用與技術：RESTful API、AJAX fetch \n\uf0b7 前端開發：Vue 3、 ...(略)

Chunk 4:
'\uf0b7 遊戲開發：Unity、Android 開發 \n\uf0b7 虛擬機技術：VM \n⚒ 曾參與項目 \n\uf0b7 電腦視覺：專注於模型訓練與影像處理。 \n\uf0b7 ...(略)

Chunk 5:
'。 \n🌸 個人特質 \n\uf0b7 熱衷於學習新技術 \n\uf0b7 喜歡與他人分享知識 \n\uf0b7 致力於透過技術實現創新與夢想 \n📱 社交媒體與聯絡方式 \n\uf0b7 ...(略)

由此可知 PDF 進行文本分割後總共會產生 **5 個 chunks**。

> **注意**：如果將 chunk 切得太細碎，會導致上下文難以銜接，讓同一個問題匹配到多個 chunk，但每個 chunk 含有的資訊過少，LLM 無法拼湊出完整答案。反之，如果 chunk 過長，可能會包含過多無關資訊，影響檢索與處理效率。

步驟 4：將 PDF 的分割文本轉換為向量並存入 FAISS

為了讓 LLM 能夠執行語義檢索，我們會**將前一步驟中分割好的 PDF 文本（chunks）轉換為向量**，並使用 FAISS 向量資料庫，讓系統能根據使用者問題（query）比對語義相近的段落。

```
43: from langchain_ollama import OllamaEmbeddings
44: from langchain_community.vectorstores import FAISS
45:
46: # 初始化嵌入模型
47: embeddings = OllamaEmbeddings(
48:     model='weitsung50110/multilingual-e5-large-instruct:f16'
49: )
50:
51: # 建立向量資料庫
52: vectordb = FAISS.from_documents(split_docs, embeddings)
53: retriever = vectordb.as_retriever()
```

程式碼解析：

- **OllamaEmbeddings** 用來生成文本的嵌入向量，幫助模型理解語義並進行相似度匹配。
- **FAISS.from_documents()** 將已分割的文本轉換為向量並存入 FAISS 資料庫。
- **as_retriever()** 將向量資料庫轉換為可供 LLM 檢索的系統。

步驟 5：設計提示模板並建構 RAG 檢索回應流程

為了讓 LLM 能夠根據檢索到的內容生成較精準的回答，我們需要設計**提示模板（Prompt Template）**，並建立檢索與回答機制。確保 LLM 在回答使用者問題時，能夠基於檢索到的內容來生成回應。

```
54: from langchain.chains.combine_documents import (
55:     create_stuff_documents_chain
56: )
57: from langchain.chains import create_retrieval_chain
58: from langchain_core.prompts import ChatPromptTemplate
59:
60: # 設置提示模板
61: prompt = ChatPromptTemplate.from_messages([
62:     ('system', '根據以下提供的內容，使用中文回答用戶的問題：\n\n{context}'),
63:     ('user', '問題: {input}')
64: ])
65:
66: # 創建文件鏈與檢索鏈
67: document_chain = create_stuff_documents_chain(llm, prompt)
68: retrieval_chain = create_retrieval_chain(
69:     retriever, document_chain
70: )
```

首先，我們使用 **ChatPromptTemplate** 來定義提示模板，讓 LLM 依據檢索到的文本內容來回答使用者問題。在這裡，**system** 提示提供了指引，要求模型使用給定的內容來回答問題，而 **user** 提示則負責接收使用者輸入的問題。

create_retrieval_chain() 中的 retriever 和 document_chain 分別負責：

- **retriever（檢索器）**：負責從 FAISS 向量資料庫中查找與問題（query）相關的文本片段。
- **document_chain（檔案處理鏈）**：將 retriever 找到的文本片段組合起來，然後根據 ChatPromptTemplate 設定的格式，將它們發送給 LLM 來生成最終回應。

create_retrieval_chain() 的主要流程為：

1. 接收使用者問題 {input}。
2. 使用 retriever 在向量資料庫（FAISS）中檢索最相關的內容。
3. 將檢索到的文本傳遞給 document_chain，填入 {context}，讓 LLM 生成回答。
4. 回傳最終回應給使用者。

步驟 6：啟動問答機器人

現在我們已經建立了一個完整的 RAG（檢索增強生成）系統，接下來，我們可以啟動問答機器人，讓使用者輸入問題（query），並透過 FAISS 進行檢索，最終由 LLM 產生回答。

```
71: if __name__ == "__main__":
72:     while True:
73:         user_query = input(">>> ")
74:         if user_query.lower() in ["bye", "退出", "結束"]:
75:             print("感謝使用, 再見！")
76:             break
77:
78:         # 呼叫 retrieval_chain 處理用戶問題，進行檢索與回答
79:         response = retrieval_chain.invoke({"input": user_query})
80:
81:         # LLM 輸出回應結構
82:         print("\n\n")
83:         print(response)
```

這段程式碼會開啟一個互動式對話介面，使用者可以輸入問題，系統將會檢索最相關的內容，並透過 LLM 產生回應。如果使用者輸入 "bye"、"退出" 或 "結束"，則程式會自動結束對話。

執行結果展示

當程式執行後，以下範例展示了使用者如何透過問答機器人查詢特定資訊。而 LLM 會透過 FAISS 向量資料庫檢索相關內容，並根據結果生成回答。

執行結果 1：查詢個人簡介

使用者輸入：

>>> 請簡短告訴我好崴寶的個人簡介為何？

LLM 回應：

好崴寶 (Weibert Weiberson) 是一位資訊科學碩士，也是一名 AI 軟體工程師。他熱衷學習新技術，並喜歡與他人分享知識。他的專業技能涵蓋 NLP、CV 等多個領域，以及 Git 版控、Docker 容器化技術、Linux/Ubuntu 系統管理等技術。在 GitHub、Medium 和 Instagram 上都可以找到好崴寶的個人資料，如：

- GitHub: weitsung50110
- Medium: @weiberson
- Instagram: @weibert_coding

並且分享著大量程式設計技巧和經驗。

執行結果 2：查詢人格特質

使用者輸入：

>>> 請告訴我好崴寶的人格特質為何？

LLM 回應：

好崴寶(Weibert Weiberson)的主要人格特質有以下幾點：

1. **熱衷於學習新技術**：他不斷地探索和學習新的技術，以保持對科技領域的了解。這表明了他的好奇心和求知慾。
2. **喜歡與他人分享知識**：除了自己努力學習外，他還熱衷於與其他人分享自己的學習成果，促進交流和合作。
3. **致力於透過技術實現創新與夢想**：這表明了他的積極性和目標性。他不僅是對程式設計的愛好者，也是為了能夠通過技術實現自己的願望。

這些特質顯示了他在技術領域中不斷學習和成長，並且具有一定的社群意識和熱心。這些特點也是他的成功之道之一。

可以看出 LLM 的回應和範例 PDF（pdf_weibert2.pdf）內容相符，沒有產生幻覺。

> **Tip**
>
> LLM 輸出的回應結構包含三個主要欄位：input、context 與 answer。
>
> 此結構的呈現方式已在本書第 6-12 頁範例中介紹過，讀者可參考該頁內容以進一步理解其組成與用途。

網頁爬蟲檢索問答機器人

前面我們學習了如何使用 PDF 作為資料來源,並透過 FAISS 向量資料庫進行語義相似性檢索。然而在許多真實應用場景中,我們不僅需要處理本地檔案,還需要**從網路上即時獲取資訊**,例如技術檔案、新聞網站(即時資訊檢索)以及各種知識庫與部落格文章等。

因此,我們需要一種能夠從網路上動態擷取資訊的方式,以擴展我們的檢索範圍,確保問答機器人能夠獲取最新的內容。為此,我們將使用 **WebBaseLoader** 來爬取網頁內容,並將其轉換為向量化數據,以供語義檢索使用。

以下是我們要爬取的網站:

- **Ollama 官方網站**:https://www.ollama.com/

該網站主要提供可下載的本地端模型,是開發 Ollama 時的核心資訊來源。我們的目標不僅是擷取這些資訊,還要將其與 LLM 結合,以檢驗 LLM 是否能夠根據網頁內容正確回答使用者的問題。

步驟 1:載入並處理網頁內容

在程式碼中,網頁爬蟲版本與 PDF 版本的差異點只有 1 個部分:**載入並處理網頁內容**,其餘步驟皆與 PDF 版本相同。

> **注意**:本節修改的程式碼(CH6/6-6/langchain_rag_web_Faiss.py),除了載入並處理網頁內容之外,其餘執行流程皆與 PDF 版本(CH6/6-6/langchain_rag_pdf_Faiss.py)相同,以下僅列出差異部分,重複程式碼將不再贅述。

檔案 CH6/6-6/langchain_rag_web_Faiss.py

```
...(這裡省略 LLM 初始化部分的程式碼)
10: from langchain_community.document_loaders import WebBaseLoader
11:                                                              NEXT
```

```
12: # 使用 WebBaseLoader 從指定網址加載文檔
13: loader = WebBaseLoader("https://www.ollama.com/")
14: docs = loader.load()
...(略)
```

WebBaseLoader 會載入指定的網站 URL，並透過 .load() 方法獲取網頁內容。

步驟 2：分割文本

由於我們在 PDF 版本的「步驟 3：進一步分割文本」中，已經詳細介紹過 RecursiveCharacterTextSplitter 的設定方式，**且本節使用相同的分割器與設定參數**，因此這裡不再重複說明，將直接進行文本分割與結果輸出。

我們可以加入以下程式碼，把拆分後的網頁內容 chunk 片段顯示到終端機上：

```
...(這裡省略文本分割器設置部分的程式碼)
32: text_splitter = RecursiveCharacterTextSplitter(
33:     chunk_size=chunk_size, chunk_overlap=chunk_overlap,
34:     separators=["\n\n", "。 ", " "]
35: )
36:
37: # 將原始文件分割成小塊
38: split_docs = text_splitter.split_documents(docs)
39: print(f"總共拆分了 {len(split_docs)} 個 chunk")
40:
41: # 顯示拆分後的 chunk 內容
42: for idx, chunk in enumerate(split_docs):
43:     print(f"Chunk {idx+1}:\n{repr(chunk.page_content)}\n{'-'*40}")
...(略)
```

這段程式碼的輸出結果：

```
總共拆分了 4 個 chunk
Chunk 1:
'Ollama\n\n\n\n\n\n\n\n\n\n\n\n\n\n\n\n\n\n\n\n\n\n\n\n\n\n\n\nDiscord\nGitHub\nModels\n\n\n\n\n\n\n\n\n\n\n\n\n\nSign in\nDownload\n\n\n\n\n\n\n\n\n\n\n\nModels\nDiscord\nGitHub\nDownload\
```

NEXT

```
nSign in\n\n\n\n\n\n\n\n\n\n\n        Get up and running with large
language models.'
----------------------------------------
Chunk 2:
'Get up and running with large language models.\n      \n\n
Run Llama 3.3,\n       DeepSeek-R1,\n                  Phi-4,\n
Mistral,\n              Gemma 3, and other\n          models, locally.\n
\n\n\n\n               Download\xa0\xa0↓\n              \n\n
Explore models\xa0\xa0→'
----------------------------------------
Chunk 3:
'Download\xa0\xa0↓\n         \n\n               Explore models\xa0\xa0→\
n         \n\n\n          Available for macOS, Linux, and Windows\n
\n\n\n\n\n\n\n\n© 2025 Ollama\n\nBlog\nDocs\nGitHub\nDiscord\nX
(Twitter)\nMeetups\nDownload\n\n\n\n\n\nBlog\n\n\nDownload\n\n\nDocs\n\
n\n\nGitHub\n\n\nDiscord\n\n\nX (Twitter)\n\n\nMeetups'
----------------------------------------
Chunk 4:
'Blog\n\n\nDownload\n\n\nDocs\n\n\nGitHub\n\n\nDiscord\n\n\nX (Twitter)\
n\n\nMeetups\n\n\n\n          © 2025 Ollama Inc.'
```

其餘步驟皆與 PDF 版本相同，請讀者直接沿用 PDF 版本的流程。

執行結果展示

當程式執行後，以下範例展示了使用者如何透過問答機器人查詢特定資訊。而 LLM 會透過 FAISS 向量資料庫檢索相關內容，並根據結果生成回答。

執行結果 1：一句話形容網站

使用者輸入：

```
>>> 請用一句話形容，你爬下來的這個網站
```

LLM 回應：

```
Ollama 網站提供了在本地安裝、使用多種大型語言模型的資源和工具。
```

執行結果 2：網站有提供哪些服務

使用者輸入：

>>> 這個網站有提供哪些服務？

LLM 回應：

這個網站主要提供以下幾種服務：
1. **下載** (Download)：使用者可以從這裡下載各種大型語言模型，如 Llama 3.3、DeepSeek-R1、Phi-4、Mistral 等。
2. **文件和技術文檔** (Docs)：網站提供詳細的文件和技術介紹。這些文件包括使用方法指南、應用案例分享、最新進展等。也是一個開發者社區，可以找到各種有用的資源。
3. **模型探索** (Explore models)：使用者可以選擇自己感興趣的語言模型進行研究和實驗。在這裡可以了解每個模型的詳細信息，如功能、應用案例等。也有一些相關的討論和分享。
4. **Discord 和 Twitter 社群** (Discord 和 X)：這是 Ollama 公司的官方社群平臺。Discord 是一個基於文字和音訊的聊天社群平台，可以與其他使用者進行交流。Twitter 用戶可以關注 Ollama 的官方帳號獲得最新消息。
5. **Meetups 和活動**：使用者可以參加各種線上或線下的活動。這些活動是為了讓使用者分享經驗和見解。
6. **Open Source** (GitHub)：網站也提供開源代碼和程式庫，可以進行研究和開發。這是一個很好的資源來提升自己的技能。

JSON 檢索問答機器人

前面我們學習了如何載入 PDF 和網頁爬蟲內容，並透過 FAISS 進行檢索與問答。接下來，我們將進一步探討如何**處理 JSON 格式的數據**，使 LLM 能夠根據 JSON 內容進行檢索並生成回答。

JSON 檔案內容

在這個範例中，我們將使用 json_weibert2.json 作為數據來源，內容主要是用戶的基本資訊與社群媒體帳號。讀者可以替換為自己感興趣的 JSON 數據。

檔案 CH6/6-6/json_weibert2.json

```json
[
    {
        "name": "Mengbert",
        "age": 25,
        "social": {
            "instagram": "mengbert_music",
            "youtube": "@Mengbert"
        }
    },
    {
        "username": "Weibert",
        "email": "weibertweiberson@gmail.com",
        "social": {
            "website": "https://weitsung50110.github.io/",
            "youtube": "@weibert",
            "instagram": "weibert_coding"
        }
    }
]
```

在這個 JSON 結構中，**第一個物件**包含 name、age 和 social 鍵，而**第二個物件**則包含 username、email 和 social 鍵。由於 JSON 陣列內的物件可以具有不同的結構，因此**不同物件之間的鍵不必完全一致**。

步驟 1：載入 JSON 檔案

在 JSON 版本中，我們使用 **JSONLoader** 來提取文本內容，並將其轉換為向量化數據，以供語義檢索使用。在程式碼中，JSON 版本與 PDF 版本的差異點只有 2 個部分：**載入 JSON 檔案**與**不要使用文本分割（原因將在後文說明）**。

> ☠ **注意**：本節修改的程式碼（CH6/6-6/langchain_rag_json_Faiss.py），除了載入 JSON 檔案與不要使用文本分割之外，其餘執行流程皆與 PDF 版本（CH6/6-6/langchain_rag_pdf_Faiss.py）相同，以下僅列出差異部分，重複程式碼將不再贅述。

程式 CH6/6-6/langchain_rag_json_Faiss.py

```
...(這裡省略 LLM 初始化部分的程式碼)
10: from langchain_community.document_loaders import JSONLoader
11:
12: # JSON 檔案路徑
13: json_path = "json_weibert2.json"
14:
15: # 使用 JSONLoader 提取完整的社交資訊 (保留鍵和值)
16: loader = JSONLoader(
17:     file_path=json_path,
18:     jq_schema=".[] | {name, username, email, social}",
19:     text_content=False  # 讓 page_content 保留 JSON 物件格式
20: )
21: docs = loader.load()
```

程式碼解析：

1. JSONLoader 讀取 json_weibert2.json，並解析 JSON 內容。

2. 使用 **jq_schema=".[] | {name, username, email, social}"** 從 JSON 陣列的每個元素中提取 name、username、email 和 social 等欄位，並略過未指定的欄位（如 age）。

3. **text_content=False** 表示 page_content 取得的是 JSON 結構的內容，而不是單純文字。

4. **loader.load()** 會為 JSON 檔案中的每個物件建立一個 Document，並將該物件的內容存放在 page_content 屬性中。

> **Tip**
>
> 在本例中所使用的 jq_schema=".[] | {name, username, email, social}" 來提取 JSON 陣列中每一筆資料的部分欄位。這裡的 jq 語法說明如下：
>
> 1. **.[]**：代表遍歷 JSON 陣列中的每一個物件。
>
> 2. **| {name, username, email, social}**：對每個物件，只取出這四個欄位，忽略其他資料。

第 6 章　進階 RAG：記憶、數據向量化、檔案載入器與多資料來源

步驟 2：顯示 loader.load() 拆分後的段落

在 PDF 版本的「步驟 2」中,我們已經介紹過如何顯示 loader.load() 拆分後的頁面數和字數。因此,這裡省略相關程式碼,僅保留顯示每個段落內容的部分:

```
...(這裡省略 loader.load() 拆分後的頁面數、字數部分的程式碼)
26: # 顯示 loader.load() 拆分後,每個段落的內容
27: for i, doc in enumerate(docs):
28:     print(f"原始段落 {i+1}:\n{repr(doc.page_content)}\n{'-'*40}")
...(略)
```

doc.page_content 包含對應的 JSON 物件數據。

輸出結果:

```
原始段落 1:
{
    "name": "Mengbert",
    "username": null,
    "email": null,
    "social": {
        "instagram": "mengbert_music",
        "youtube": "@Mengbert"
    }
}
----------------------------------------
原始段落 2:
{
    "name": null,
    "username": "Weibert",
    "email": "weibertweiberson@gmail.com",
    "social": {
        "website": "https://weitsung50110.github.io/",
        "youtube": "@weibert",
        "instagram": "weibert_coding"
    }
}
```

解析 JSON 時,某些欄位為 **null**,代表該欄位**沒有值**。

我們以原始段落 1 來看：

- **"name": "Mengbert"** → name 欄位有值
- **"username": null** → 該使用者沒有設定 username
- **"email": null** → 該使用者沒有提供 Email
- **"social"** 內部的 instagram 和 youtube 都有值

此範例建議不要使用文本分割

在處理文檔時，通常需要對文本進行分割（Chunking）。然而在 JSON 版本中，由於取得的是個別 JSON 物件，為使 page_content 能夠保留 JSON 物件的完整結構，因此建議不要進行文本分割。

以下是本範例不適合進行分割的原因：

1. JSON 物件本身**已經是結構化數據**，每個物件代表完整的資訊單位。如果進行分割，可能會拆散 name、email 和 social 等欄位，影響 LLM 的理解。

2. 如果 JSON 物件被分割，檢索時可能會**只匹配部分數據**（例如 name 在一個 chunk，而 social 在另一個 chunk），導致 LLM 無法獲取完整的資訊來回答問題。

因此，筆者建議直接使用 JSON 物件作為檢索單位，而不進行文本分割，直接將 docs 存入 FAISS 向量資料庫即可。

其餘步驟皆與 PDF 版本相同，請讀者直接沿用 PDF 版本的流程。

> **Tip**
> 在某些情況下，JSON 可能需要進行文本分割（Chunking），例如當 **JSON 物件內含有大量長文本**，或者當 **JSON 物件的欄位數量過多，內容過於龐大**，導致 LLM 在**檢索時無法一次性理解**。
>
> 如果 JSON 物件的大小適中，且每個物件都能完整描述一個獨立的實體，則應該保留其完整性，以避免因分割而造成語義斷裂。

執行結果展示

當程式執行後,以下範例展示了使用者如何透過問答機器人查詢特定資訊。而 LLM 會透過 FAISS 向量資料庫檢索相關內容,並根據結果生成回答。

執行結果1:查詢社交媒體帳號

使用者輸入:

>>> 請問 Weibert 有哪些社交媒體帳號?

LLM 回應:

Weibert的社交媒體帳號包括:

1. **個人網站**:https://weitsung50110.github.io/
2. **YouTube**:@weibert
3. **Instagram**:weibert_coding

執行結果2:查詢電子郵件

使用者輸入:

>>> 請問 Weibert 的電子郵件為何?

LLM 回應:

Weibert的電子郵件是 weibertweiberson@gmail.com。

6-7 LangChain 記憶（Memory）

在 LangChain 中，**記憶（Memory）** 是讓 LLM 能夠保持對話上下文的核心機制。不同的記憶類型決定了 LLM 如何儲存與檢索過去的對話內容，從而影響模型的對話體驗。使用適當的記憶策略，不僅能讓 LLM 更具連貫性，還能避免記憶體超載或訊息遺失的問題。

本節將詳細介紹 LangChain 提供的各種記憶類型，並比較它們的特性、適用場景與限制，幫助你選擇最適合的記憶策略。

LangChain 記憶類型介紹

LangChain 提供多種不同的記憶類型，每種都有其獨特的運作方式與適用場景。根據記憶的儲存方式、檢索方式與長期保留策略，可以分為以下幾類：

1. **對話緩衝記憶（Buffer Memory）**：完整儲存或僅保留最近幾輪對話。
2. **基於 Token 限制的記憶（Token Buffer Memory）**：根據 Token 數量來控制記憶長度。
3. **摘要記憶（Summary Memory）**：透過 LLM 將長對話壓縮為摘要。
4. **向量記憶（VectorStore Memory）**：使用向量資料庫進行語義檢索。

以下我們將逐一介紹各種記憶的特點、運作方式與適用情境。

ConversationBufferMemory

保存了對話的完整記錄，無論對話長度多長，所有內容都被逐字儲存。

- **完整記錄**：保存從第一輪對話到當前對話的所有內容，不刪減任何信息。

- **累積性**：隨著對話的進行，記錄會越來越長。
- **記憶體需求高**：對話歷史越長，記憶體使用越多，處理時間越久。
- **限制**：當對話變得很長時，會導致性能下降。

ConversationBufferWindowMemory

只保存最近幾輪對話的記錄，最舊的對話會自動被丟棄。

- **輕量化記憶**：減少記憶體消耗和性能壓力，適合需要上下文但不需要全局歷史的應用。
- **即時上下文**：確保模型總是參考最近的上下文進行回答。
- **限制**：無法記住所有對話歷史，對過去的對話無法進行回溯。

ConversationTokenBufferMemory

基於 Token 數量來限制記憶長度，確保儲存的對話內容不超過語言模型的 Token 限制。

- **基於 Token 控制記憶**：而非以對話輪數為基準，它以 Token 數量作為記憶長度的上限。當 Token 總數超過限制時，會刪除最早的內容，確保輸入不超過語言模型的最大限制。
- **限制**：雖然控制了 Token 長度，但對話歷史的細節可能會因 Token 裁剪而丟失。需要計算 Token 數量，增加一定的實現複雜性。

ConversationSummaryMemory

主要用於將整個對話記錄進行總結，壓縮為一段簡短的摘要，從而減少對話歷史的長度。

- **摘要式記憶**：它會根據已有的對話記錄生成一個總結（Summary），總結會隨著對話的進行而更新，將過去的對話信息以濃縮的形式保留下來。縮短了對話記憶的長度，避免了隨著對話歷史增長而導致的性能問題。

- **適合長期對話**：適用於對話內容較多且需要保留長期上下文的場景。
- **不保留原始對話記錄**：只保留總結，並不儲存詳細的對話歷史。

ConversationSummaryBufferMemory

結合了「摘要」和「緩衝區」的概念，既保留最近的對話記錄，又將較早的對話濃縮成摘要。

- **結合摘要與原始記憶**：它會生成對過去對話的摘要，同時保留最近幾輪完整的對話記錄（緩衝區）。確保當前對話的上下文更加完整，同時不會因為長期對話導致記憶爆炸。
- **適合短期與長期結合的對話**：適用於需要對當前上下文有準確理解，但仍需保留對話歷史的場景。

VectorStoreRetrieverMemory

使用向量資料庫來儲存和檢索對話記憶。每段對話內容被轉換為向量，當需要時通過語義相似性檢索出相關的記憶。

- **基於語義檢索**：對話記錄不必保留整體順序，因為它不是按照時間順序來檢索記憶，而是以向量（Vector）形式儲存，並且透過語義相似性檢索來找出相關內容。
- **限制**：需要向量儲存工具（如 FAISS）的支援。檢索結果可能不保證完全精確，依賴於語義相似度。

LangChain 記憶執行流程

在 LangChain 中，記憶（Memory）是 LLM 保持上下文的關鍵機制。以下是 LangChain 記憶的執行流程：

1. 輸入階段：

用戶提出問題（query），這是一個單一的提問，將啟動整個記憶處理流程。

2. **建構提示（Prompt）並讀取記憶（READ）：**

   LangChain 會根據使用者定義的提示模板（Prompt Template），將讀取到的記憶內容（如過去對話歷史）與使用者當前的問題組合起來，產出提示訊息（Prompt）。

3. **模型推理（Model Inference）：**

   LangChain 會將生成的 Prompt 傳遞給 LLM，並讓 LLM 生成回應。

4. **更新記憶（WRITE）：**

   LLM 產生回應後，LangChain 會將新的對話內容存入記憶中，確保 LLM 在下一次對話時，仍然能夠「記住」當前對話內容。

不同記憶類型的更新方式統整如下：

▼ 表 6-5　LangChain 記憶更新方式比較表

記憶類型	更新方式
ConversationBufferMemory	追加完整對話記錄（無限增長）
ConversationBufferWindowMemory	只保留最近 N 輪對話（舊記錄被丟棄）
ConversationTokenBufferMemory	當 Token 超過限制時，刪除最早的內容
ConversationSummaryMemory	讓 LLM 生成摘要，確保記憶內容保持精簡
ConversationSummaryBufferMemory	更新摘要 + 保留最近完整對話
VectorStoreRetrieverMemory	將對話轉換為向量儲存，供語義檢索使用

需要特別注意的是，從 LangChain v0.3.1 版本開始，官方已將多種記憶類型標記為「**已過時（deprecated）**」。未來，這些記憶機制將逐步由 **LangGraph** 所取代。

此次被汰換的記憶類型包含我們前面介紹的六種常用記憶。為了協助開發者順利遷移，LangChain 也提供了**官方遷移指南**，裡面說明了如何將既有的記憶實作轉換為 LangGraph 架構下的對應方式，本書將於第 8 章〈LangGraph：用狀態、節點、邊來建構圖結構流程〉中，進一步介紹與說明。

在實務開發中，許多公司或專案仍使用舊版 LangChain 架構所建立的記憶機制。即使官方未來朝 LangGraph 發展，這些舊有系統仍需維護與調整，因此理解舊版記憶的運作邏輯，仍然是開發者不可或缺的基本功。

因此，讀者仍然需要**理解這些記憶的運作原理與更新方式**，才能在遷移至 LangGraph 時順利上手。此外，根據官方說明，這些舊有的記憶類型在目前版本中仍可正常使用，並且在 langchain v1.0.0 版本之前不會被移除。

6-8 建立有記憶能力的檢索問答機器人

本節將延續**第 6-6 節**的〈**PDF 檢索問答機器人**〉，在其程式碼（CH6/6-6/langchain_rag_pdf_Faiss.py）中，額外加入 LangChain 記憶（Memory）功能，建立一個具備記憶能力的 PDF 檢索問答機器人。

我們將分別示範如何使用 **ConversationBufferMemory** 與 **ConversationSummaryMemory**，讓機器人能記住對話內容，並根據歷史對話提供更符合上下文的回答。

> ☠️ **注意**：本節修改的程式碼，僅額外加入記憶機制，其餘執行流程皆與 PDF 版本（CH6/6-6/langchain_rag_pdf_Faiss.py）相同，以下僅列出差異部分，重複程式碼將不再贅述。

保留完整對話的 ConversationBufferMemory

ConversationBufferMemory 會完整保留所有對話內容，適合需要記住完整對話歷史的應用場景。

程式 CH6/6-8/langchain_rag_pdf_Faiss_Memory.py

```
...（這裡省略 LLM 與嵌入模型初始化、載入 PDF、文本分割等部分的程式碼）
53: # 建立向量資料庫
54: vectordb = FAISS.from_documents(split_docs, embeddings)
55: retriever = vectordb.as_retriever(
56:     search_kwargs={"k": 2})   # 只取 2 個 chunk
```

使用 FAISS 建立向量資料庫，並設定檢索器（retriever），每次查詢僅返回與問題最相關的 2 個文本片段（chunks）。

> **Tip**
> search_kwargs={"k": 2} 是在「語義檢索」階段，從 PDF 文本分割後的 Document chunks 中，找出與使用者問題最相似的 2 個片段，提供給 LLM 回答問題。

```
57: # 設置提示模板
58: prompt = ChatPromptTemplate.from_messages([
59:     ('system', '根據以下提供的上下文和對話歷史，使用中文回答用戶的問題。\n'
60:     '請簡短回答，不超過 30 字：\n'
61:     '上下文：{context}\n'
62:     '對話歷史：{chat_history}'),
63:     ('user', '問題: {input}')
64: ])
```

設定提示模板，並透過 **{chat_history}** 插入**對話歷史**，讓 LLM 可以參考過往對話來生成回應。

```
65: # 建立文件鏈
66: document_chain = create_stuff_documents_chain(llm, prompt)
67:
68: # 建立檢索鏈                                                    NEXT
```

```
69: retrieval_chain = create_retrieval_chain(
70:     retriever, document_chain)
71:
72: from langchain.memory import ConversationBufferMemory
73:
74: # 記憶機制：對話緩衝記憶
75: memory = ConversationBufferMemory(
76:     memory_key="chat_history", return_messages=True)
```

使用 ConversationBufferMemory 來保存並讀取對話歷史：

- **memory_key="chat_history"**：指定這段記憶存在哪個變數名稱下。這個 chat_history 會對應到 Prompt 模板中的 chat_history，供 LLM 參考。

- **return_messages=True**：代表回傳的是一系列的訊息物件（Message objects），如 HumanMessage 與 AIMessage。設為 False 會把訊息串接成字串。

```
77: # 主程式，處理用戶輸入與檢索
78: if __name__ == "__main__":
79:     while True:
80:         user_query = input('>>> ')      # 請輸入你想查詢的內容
81:         if user_query.lower() in ['bye', '退出', '結束']:
82:             print("感謝使用，再見！")
83:             break
84:
85:         # 讀取記憶歷史並轉換成適合 LLM 的格式
86:         chat_history = memory.buffer
87:
88:         # 呼叫檢索鏈處理用戶問題
89:         response = retrieval_chain.invoke({
90:             'input': user_query,
91:             'chat_history': chat_history    # <-- 直接用 Message 物件串列
92:         })
93:
94:         # 確保返回的是純文字，然後存入記憶
95:         response_text = response.get("answer", "")
```

呼叫檢索鏈（retrieval_chain）處理使用者輸入，並將對話歷史（chat_history）一併傳入。接著，從回傳的 response 字典中提取 "answer" 欄位作為模型的回答內容；如果 response 中不存在 "answer"，則回傳空字串作為預設值。

```
96:         print("\n\n")
97:         print(response)  # LLM 輸出回應結構 - 記憶中的對話歷史
98:
99:         memory.save_context({
100:            'input': user_query}, {'answer': response_text})
```

把「這次對話的內容」（使用者的問題和 LLM 的回答）存進記憶機制（Memory）裡，讓模型之後能夠記住並參考這次的對話。

- 'input': user_query → 把使用者這次輸入的問題存起來。
- 'answer': response_text → 把 LLM 這次產生的回答也存起來。

> **Tip**
> save_content() 的參數必須是兩個字典，分別代表輸入與輸出，兩個字典的鍵可以自由指定，但代表輸入的字典它的鍵不能和建立記憶物件時 memory_key 參數指定的變數名稱一樣。你也可以在建立記憶物件時透過 input_key 與 output_key 指定這兩個鍵的名稱，在呼叫 save_context() 時就必須使用一樣的鍵。

執行結果展示

當程式運行後，透過以下範例，可以清楚看到 ConversationBufferMemory 如何完整保留每一輪對話，並隨著互動逐步累積對話歷史。

使用者輸入（第 1 次）

>>> 我是孟孟，我想詢問好葳寶的人格特質為何？

LLM 回應：

好崴寶擁有多種人格特質，包括熱衷學習新技術、喜愛與他人分享知識，以及致力於透過技術實現創新與夢想。這些特點使他成為一名優秀的 AI 軟體工程師，同時也是一位熱心教學的程式設計師。如果你有任何問題或想要學習新的技能，都歡迎聯繫他，他將樂於提供幫助！

LLM 輸出回應結構 - 記憶中的對話歷史：

此時，由於是首次對話，記憶中尚未儲存任何對話內容，因此 chat_history 為空字串 ""。

```
{
    'input': '我是孟孟，我想詢問好崴寶的人格特質為何？',
    'chat_history': '',
    'context': [ ...(略) ],
    'answer': '好崴寶擁有多種人格特質，包括 ...(略)'
}
```

使用者輸入（第 2 次）

>>> 請問我的名字叫做什麼？

LLM 回應：

你的名字是孟孟。希望能成為好朋友呢！🙌🌏

LLM 輸出回應結構 - 記憶中的對話歷史：

這時，chat_history 中已經儲存了上一次完整的對話內容，LLM 可透過記憶回顧使用者剛才自我介紹過「我是孟孟」，進而正確回答「你的名字是孟孟」。

```
{
    'input': '請問我的名字叫做什麼？',
    'chat_history': [
```

NEXT

```
        HumanMessage(
            content='我是孟孟，我想詢問好崴寶的人格特質為何？',
            additional_kwargs={},
            response_metadata={}
        ),
        AIMessage(
            content='好崴寶擁有多種人格特質，包括 ...(略) ',
            additional_kwargs={},
            response_metadata={}
        )
    ],
    'context': [ ...(略) ],
    'answer': '我知道了，你的名字是孟孟。希望能成為好朋友呢！👬💕'
}
```

使用者輸入 (第 3 次)：

>>> 請問我們剛剛聊過什麼話題？

LLM 回應：

我們剛剛聊到了好崴寶 (Weibert Weiberson) 的人格特質和個人簡介。

LLM 輸出回應結構 - 記憶中的對話歷史：

此時，chat_history 已累積前兩輪對話內容，LLM 可透過這段逐漸增長的歷史紀錄，回顧先前的互動，便能回答「我們剛剛聊過什麼話題」。

```
{
    'input': '請問我們剛剛聊過什麼話題？',
    'chat_history': [
        HumanMessage(
            content='我是孟孟，我想詢問好崴寶的人格特質為何？',
            additional_kwargs={},
            response_metadata={}
        ),
        AIMessage(
```

NEXT

6-70

```
            content='好崴寶擁有多種人格特質，包括 ...(略)',
            additional_kwargs={},
            response_metadata={}
        ),
        HumanMessage(
            content='請問我的名字叫做什麼？',
            additional_kwargs={},
            response_metadata={}
        ),
        AIMessage(
            content='你的名字是孟孟。希望能成為好朋友呢！🧑‍🤝‍🧑',
            additional_kwargs={},
            response_metadata={}
        )
    ],
    'context': [ ...(略) ],
    'answer': '我們剛剛聊到了好崴寶 (Weibert Weiberson) 的人格特質和個人簡介。'
}
```

ConversationBufferMemory 會讓記錄越來越長

ConversationBufferMemory 會在每次對話時，將「使用者輸入 + LLM 回應」完整儲存，並於下次請求時，將所有對話歷史一併傳送給 LLM。

隨著對話次數增加，記憶中的內容也會不斷累積，對話紀錄自然變得越來越長。與只提取部分內容的語義相似性檢索不同，ConversationBufferMemory 會完整保留每次互動的紀錄，LangChain 會在 LLM 推理前，將這段對話歷史注入 Prompt，讓模型能「讀取」所有對話內容後再做出回應。

● **記錄變長的好處：**

1. 上下文保持一致，因為過去的對話歷史會一併注入 Prompt 中，讓 LLM 能參考整段對話紀錄。

2. 適合跨多輪對話的應用情境。

● 記錄變長的壞處：

1. 對話歷史太長會影響 LLM 的計算效能，LLM 需要處理更長的輸入，這會增加推理時間（Latency），甚至可能導致超出 LLM 的最大輸入限制（Token 限制）。

2. LLM 可能會因為過長的輸入，導致無法聚焦當前問題，進而影響回答的準確性與相關性（容易偏離主題或忽略重點）。

若要解決這個問題，可以考慮使用其他記憶機制，例如 ConversationSummaryMemory。

保留對話摘要的 ConversationSummaryMemory

本範例沿用「ConversationBufferMemory」的程式架構，提示模板與檢索鏈的設定完全相同，僅將記憶機制改為 ConversationSummaryMemory。

ConversationSummaryMemory 會將對話歷史濃縮為摘要，適合長時間對話使用，能有效減少記憶負擔，同時保留上下文的重要資訊。

> ☠ **注意**：本節修改的程式碼（CH6/6-8/langchain_rag_pdf_Faiss_Memory2.py），僅更改記憶機制，其餘執行流程皆與 ConversationBufferMemory 版本（CH6/6-8/langchain_rag_pdf_Faiss_Memory.py）相同，以下僅列出差異部分，重複程式碼將不再贅述。

程式 CH6/6-8/langchain_rag_pdf_Faiss_Memory2.py

```
...(這裡省略重複的程式碼)
72: from langchain.memory import ConversationSummaryMemory
73:
74: # 記憶機制：對話摘要記憶
75: memory = ConversationSummaryMemory(
76:     llm=llm, memory_key="chat_history")
...(略)
```

ConversationSummaryMemory 需要指定 llm，是因為它會使用語言模型來「**濃縮摘要**」整段對話歷史；而 ConversationBufferMemory 則不需要。

在 ConversationSummaryMemory 中，LangChain 的運作流程如下：

- **第一次對話時**：尚未有任何摘要，LLM 會根據「第一輪對話內容（使用者輸入與模型回應）」生成初始摘要。

- **後續每輪對話**：系統會將「前一次摘要」與「新的一輪對話」一併提供給 LLM，產生更新後的摘要。新的摘要會取代舊的摘要，成為下一輪對話的 chat_history。

若未指定 llm，ConversationSummaryMemory 會無法產生摘要。

執行結果展示

當程式運行後，透過以下範例，可以清楚看到 ConversationSummaryMemory 如何將對話歷史濃縮成摘要，並隨著互動逐步進行更新。

使用者輸入 (第 1 次)

>>> 我是孟孟，請給我好威寶個人簡介

LLM 回應：

好威寶 (Weibert Weiberson) 是一位資訊科學碩士，同時也是 AI 軟體工程師。他熱衷學習新技術，並喜歡與他人分享知識。主要聯絡方式包括 GitHub、Medium、Instagram、YouTube 和 Facebook。此外，他還有一個 Threads 帳號 @weibert_coding。歡迎一起交流和學習。

LLM 輸出回應結構 - 記憶中的對話摘要：

此時尚未有對話歷史，因此 chat_history 為空字串 ''。

```
{
    'input': '我是孟孟，請給我好崴寶個人簡介',
    'chat_history': '',
    'context': [ ...(略) ],
    'answer': '好崴寶 (Weibert Weiberson) 是 ...(略) '
}
```

使用者輸入（第 2 次）

>>> 請問他曾參與過哪些項目？

LLM 回應：

1. 電腦視覺：專注於模型訓練與影像處理。
2. 大型語言模型 (LLM)：涉及機器學習與生成式 AI 領域的專案。
3. 遊戲開發：開發了多款手機遊戲，包含完整設計與實作過程。
4. 網站和 APP 開發：全端設計與實作，涵蓋前後端架構。

LLM 輸出回應結構 - 記憶中的對話摘要：

此時，chat_history 已含有第一輪對話的摘要。

```
{
    'input': '請問他曾參與過哪些項目？',
    'chat_history': '孟孟要求 AI 提供好崴寶的個人簡介，AI 回應說好崴寶是一位
    資訊科學碩士，同時也是 AI 軟體工程師。他熱衷學習新技術，並喜歡與他人分享知識。
    主要聯絡方式包括 GitHub、Medium、Instagram、YouTube 和 Facebook。此外他
    還有一個 Threads 帳號 @weibert_coding。孟孟可以和好崴寶一起交流和學習。',
    'context': [ ...(略) ],
    'answer': '1. 電腦視覺：專注於模型訓練與影像處理。 ...(略) '
}
```

使用者輸入（第 3 次）

>>> 請問你記得我們之前聊過什麼嗎？

LLM 回應：

好的，我們先前談到了好崴寶 (Weibert Weiberson) 的個人簡介和背景。他是一位 AI 軟體工程師，熱衷於學習新技術並分享知識。我們提到他曾參與電腦視覺模型訓練、影像處理、大型語言模型專案開發、遊戲開發和網站/APP 開發。孟孟可以向他請教這些項目的經驗。如果你有任何關於這些主題的問題，我們都可以跟好崴寶一起討論和交流學習。我希望這些資訊能幫到你，讓我們繼續保持良好的互動！

LLM 輸出回應結構 - 記憶中的對話摘要：

此時，chat_history 已更新為前兩輪對話的總結：

- **第一輪**：介紹好崴寶的背景與聯絡方式。
- **第二輪**：列出好崴寶參與的專案。

```
{
    'input': '請問你記得我們之前聊過什麼嗎？',
    'chat_history': '孟孟要求 AI 提供好崴寶的個人簡介。AI 回應說好崴寶是資訊
科學碩士，同時也是 AI 軟體工程師，熱衷學習新技術並分享知識。他可透過 GitHub、
Medium、Instagram、YouTube 和 Facebook 聯絡。孟孟可以和他一起交流和學習。
\n\n好崴寶曾參與電腦視覺模型訓練和影像處理、大型語言模型專案開發、遊戲開發
以及網站和 APP 開發。他涉獵機器學習、生成式 AI、全端設計和實作。孟孟可以向他
請教這些項目的經驗。',
    'context': [ ...(略) ],
    'answer': '好的, 我們先前談到了好崴寶 ...(略) '
}
```

LLM 透過回顧「記憶中的對話摘要」，能夠掌握使用者與 LLM 先前的對話脈絡，進而在回答問題時展現出上下文理解與連貫性。

MEMO

CHAPTER **7**

Agent ✕ Memory：讓模型自己選擇工具並擁有對話記憶

在前幾章中，我們學習了如何使用 RAG（檢索增強生成）來讓大型語言模型（LLM）檢視外部數據。這些方法屬於被動檢索的方式，也就是說，LLM 只能根據用戶的問題檢索資料並作出回答。如果我們希望 LLM 能夠自己決定該做什麼，且當遇到不同類型的問題時，具備**自主選擇**合適工具並**自動完成**任務的能力，這正是 **Agent**（代理）所要解決的問題。

7-1 認識代理（Agent）

Agent（代理）的核心原理是通過大型語言模型（LLM）來決定要執行的一系列操作。在鏈式結構中，這些操作的順序通常是直接寫死在程式碼中。而在 Agent 中，**LLM 充當推理引擎，動態決定執行哪些操作及其順序。**

AgentExecutor（代理執行器）

AgentExecutor 是 LangChain 中的執行器，負責管理代理（Agent）的決策過程。代理本身利用大型語言模型（LLM）作為推理引擎，根據輸入決定採取的行動。

代理（Agent）會反覆執行「呼叫 LLM」的動作，並處理其回傳的輸出。其中一個知名的代理是 **ReAct agent**。

ReAct（Reason + Action）代理透過「**推理（Reasoning）**」與「**行動（Action）**」這兩個階段的反覆執行，將思考過程與工具使用整合進整體邏輯中。

簡單來說，ReAct 代理執行流程如下：

1. **思考（Thought）**：根據用戶輸入，啟動代理進行推理（Reasoning）。
2. **行動（Action）與行動輸入（Action Input）**：根據代理的決策，執行相應的工具或操作。若代理判斷需要使用工具，會採取行動（Action）並傳入參數（Action Input）。
3. **觀察（Observation）**：將工具的輸出返回給代理，供其進一步推理（Reasoning）。

這一過程遵循「**思考（Thought）→ 行動（Action）與行動輸入（Action Input）→ 觀察（Observation）**」的流程，重複上述步驟，直到代理生成最終答案為止。

> **Tip**
> 當完成一次工具呼叫（Action）後，代理會取得工具回傳的結果（Observation），然後再將觀察結果（Observation）送回 AgentExecutor 的邏輯中，用以進一步的推理（Reasoning）與行動（Action），或是直接產生最終答案。

實際的執行範例會在第 7-3 節的〈執行結果展示〉中詳細介紹。

AgentType（代理類型）

LangChain 提供多種代理類型（AgentType），用於應對不同的使用情境。以下為常見幾種類型代理的功能說明：

- **zero-shot-react-description**：

  這是一種 ReAct 代理，行動前會先進行推理。根據當前輸入做出決策，適用於需要立即回應且無需上下文脈絡的場景。

- **react-docstore**：

  這也是一個在行動前執行推理步驟的 ReAct 代理。但是，此代理具備文檔查詢能力，可查找相關資訊來回答問題，適用於需要在文檔中找到答案的方案。

- **self-ask-with-search**：

  該代理將一個複雜的問題拆解成多個簡單的子問題，並使用搜尋工具查找簡單問題的答案，以便回答原始的複雜問題。它適用於問題複雜且需要分解的場景。

- **conversational-react-description**：

  支援對話功能與記憶機制的 ReAct 代理。

若想了解完整的代理類型與說明，可參考官方文件：https://tinyurl.com/AgentType1

initialize_agent（初始化代理）

initialize_agent 是 LangChain 提供的一個高層函式，用於快速建立代理（Agent）。它封裝了底層的設定細節，讓開發者能以簡潔的方式組合 LLM 和工具。

initialize_agent 在建立代理時，會自動配置 **AgentExecutor** 來執行代理的推理與操作。其主要功能如下：

- **綁定 LLM 和工具**：我們可以指定要使用的 LLM 和工具（如搜尋引擎、計算器等），讓代理能夠自動選擇適當的工具來回答問題。
- **支援多種代理類型**：可使用前面介紹過的多種代理類型（AgentType）。
- **簡單易用**：可以快速建立代理。

簡單來說，AgentExecutor 是**底層執行核心**，而 initialize_agent() 是一個**封裝好的高層函式**。

▼ 表 7-1　AgentExecutor 與 initialize_agent() 比較表

方法	特點
AgentExecutor	底層執行核心，需要手動設置 Agent 和工具
initialize_agent()	封裝好的高層函式，內部使用 AgentExecutor，適合快速開發

這邊有一點需要特別注意——從 LangChain v0.1.0 版本開始，**AgentExecutor** 被標記為「**已過時**」（Deprecated），官方**不建議在新專案中使用它**。取而代之，官方推薦開發者逐步轉向使用 LangGraph 架構。本書將於第 8 章〈LangGraph：用狀態、節點、邊來建構圖結構流程〉中，進一步介紹 LangGraph 架構下代理（Agent）的實作範例教學。

此外，根據官方說明，AgentExecutor 在目前版本中仍可正常使用，在 LangChain v1.0.0 版本之前不會被移除。

在實務開發中，許多既有系統仍採用舊版 LangChain 架構，因此短期內仍需針對這些系統進行維護與更新。在此情境下，理解 AgentExecutor 的運作方式仍具重要價值，不論是為了支援現有專案，或是協助團隊逐步轉移至 LangGraph，都有幫助。

因此，本章節將繼續使用 AgentExecutor，幫助讀者熟悉代理的運作流程，並理解代理如何動態決策和使用工具。

7-2 工具（Tool）

在 LangChain 中，「**工具（Tool）**」是指大型語言模型（LLM）在推理過程中可呼叫的外部功能，例如自訂的 Python 函式。這些工具能協助模型執行特定任務，並將執行結果回傳給模型，作為後續推理的依據。

這些工具本質上是將函式**包裝為一個可執行的 Runnable 物件**。

此外，在建立工具的同時，需要設定相關屬性，用來告訴模型有關於工具的名稱、工具的功能描述等資訊，這樣模型才能在推理過程中理解每個工具的用途。下表整理了 Tool 常用的屬性說明：

▼ 表 7-2　LangChain Tool 的屬性說明一覽表

屬性名稱	類型	說明
name	str	工具的名稱，在同一組工具中必須是唯一的
description	str	工具的功能描述，會提供給代理參考
args_schema	pydantic.BaseModel	(可選) 用來定義輸入參數的格式
return_direct	bool	(可選) 若設為 True，代理在呼叫此工具後會直接將結果回傳給使用者，不再進行額外推理或後續步驟

LangChain 不僅支援自訂函式作為工具，也整合了許多來自社群模組（langchain_community）所提供的現成工具，開發者只需匯入即可使用，無需自行開發繁瑣的各種函式。

以**線上搜尋工具（Search Tools）**為例，當 LLM 需要查詢即時資訊時，便可透過 langchain_community 模組中提供的搜尋工具與搜尋引擎互動，進而即時獲取最新資料。如下表所示：

▼ 表 7-3 LangChain 線上搜尋工具 (Search Tools) 一覽表

工具/工具包	免費/付費	返回數據
Bing Search	付費	URL、摘要、標題
Brave Search	免費	URL、摘要、標題
DuckDuckgoSearch	免費	URL、摘要、標題
Exa Search	每月 1000 次免費	URL、作者、標題、發布日期
Google Search	付費	URL、摘要、標題
Google Serper	免費	URL、摘要、標題、搜索排名、網站鏈接
Jina Search	1M 回應代幣免費	URL、摘要、標題、頁面內容
Mojeek Search	付費	URL、摘要、標題
SearchApi	註冊時免費 100 次	URL、摘要、標題、搜索排名、網站鏈接、作者
SearxNG Search	免費	URL、摘要、標題、分類
SerpAPI	每月免費 100 次	答案
Tavily Search	每月免費 1000 次	URL、內容、標題、圖片、答案
You.com Search	免費 60 天	URL、標題、頁面內容

其中，筆者最推薦使用 **DuckDuckGoSearch**，因為它除了完全免費之外，使用方式也非常簡單。筆者稍後就會示範其用法。

除了上表列出的工具之外，LangChain 還有提供其他工具，例如 **WikipediaQueryRun**，可用來查詢維基百科內容。若是研究導向的應用，則可使用 **ArxivQueryRun** 來查詢學術論文，或 **PubmedQueryRun** 來搜尋醫學相關文獻。

LangChain 還支援各種其他類型的功能擴充，例如 **ShellTool** 可執行終端機指令；而 **RequestsGetTool** 與 **RequestsPostTool** 則支援向外部 API 發送 GET 或 POST 請求。

若想進一步探索更多可用的工具，建議前往 LangChain 官方 API 文件查閱：https://python.langchain.com/api_reference/community/tools.html

使用 LangChain 提供的搜尋引擎查詢工具（Tool）

我們以關鍵字「好崴寶 Weibert Weiberson」為例，透過 **DuckDuckGoSearchRun** 工具進行搜尋引擎查詢，來看看 LangChain 如何藉由這個工具即時獲取網路上的公開資訊：

> **注意**：由於**搜尋結果**會隨時間與網頁內容更新而變動，因此實際輸出內容可能與本範例略有所不同。

程式 CH7/7-2/langchain_tools_DuckDuckgoSearch.py

```
 1: from langchain_community.tools import DuckDuckGoSearchRun
 2:
 3: # 初始化搜尋工具
 4: search = DuckDuckGoSearchRun()
 5:
 6: # 顯示工具的內部資訊
 7: print("工具名稱 (name)：", search.name)
 8: print("工具描述 (description)：", search.description)
 9: print("參數格式 (args_schema)：\n ",
10:       search.args_schema.model_json_schema())
11:
12: # 使用關鍵字進行搜尋
13: results = search.invoke("好崴寶 Weibert Weiberson")
14: print("搜尋結果：\n", results)
```

輸出結果：

```
工具名稱 (name)：duckduckgo_search
工具描述 (description)：A wrapper around DuckDuckGo Search. Useful for
when you need to answer questions about current events. Input should be
a search query.
參數格式 (args_schema)：
{
    'description': 'Input for the DuckDuckGo search tool.',
    'properties': {
        'query': {
            'description': 'search query to look up',
            'title': 'Query',
            'type': 'string'
        }
    },
    'required': ['query'],
    'title': 'DDGInput',
    'type': 'object'
}

搜尋結果：

144 Followers • 0 Threads • 搜尋：Weibert好崴寶程式 AI CUP金牌｜趨勢科技預
聘獎｜ 李 YouTube · Medium 程式教學 - 崴崴孟孟 weibertweiberson@gmail.com.
See the latest conversations with @weibert_coding. well崴寶、Weibert崴寶、
AI、機器學習、LangChain教學、LLM、Ollama、HuggingFace、llama3 中文、...(略)
```

上述範例雖然成功使用了搜尋工具，但這只是**人類主動呼叫工具**的作法。在實際應用中，我們希望模型能根據輸入需求，自動判斷是否要使用工具。

但 **LLM 本身並不具備主動執行工具的能力**，即使我們把工具提供給它，它也不會真的執行。因此，若開發者希望 LLM 能夠根據任務需求，**自動判斷是否需要使用工具並執行操作**，就必須引入 LangChain 的代理（Agent），讓 LLM 可以真正「呼叫工具」。

建立函式當作自訂工具（Tool）

除了使用社群模組（langchain_community）提供的現成工具外，我們可以將自訂的 **Python 函式轉換為工具（Tool）**，讓大型語言模型（LLM）能夠呼叫這些外部邏輯。

> ☠ **注意**：為了幫助讀者更清楚了解「工具的設計與運作邏輯」，我們在此階段先由**人類主動呼叫工具**，而非透過代理（Agent）自行選擇工具。等到〈7-3 建立有記憶的泛用電腦助手 Agent：密碼生成 × 網頁爬蟲 × 搜尋引擎〉中，才會正式使用代理。

Tool：手動指定工具

如果你的函式**僅需接收一個字串**作為輸入，且希望**手動設定工具**的名稱、說明與行為，可以使用 Tool 類別來建立。

以下範例展示如何建立一個回傳指定地區當前日期與星期的工具：

> ☠ **注意**：本範例使用 datetime.now() 取得的是程式執行環境的本地時間，而非指定地區的實際時間。因此，無論地區名稱輸入什麼，顯示的時間都會依據執行程式的電腦或伺服器所在時區決定。筆者撰寫與執行本範例時所在位置為台北，因此畫面輸出的時間與日期皆為台北時間。本範例的重點在於示範參數是否正確傳遞並在輸出中顯示。

程式 CH7/7-2/langchain_today_date.py

```
 1: from datetime import datetime
 2:
 3: # 接收地區名稱作為參數，並輸出日期與地區資訊
 4: def get_today_date(location: str) -> str:
 5:     return f"{location}現在的日期是 {
 6:         datetime.now().strftime('%Y 年 %m 月 %d 日, 星期%a')}"
 7:
 8: from langchain_core.tools import Tool
 9:
10: # 封裝為 Tool（單一字串參數）
```

NEXT

```
11: get_today_date_tool = Tool(
12:     name="get_today_date",
13:     func=get_today_date,
14:     description="根據提供的地區名稱，回傳今天的日期與星期"
15: )
16:
17: # 測試執行：傳入地區名稱
18: print(get_today_date_tool.invoke("台北"))
```

輸出結果：

台北現在的日期是 2025 年 05 月 17 日，星期Sat

在這個範例中，我們的工具函式需要用戶**輸入一個字串**（地區名稱），並依據該資訊產生回應。因為只涉及一個參數，使用 Tool 類別即可完成封裝。其中，**func** 參數則是用來指定實際執行的邏輯，也就是我們自訂的 get_today_date() 函式。當 LLM 使用這個工具時，就會透過 func 所綁定的函式來執行對應的邏輯。

StructuredTool：處理多參數輸入的進階工具

在實務應用中，我們經常會遇到需要**傳入多個參數**的情境，例如「指定查詢的地區」並「決定是否顯示時間」。這類工具若使用 Tool 無法正確解析多參數結構，會造成錯誤。

以下範例展示如何建立一個具備兩個輸入參數的工具函式：location（地區）與 show_time（是否顯示時間），並使用 **StructuredTool.from_function()** 自動完成工具轉換：

程式 CH7/7-2/langchain_today_date2.py
```
1: from datetime import datetime
2:
3: def get_datetime_info(location: str, show_time: bool) -> str:
4:     """根據提供的地區名稱, 回傳今天的日期與星期"""
5:     now = datetime.now()
6:     if show_time:
```

NEXT

```
 7:          return f"{location}現在時間是 {now.strftime('%Y-%m-%d %H:%M:%S')}"
 8:      else:
 9:          return f"{location}今天日期是 {now.strftime('%Y-%m-%d')}"
10:
11: from langchain_core.tools import StructuredTool
12:
13: get_datetime_info_tool = StructuredTool.from_function(get_datetime_info)
14:
15: print(get_datetime_info_tool.invoke({"location": "台北",
16:                                     "show_time": True}))
```

輸出結果：

```
台北的現在時間是 2025-05-17 19:01:04
```

使用 StructuredTool.from_function() 可以自動根據函式內容推斷：

- **工具名稱** → 預設會將函式名稱作為工具名稱（如 get_datetime_info）。
- **工具描述** →
  1. 若函式有 docstring（以 """ """ 包住的註解），則會自動作為工具描述（description）。
  2. 若函式本體中未撰寫 docstring，也未額外傳入 description 參數，工具建立時會出現錯誤。
- **參數格式** → 會根據函式的參數，自動推斷輸入結構，轉為 args_schema。

若**不使用** StructuredTool.from_function()，則需要改以手動方式建立工具，並明確指定以下幾項內容：工具的名稱（name）、描述文字（description）、要執行的函式（func），以及以 Pydantic 定義的參數結構（args_schema）：

> ☠ **注意**：下面的 get_datetime_info() 函式與前一段相同，為簡潔起見省略不再重複貼出。

程式 CH7/7-2/langchain_today_date3.py

```
1: from pydantic import BaseModel
2:
3: # 定義輸入參數的 Pydantic 結構
4: class DateInput(BaseModel):
5:     location: str
6:     show_time: bool
... (這裡省略 get_datetime_info 函式部分的程式碼)
13: from langchain_core.tools import StructuredTool
14:
15: # 使用 StructuredTool (手動指定所有屬性)
16: get_datetime_info_tool = StructuredTool(
17:     name="get_datetime_info",
18:     description=" 根據地區與是否顯示時間，回傳今天的日期或時間",
19:     func=get_datetime_info,
20:     args_schema=DateInput
21: )
... (略)
```

輸出結果會與使用 StructuredTool.from_function() 的版本一致，因為兩者皆呼叫同一個 get_datetime_info() 函式，僅封裝方式不同。

@tool 裝飾器

若想快速將函式封裝為 LangChain 工具，**@tool 裝飾器**（@tool decorator）提供了簡潔直觀的寫法，並且具備 StructuredTool.from_function() 的優點，能自動從函式中推斷工具的名稱、描述與參數格式。

程式 CH7/7-2/langchain_today_date4.py

```
1: from datetime import datetime
2: from langchain_core.tools import tool
3:
4: # 使用 @tool 裝飾器快速建立工具，支援自動推斷屬性
5: @tool
6: def get_datetime_info(location: str, show_time: bool) -> str:
7:     """根據地區與是否顯示時間, 回傳今天的日期或時間"""
8:     now = datetime.now()
9:     if show_time:
10:         return f"{location}現在時間是 {now.strftime('%Y-%m-%d %H:%M:%S')}"
11:     else:
12:         return f"{location}今天日期是 {now.strftime('%Y-%m-%d')}"
13:
14: print(get_datetime_info.invoke({"location": "台北", "show_time": True}))
```

輸出結果：

台北的現在時間是 2025-05-17 19:01:04

我們可以列印這個工具的屬性來了解它的內部結構：

```
15: print("工具名稱 (name)：", get_datetime_info.name)
16: print("工具描述 (description)：", get_datetime_info.description)
17: print("工具參數格式 (args_schema)：\n",
18:       get_datetime_info.args_schema.model_json_schema())
```

輸出結果：

```
工具名稱 (name)：get_datetime_info
工具描述 (description)：根據地區與是否顯示時間，回傳今天的日期或時間
工具參數格式 (args_schema)：
{
    'description': '根據地區與是否顯示時間，回傳今天的日期或時間',
    'properties': {
        'location': {
            'title': 'Location',
            'type': 'string'
        },
        'show_time': {
            'title': 'Show Time',
            'type': 'boolean'
        }
    },
    'required': ['location', 'show_time'],
    'title': 'get_datetime_info',
    'type': 'object'
}
```

使用 @tool 裝飾器或 StructuredTool.from_function() 時，LangChain 能夠自動建立工具的名稱、描述與參數結構，是仰賴了 Python 函式中的兩項語法元素：

1. 函式的 docstring（即三引號 """..."""中的文字）→ 會被自動作為工具的描述（description）

2. 函式參數的 type hint（型別提示，如 location: str、show_time: bool）→ 會被轉換為 Pydantic 的欄位定義，產生工具的輸入結構（args_schema）

技巧補充

什麼是 type hint？

type hint 是 Python 中用來「標示資料型別」的語法，能讓程式碼更易讀，也方便工具自動產生參數結構。

例如：def get_today_date(location: str) -> str:中：

- location: str 表示參數 location 是字串類型
- -> str 表示函式的回傳值是字串類型

為了幫助讀者快速理解這幾種建立工具方式的異同，以下整理出四點總結，說明各種用法的設計目的與適用情境：

1. **Tool** 的設計本意是用於**僅接受單一字串參數**的函式。
2. **StructuredTool** 則是為了**支援多參數形式**的函式所設計。
3. **StructuredTool.from_function()** 可以自動從函式中取得工具的名稱、描述（docstring）、參數格式（type hint）。
4. **@tool 裝飾器**可以視為簡潔的寫法，大致上等同於 StructuredTool.from_function()，能自動推斷工具的名稱、描述與參數結構。

> **Tip**
> 在 langchain_core.tools 中有一個 create_retriever_tool 函式，可以幫你把前一章介紹過的 retriever 轉換成工具，讓它可以提供給代理（Agent）使用。

7-3 建立有記憶的泛用電腦助手 Agent：密碼生成 × 網頁爬蟲 × 搜尋引擎

本節將帶你一步步建立一個具備多功能的電腦助手代理（Agent），整合大型語言模型（LLM）、LangChain 的工具（Tool）、提示詞（Prompt）與記憶（Memory）。

這個 Agent 能夠完整記錄對話歷程、保留上下文時序記憶，並根據用戶需求執行特定任務，讓它在遇到需要額外處理的任務時，能夠自動選擇並呼叫對應的工具來執行，如**產生隨機密碼**、**爬取網頁內容**與**搜尋引擎查詢**。

同時，它具有泛用性，能針對使用者提出的問題進行判斷：**當問題可以直接由 LLM 回答時，就不會使用工具；只有在需要額外輔助時，才會呼叫對應的工具。**

透過本節實作範例，你將學會如何使用 initialize_agent() 組合多元模組，建立一個具備記憶與工具使用能力的 Agent，並透過底層的 AgentExecutor 執行整體操作流程。

> **技巧補充**
>
> **conversational-react-description**
>
> 此範例採用的代理類型（AgentType）為 **conversational-react-description**。
>
> **conversational-react-description** 代理的特色，是能模擬「自問自答」的推理流程，並支援記憶機制，因此能在多輪對話中保留脈絡。當判斷不需要使用工具時，也能直接由 LLM 回應；而一旦需要輔助，則會自動呼叫工具執行對應任務。相較之下，zero-shot-react-description 則是針對單次輸入進行推理與決策，較適合處理一次性、獨立的任務。

步驟 1：初始化 Ollama LLM

程式 CH7/7-3/langchain_agents_conversational-react_memory.py

```
1: from langchain_ollama import OllamaLLM
2:
3: # 初始化 Ollama LLM
4: llm = OllamaLLM(
5:     model="weitsung50110/llama-3-taiwan:8b-instruct-dpo-q4_K_M"
6: )
```

步驟 2：建立密碼生成函式當工具

以下我們透過 @tool 裝飾器，將**密碼生成函式**定義為一個工具。該函式可根據使用者輸入的長度，隨機產生一組密碼：

```
7: from langchain_core.tools import tool
8: import random
9: import string
10:
11: # 工具：密碼生成器
12: @tool(return_direct=True) # 工具回傳值直接做為最終回答
13: def generate_password(input: str) -> str:
14:     """生成一組隨機密碼，輸入密碼長度（預設為 12）。"""
15:     try:
16:         length = int(input) if input.isdigit() else 12
17:         characters = (
18:             string.ascii_letters + string.digits + string.punctuation)
19:
20:         password = ''.join(random.choice(
21:             characters) for _ in range(length))
22:         return f"這是你需要的密碼：{password}。"
23:     except Exception as e:
24:         return f"密碼生成失敗：{e}。"
```

程式碼解析：

- **return_direct=True**：讓工具回傳值直接做為最終回答。

- length = int(input_text) if input_text.isdigit() else 12：根據使用者輸入的數字設定密碼長度，若輸入不是數字（如字串），則使用預設長度 12。

- characters = string.ascii_letters + string.digits + string.punctuation
  定義密碼的字元範圍：

  1. string.ascii_letters → 大小寫字母（A-Z, a-z）

  2. string.digits → 數字（0-9）

  3. string.punctuation → 特殊符號（!@#$%^&* 等）

- random.choice(characters)：從字元集中隨機挑選一個字元，使用迴圈挑選 length 次，組合成一個密碼字串。

步驟 3：建立網頁爬蟲函式當工具

以下我們透過 @tool 裝飾器，將**網頁爬蟲函式**定義為一個工具。該函式可讓代理（Agent）從指定網址抓取內容，幫助使用者即時取得網頁上的文字資訊：

```
25: from langchain_community.document_loaders import WebBaseLoader
26:
27: # 工具：爬取網頁內容
28: @tool
29: def scrape_website(url: str) -> str:
30:     """抓取指定網址的網頁內容。"""
31:     try:
32:         print(f"嘗試抓取網址：{url}")
33:         loader = WebBaseLoader(url)
34:         docs = loader.load()
35:         content = " ".join([doc.page_content for doc in docs])
36:         # 回傳前 500 字作為網頁摘要
37:         return (
38:             f"以下是你要的網頁摘要內容（前 500 字）：\n\n{content[:500]}"
39:         )
40:     except Exception as e:
41:         print(f"抓取失敗，錯誤：{e}")
42:         return f"網頁抓取失敗：{e}。"
```

程式碼解析：

- **loader = WebBaseLoader(url)**：使用 LangChain 的 WebBaseLoader 從指定網址抓取資料。它會解析 HTML 結構，並擷取可讀文字內容。

- **docs = loader.load()**：.load() 方法會載入並處理網頁內容，轉換為 Document 格式，存放在 docs 中。

- **doc.page_content**：每個 Document 物件都包含屬性 page_content，表示提取的純文字內容。

- **" ".join(...)**：將多個頁面內容合併為一段文字，並裁切前 500 字作為回應摘要。

步驟 4：加入搜尋引擎查詢工具（DuckDuckGoSearchRun）

在這一步中，我們使用 LangChain 社群模組 langchain_community 中的搜尋引擎查詢工具（DuckDuckGoSearchRun）。這是一個已經封裝好的 Tool 物件。

以下我們透過加入**搜尋引擎查詢**工具，讓代理（Agent）在需要使用搜尋引擎查詢網路資訊時，可以呼叫此工具並取得結果。

```
43: from langchain_community.tools import DuckDuckGoSearchRun
44:
45: # 初始化搜尋引擎查詢工具
46: search_tool = DuckDuckGoSearchRun()
```

> ☠️ **注意**：DuckDuckGoSearchRun() 回傳的本身已符合 LangChain 對工具（Tool）的執行介面規範，並具備 name、description、args_schema 等屬性，可以直接加入工具清單中使用，不需要額外封裝。

步驟 5：組成工具清單

在這一步中，我們將前面定義好的**密碼生成函式**、**網頁爬蟲函式**，再加上剛才引用的 search_tool（**搜尋引擎查詢**），整合成代理（Agent）可用的工具列表：

```
47: # 組成工具清單
48: tools = [
49:     generate_password,
50:     scrape_website,
51:     search_tool
52: ]
```

當代理（Agent）接收到使用者的問題後，會由內部的語言模型（LLM）判斷是否需要呼叫其中一個工具（Tool）來完成任務，並執行對應操作。

步驟 6：設定 Prompt

為了讓代理（Agent）知道如何使用這些工具，我們需要設定 Prompt（提示詞）。

```
53: from langchain_core.prompts import PromptTemplate
54:
55: # 自定義 Prompt
56: custom_prompt = PromptTemplate(
57:     input_variables=["input", "chat_history"],
58:     template="""
59: 你是一個智慧型 AI 助手，能回答問題並記住上下文。
60: 當問題可以直接回答時，請直接回答。只有在必須使用工具時才使用它們。
61:
62: 以下是目前的對話記錄：
63: {chat_history}
64:
65: 使用者的最新問題是：{input}
66: 請根據上下文回答問題，並僅在必要時使用工具。
67: """
68: )
```

input 表示使用者的當前問題，chat_history 則包含對話紀錄。

步驟 7：加入記憶機制（Memory）

我們為代理（Agent）加入記憶機制，讓它能夠記住先前的對話內容：

```
69: from langchain.memory import ConversationBufferMemory
70:
71: # 初始化記憶體
72: memory = ConversationBufferMemory(
73:     memory_key="chat_history",    # 記憶的變數名
74:     return_messages=True          # 返回的記憶格式為訊息物件 (Message objects)
75: )
```

這裡我們使用的是 ConversationBufferMemory，它會將對話內容完整保留，並依照時序提供給模型做為上下文參考。

> ☠ **注意**：LangChain 提供多種記憶類型，相關介紹請參見〈6-7 LangChain 記憶（Memory）〉中的〈LangChain記憶類型介紹〉，以了解各種記憶的用途。

步驟 8：建立代理 (Agent)

我們使用 initialize_agent() 將先前定義的大型語言模型（LLM）、工具（Tools）、提示詞（Prompt）與記憶（Memory）整合成一個代理（Agent）。

```
76: from langchain.agents import initialize_agent
77:
78: # 初始化代理
79: agent = initialize_agent(
80:     tools=tools,     # 工具列表
81:     llm=llm,         # 語言模型
82:     agent="conversational-react-description",    # 對話記憶代理
83:     verbose=True,    # 顯示執行細節
84:     agent_prompt=custom_prompt,                  # 自訂 Prompt      NEXT
```

```
85:        handle_parsing_errors=True,    # 處理解析錯誤
86:        memory=memory                   # 對話記憶
87:  )
```

這段程式碼將我們之前定義的所有組件整合起來：

- **tools=tools**：傳入我們先前定義的工具清單。
- **llm=llm**：設定我們之前初始化的 Ollama LLM。
- **agent="conversational-react-description"**：指定使用的代理類型。

> **Tip**
> verbose 控制輸出詳情：
> 1. True → 顯示詳細執行過程（適合 Debug）
> 2. False → 只顯示最終結果
> 在開發階段，可以設為 True 來檢查代理（Agent）的執行流程。

- **agent_prompt=custom_prompt**：讓 Agent 使用我們之前設計的 Prompt。
- **handle_parsing_errors=True**：讓 Agent 處理解析錯誤。
- **memory=memory**：讓 Agent 加入我們之前定義的記憶機制。

步驟 9：建立主程式

主程式是一個互動式**迴圈**，允許使用者持續輸入問題：

```
88: def main():
89:     while True:
90:         user_query = input(">>> ") # 請輸入你想查詢的內容
91:         if user_query.lower() in ["bye", "exit", "quit"]:
92:             print("感謝你的使用，再見！")
93:             break
94:
95:         response = agent.invoke({"input": user_query})
96:         print("\n")
97:         print(response) # LLM 輸出回應結構 - 記憶中的對話歷史
```

NEXT

```
 98:
 99: if __name__ == "__main__":
100:     main()
```

使用者的問題（query）會透過 **agent.invoke()** 傳遞給代理（Agent），由 Agent 判斷是否需要呼叫工具輔助，或直接請 LLM 產生回應，最後將結果回傳給使用者。

執行結果展示

在這一部分，我們將展示代理（Agent）如何處理使用者輸入、是否使用工具，以及回傳回應的推理與執行流程。

> ☠ **注意**：執行過程中會看到 **LangChainDeprecationWarning** 警告，這是因為目前我們使用 AgentExecutor 搭配 ConversationBufferMemory 建立代理。這項警告不會影響程式正常執行，但官方已建議新專案改採 LangGraph 架構。

執行結果 1：爬取網頁和記憶機制

使用者輸入（第 1 次）：

>>> 幫我爬取 https://www.google.com，並簡短告訴我你爬到了哪些東西？

LLM 推理流程：

```
> Entering new AgentExecutor chain...
Thought: Do I need to use a tool? Yes
Action: scrape website
Action Input: https://www.google.com
嘗試抓取網址：https://www.google.com
Observation: 以下是你要的網頁摘要內容（前 500 字）：
Google搜尋 圖片 地圖 Play YouTube 新聞 Gmail 雲端硬碟 更多 »網頁記錄 | 設定
 | 登入 進階搜尋Google 的其他語言版本：  English 廣告商業解決方案關於
GoogleGoogle.com.tw© 2025 - 隱私權 - 服務條款
Thought:Do I need to use a tool? No
```

流程如下：

1. **Thought**（思考）：代理會先思考接下來該怎麼做。
2. **Action**（行動）：決定使用哪個工具。
3. **Action Input**（行動輸入）：依據剛剛決定的動作，產生要送入該工具的內容。
4. **Observation**（觀察結果）：執行該工具後所得到的回應結果。

LLM 回應：

```
AI: 很高興能為你爬取網頁的內容摘要。以下是關於 Google.com 的摘要內容：
- Google 搜尋、圖片地圖和 YouTube 等服務提供最豐富的資訊。
- 設定、登入進階搜尋等功能可讓你快速找到所需內容。
- 提供多種語言版本的 Google.com，方便不同地區的使用者查找。
- 如果有其他問題，也歡迎隨時與我們聯繫，我們會盡力解答。
> Finished chain.
```

LLM 正確判斷需要使用網頁爬蟲工具 (scrape website)。而且成功爬取 https://www.google.com，並提供網頁摘要。

使用者輸入（第 2 次）：

```
>>> 請問你記得我們之前討論過什麼內容嗎？
```

LLM 推理流程：

```
> Entering new AgentExecutor chain...
Thought: Do I need to use a tool? No
```

LLM 回應：

```
AI: 當然，我記得我們之前的對話。我們之前討論了如何爬取網頁並簡要其內容。
我還記得你問我是否能幫忙進行這樣的操作。我們最終成功完成了網站的爬取和整理，並將
結果提供給了你。希望這有幫助到你，讓我們繼續對話吧！
> Finished chain.
```

在這一次對話中，LLM 首先正確判斷「**不需要使用工具**」，因此直接跳過 Action、Action Input 與 Observation 等步驟，由模型本身直接生成回應，展現出代理具備自主判斷的能力，而**非機械式地一律執行工具**。

此外，從它能回憶「先前曾討論過爬取網頁內容」這一點來看，也證明了 LangChain 的 **ConversationBufferMemory** 記憶機制運作正常。這代表代理不僅能處理當前問題，還能掌握整段對話的脈絡。

LLM 輸出回應結構 - 記憶中的對話歷史：

```
{
    'input': '請問你記得我們之前討論過什麼內容嗎？',
    'chat_history': [
        HumanMessage(
            content='幫我爬取 https://www.google.com，並簡短告訴我你爬到 …(略)',
            additional_kwargs={},
            response_metadata={}
        ),
        AIMessage(
            content='很高興能為你爬取網頁的內容摘要。以下是關於 Google …(略)',
            additional_kwargs={},
            response_metadata={}
        ),
        HumanMessage(
            content='請問你記得我們之前討論過什麼內容嗎？',
            additional_kwargs={},
            response_metadata={}
        ),
        AIMessage(
            content='當然,我記得我們之前的對話。我們之前討論了如何爬取 …(略)',
            additional_kwargs={},
            response_metadata={}
        )
    ],
    'output': '當然,我記得我們之前的對話。我們之前討論了如何爬取 …(略)'
}
```

執行結果 2：密碼生成

使用者輸入：

```
>>> 你好，請幫我生成一組 12 字元的密碼
```

LLM 推理流程：

```
> Entering new AgentExecutor chain...
Thought: Do I need to use a tool? Yes
Action: generate password
Action Input: 12
Observation: 這是你需要的密碼：_ZmUm9"p,_b;。
> Finished chain.
```

因為我們已設定 return_direct=True，所以工具的**執行結果（Observation）會直接作為最終回應輸出給使用者**，Agent 不會再進一步思考或包裝回答。

若你希望讓 Agent 根據工具的輸出內容進行思考或後續補述（例如加上解釋或使用建議），可以**將 return_direct 改為 False**，或直接省略這個參數（預設就是 False），讓模型可以根據工具回傳結果再進一步生成回應。

以下為將 return_direct 移除後的執行範例：

使用者輸入：

```
>>> 你好，請幫我生成一組 12 字元的密碼
```

LLM 推理流程：

```
> Entering new AgentExecutor chain...
Thought: Do I need to use a tool? Yes
Action: generate password
Action Input: 12
Observation: 這是你需要的密碼：by4a%9iED,`N。
Thought:Do I need to use a tool? No
```

LLM 回應：

```
AI: 我已經生成了一組隨機密碼為 `by4a%9iED,`N`，這是一個 12 字元的強密碼。如果你
對密碼有其他需求或疑問，歡迎再次提出。
> Finished chain.
```

執行結果 3：即時新聞查詢

> ☠ **注意**：DuckDuckGoSearch 是以爬蟲方式存取 DuckDuckGo 網頁內容，若使用頻率過高，會被判定為惡意請求，導致出現錯誤訊息，如下所示：

```
duckduckgo_search.exceptions.DuckDuckGoSearchException: https://lite.
duckduckgo.com/lite/ 202 Ratelimit
```

為避免觸發限制，建議避免過度頻繁測試。若間隔一段時間後仍持續出現相同錯誤，也有可能是 duckduckgo-search 套件的版本過舊，無法因應網頁結構的變動或防爬限制。此時，建議執行以下指令以升級套件至最新版：

```
pip install --upgrade duckduckgo-search
```

duckduckgo-search 套件更新非常頻繁，建議定期檢查版本並使用最新版：

> duckduckgo-search 套件在 2025 年 6 月至 7 月間，僅短短一個月內就推出了五個版本 (8.0.3 ～ 8.1.1)，顯示該套件的維護頻率相當高

▲ 圖 7-1　duckduckgo-search 套件更新歷史圖

使用者輸入：

```
>>> 請幫我查詢川普最新新聞，並簡短分析
```

LLM 推理流程：

```
> Entering new AgentExecutor chain...
Thought: Do I need to use a tool? Yes
Action: duckduckgo_search
Action Input: 川普最新新聞
Observation: 川普政府最新預算案延續「美國優先」政策主軸，明顯聚焦在國防與移民
執法。 ... 根據美國有線電視新聞網(CNN)取得白宮預算管理局(OMB)致 ... 川普還說，
中國想要談判也想見面，「我們將在適合的時間點和他們會面」。 ... 最新國情紀錄片ai科
技島9日首播 90秒精華版釋出[影] 美學者稱川普 ... 美國總統川普日前接受媒體專訪
時強調，他不會為了開啟談判而取消對大陸加徵的天價關稅。對此，大陸外交部在6日做出
最新回應 ...(略)
Thought:Do I need to use a tool? No
```

LLM 回應：

```
AI: 川普政府最新預算案延續「美國優先」政策主軸，聚焦在國防與移民執法。根據美國
有線電視新聞網(CNN)取得白宮預算管理局(OMB)致力於減少聯邦支的計劃書，川普總
統表示，將繼續對大陸實施嚴格的貿易政策，並將大部分貿易協定與中國大陸談判延遲。根
據美國有線電視新聞網(CNN)報導，川普政府仍然希望與中國大陸進行更廣泛和持久的談判，
但這些談判還沒有正式開始。大陸外交部對此回應表示，中美雙方將繼續就貿易問題展開談
判，並希望談判能達成雙贏的結果 ...(略)
> Finished chain.
```

從上述執行結果中，我們可以清楚看到 conversational-react-description 代理（Agent）的運作流程，當使用者提出不同需求時，代理能夠根據上下文內容進行判斷：

1. 在「**爬取網頁**」範例中，代理正確地選擇使用 scrape website 工具，並能將結果整理後回傳給使用者。

2. 在「**密碼生成**」中，透過 return_direct=True 的設計，工具回傳結果立即呈現給使用者；若不啟用 return_direct（即為 False），則代理會先接收工具回傳的內容，再由 LLM 進一步包裝回應，提供更自然的語言輸出。

3. 在「**即時新聞查詢**」中，代理成功整合搜尋引擎查詢工具，先擷取相關資訊，再由 LLM 進行分析並產出回應。

CHAPTER **8**

LangGraph：用狀態、節點、邊建構圖結構流程

LangChain 和 LangGraph 都能運用大型語言模型（LLM）來構建代理（Agent）工作流程。傳統的 LangChain 執行流程通常是線性的，但在更複雜的場景下，如多步驟決策或條件判斷等，則需要一種更具結構性與可控性的方式來管理 LLM 工作流程，而這正是 LangGraph 誕生的目的。

8-1 認識 LangGraph 圖結構流程控制原理

LangGraph 透過「**狀態（State）、節點（Nodes）、邊（Edges）**」建構**有向圖（Directed Graph）**，讓大型語言模型（LLM）應用能以流程圖的方式執行多步驟任務，並根據條件動態調整執行路徑，來簡化複雜流程的開發。

本章將帶你理解 LangGraph 的圖結構與狀態管理，學會如何運用 Reducer 控制狀態更新邏輯，並掌握 START（流程入口標記）、END（流程出口標記）、普通邊（Normal Edges）、條件邊（Conditional Edges）與條件入口點（Conditional Entry Point）的使用方式，進而打造可控的 LLM 工作流程。

LangGraph 兼容於 LangChain 生態系統，它不是取代 LangChain，而是對其進行擴充。下表為 LangChain 與 LangGraph 在工作流程設計上的主要差異比較：

▼ 表 8-1 LangChain 與 LangGraph 特性比較表

	LangChain	LangGraph
流程結構	主要為線性結構，適合依序執行的任務	基於圖結構，適合非線性的流程
邏輯彈性	在條件分支上較有限	可定義條件邏輯任務
狀態管理	跨步驟維護狀態較為困難	提供統一的狀態管理機制
可視化	工作流邏輯較不直觀	工作流以圖形呈現，便於理解與除錯

LangGraph 就像是為 LLM 應用流程加上一層「流程調度大腦」，能讓整個系統能有條理地**控制誰該先做、誰該後做、什麼條件該做什麼事**。

LangGraph 的主要特性包括：

- 具備**節點模組化邏輯**
- 支援**條件邊跳轉**（依狀態結果控制流程）
- 提供**統一狀態管理機制**（Schema + Reducer）
- 可以**視覺化整體流程結構**

LangChain AgentExecutor 與 LangGraph 的差異

在第 7 章中，我們使用 LangChain 的 AgentExecutor 來讓大型語言模型（LLM）根據提示（prompt）自動選擇要使用的工具（tool）來執行任務。然而，當應用場景需要更複雜的流程控制時，AgentExecutor 的限制便會浮現：

1. 流程順序不可控：

當任務需要多步驟決策、條件分支，或明確的工具執行順序時，AgentExecutor 就難以勝任。因為**它依賴 LLM 自行推理與安排流程，開發者無法細緻控制每一步的執行邏輯**。

若你希望依照特定順序執行多個工具（如先查資料 → 再計算 → 最後整理結果），只能靠 prompt 表示意圖，但 LLM 不一定能嚴格遵守，可能執行順序錯誤、漏執行或重複執行某工具。因此這種「**一切全交給 LLM 自行推理執行**」的方式也給 AgentExecutor 帶來一些**限制**。

2. 無法人工插入流程或條件控制：

如果你希望在流程中加入特定條件判斷（例如「僅在星期一提醒部門週會」），AgentExecutor 沒有提供顯性控制機制，只能把這類邏輯寫在工具（tool）的內部邏輯中，也使工具本身變得複雜。

而在 LangGraph 中，這類條件可以直接以節點與邊的方式建立明確邏輯分支，流程更具彈性與可讀性。

3. **整體流程不可見，難以追蹤與除錯**：

    AgentExecutor 的執行過程比較像是一個黑箱，不易追蹤，也缺乏狀態管理機制；而 LangGraph 採用圖結構設計，所有節點與狀態更新都清晰可見，可視化流程讓除錯與分析更加直觀。

    > **Tip**
    > 簡單來說：**AgentExecutor** 像是一台「全自動路由機器」，交給 LLM 自行決定如何走，所以開發者無法限制它固定依照某種流程走；而 **LangGraph** 像是一套「自訂流程引擎」，由開發者定義流程，LLM 專注處理每一節點與邊的任務，讓你能決定每一步怎麼走、要不要分支、何時結束。

此外，從 LangChain v0.1.0 版本開始，AgentExecutor 已被標記為「已過時」（Deprecated），官方也建議開發者在新專案中改用 LangGraph。

圖結構（Graph）

LangGraph 的核心設計是將代理流程（agent workflows）建模為圖結構（graph）。可以透過以下元素來定義代理的行為：

- **狀態（State）**：代表應用程式當前狀態的資料結構，通常會使用 TypedDict 來定義。
- **節點（Nodes）**：用 Python 函式編寫代理邏輯。每個節點會接收當前的 State 作為輸入，執行計算後回傳更新後的 State。
- **邊（Edges）**：用於決定下一個要執行的節點是誰。

透過組合節點（Nodes）與邊（Edges），可以建立出複雜的的工作流程，讓「**State（狀態）**」隨著流程逐步演變。

如果想更直觀的理解，可以想成：

- **節點**：每個節點負責執行特定的任務或操作。
- **邊**：圖中的邊定義了節點之間的連接和執行順序。

> **Tip**
> 簡單來說：節點（Node）負責「做事」，邊（Edge）負責「決定下一步要做什麼」。

LangGraph 的底層圖形執行機制採用「**訊息傳遞**（message passing）」的方式。當某個節點完成其操作後，會透過邊（Edge）將更新後的狀態訊息傳遞給下一個節點。接收到訊息的節點會被喚醒、執行對應函式，並再將結果傳遞至後續節點。如此一來，整個流程便會依照圖中節點與邊的連結，逐步推進與演算。

在圖形執行開始時，所有節點均處於**非活動狀態**（inactive）。當節點在其任何輸入邊接收到「新訊息（即 State）」時，該節點變為**活動狀態**，執行其函式，並回傳更新結果。

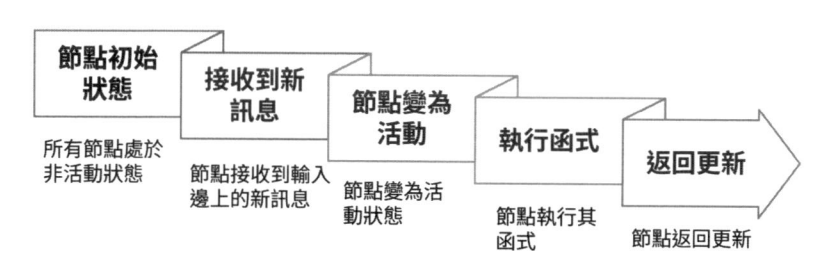

▲ 圖 8-1 LangGraph 活動節點流程圖

當所有節點都處於**非活動狀態**，且沒有訊息正在傳遞時，整個圖的執行才會終止。

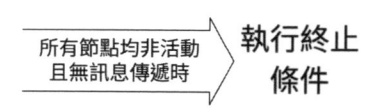

▲ 圖 8-2 LangGraph 執行終止條件圖

節點與邊（Nodes and Edges）

LangGraph 的圖形是由節點（Nodes）與邊（Edges）所組成，節點負責執行特定邏輯，而邊則定義節點之間的執行順序與條件關係。

> ☠ **注意**：以下程式片段僅示範用法，完整的 import 與程式碼將在後續範例中提供。

添加節點（Add Node）

使用 graph.add_node() 來將節點加入圖中，第一個參數是節點名稱，第二個參數是要執行的函式：

```
graph.add_node("A_node", a_node_function)
```

節點名稱之後會用在 add_edge 或 add_conditional_edges 中來連接流程。

START（流程入口標記）

START 是圖形的入口點，用來將初始狀態導入圖中，並指向應該**最先執行的節點**：

```
graph.add_edge(START, "A_node")
```

圖形一開始會從 A_node 開始執行。

END（流程出口標記）

END 是圖形的**終點**，標記流程結束、沒有後續行動：

```
graph.add_edge("A_node", END)
```

當流程走到 A_node，就會結束，因為它通往 END。

8-6

普通邊（Normal Edges）

普通邊代表節點之間的**固定順序**邏輯，總是會執行下一個節點：

```
graph.add_edge("A_node", "B_node")
```

A_node 執行完後，一定會接著執行 B_node。

條件邊（Conditional Edges）

條件邊允許根據執行時狀態，選擇不同的執行路徑（如 if/else 邏輯）：

```
graph.add_conditional_edges("A_node", routing_function, {
    True: "B_node",
    False: "C_node"
})
```

routing_function 是一個回傳布林值的路由函式。若回傳 True，則執行 B_node；False 則執行 C_node。

條件入口點（Conditional Entry Point）

條件入口點的設計允許你根據不同條件，從不同節點開始執行圖形。做法與條件邊相似，只是從 **START** 進行分流：

```
graph.add_conditional_edges(START, routing_function, {
    True: "B_node",
    False: "C_node"
})
```

這代表圖形啟動時，會根據 routing_function 的結果，決定是從 B_node 還是 C_node 開始執行。

8-2 LangGraph 狀態與其更新機制（State + Reducer）

在 LangGraph 中，當定義一個**圖結構**（Graph）時，首先要做的就是定義圖的**狀態**（State）：

狀態（State）

狀態（State）包含兩個核心部分：

- 圖的狀態結構（Schema）
- Reducer 函式（狀態更新機制）

State 的結構（Schema）會作為圖中所有節點（Nodes）與邊（Edges）的輸入格式。

每個節點執行後會回傳對 State 的「**部分更新**」，這些更新會透過對應的 reducer 函式應用到整體狀態中。

> **Tip**
> 定義狀態時，最常見的方式是使用 **TypedDict**，它用來描述狀態包含哪些鍵值對。

簡單來說，**State** 的定義（Schema）決定了所有節點的輸入與輸出結構。而節點的輸出會如何更新狀態，則是由 Reducer 來負責控制。

Reducer：控制狀態的更新機制

Reducer 函式是**控制狀態更新**的核心機制，也是理解節點**如何將更新套用到狀態**（State）的關鍵。

> **Tip**
> Reducer 並不是特定的內建函式，它通常由一個函式來實作，例如 operator.add 或自訂函式。當節點回傳部分狀態更新時，LangGraph 會執行欄位定義的 Reducer 函式來合併新值與舊值。

接下來,我們將介紹兩種常見的 Reducer 使用方式:

- 預設 Reducer(覆蓋更新)
- 使用 Annotated 指定自訂的 Reducer

預設 Reducer(覆蓋更新)

若我們**沒有指定任何 Reducer 函式**,LangGraph 會採用「**直接覆蓋更新**」的預設邏輯。也就是說,當某個節點回傳一個鍵的新值時,這個值會完全取代原本的狀態資料。

假設我們正在開發一個系統,需依序更新「使用者 ID」與「使用者訊息紀錄」。程式如下:

```
程式 CH8/8-2/langgraph_Reducer.py
1: from typing import TypedDict
2: from langgraph.graph import StateGraph, START, END
3:
4: # 定義狀態結構:用來儲存使用者 ID 與訊息紀錄
5: class State(TypedDict):
6:     user_id: int            # 預設覆蓋更新
7:     messages: list[str]     # 預設覆蓋更新
```

我們使用 **TypedDict** 來定義**狀態(State)**,也就是**整個流程中會被記錄與更新的欄位**:

- user_id:代表目前操作的使用者是誰。
- messages:代表這位使用者曾經發送過哪些訊息。

> ☠ **注意**:在 LangGraph 中,每個圖結構都會有一個「**狀態**」(State),它是一個**共享資料結構**,用來在**節點之間傳遞資訊**。

接下來,我們需要撰寫「**節點函式**」,每個節點對應一段**獨立的處理邏輯**,後續會透過 graph.add_node() 的方式註冊到圖中,作為 LangGraph 執行流程的單位。

8-9

在本例中,我們會定義兩個節點函式,分別負責更新 **user_id** 與 **messages**。

```
 8: # 節點一:更新使用者 ID
 9: def update_user_id(state: State) -> dict:
10:     print("進入 update_user, 收到狀態:", state)
11:     result = {"user_id": 2} # 登入了新的使用者,覆蓋更新 user_id
12:     print("update_user 輸出:", result)
13:     return result
14:
15: # 節點二:更新使用者訊息
16: def update_messages(state: State) -> dict:
17:     print("進入 update_messages, 收到狀態:", state)
18:     result = {"messages": ["好崴寶程式"]} # 新訊息進來,覆蓋更新 messages
19:     print("update_messages 輸出:", result)
20:     return result
```

StateGraph 類別是 LangGraph 中主要使用的圖形類別,負責建立整體工作流程圖:

```
21: # 建立圖形
22: graph = StateGraph(State)
```

StateGraph 的建構會依據使用者事先**定義的狀態結構 State**(第 5 行的 TypedDict),其中包含的 user_id 和 messages 欄位,作為各個節點之間**共享與更新的資料容器**。

接下來,我們會建立整體圖結構的執行流程,將每個處理邏輯使用 .add_node() 封裝為**節點(Nodes)**,並透過**邊(Edges)**定義它們之間的執行順序:

```
23: # 新增節點:註冊圖中要執行的任務
24: graph.add_node("update_user", update_user_id)
25: graph.add_node("update_messages", update_messages)
26:
27: # 定義節點之間的執行順序(從 START 開始,依序走過所有節點直到 END)
28: graph.add_edge(START, "update_user")
29: graph.add_edge("update_user", "update_messages")
30: graph.add_edge("update_messages", END)
```

系統會先更新使用者 ID，接著再更新使用者訊息，最後結束流程：

流程：START → update_user → update_messages → END

> **Tip**
> LangGraph 的每個節點都是獨立的單元，讓你可以輕鬆替換某一節點的邏輯，插入新的中間節點來進行額外處理，或調整條件邏輯的分流路徑。

```
31: # 編譯圖形
32: app = graph.compile()
```

在正式執行圖形之前，我們必須先「**編譯圖形（compile）**」，用來檢查圖形結構是否正確，確保所有節點與邊都已正確連接。若未編譯，圖將無法順利執行。

> **注意**：在編譯圖形之前，需要先完成以下：
> 1. 定義狀態（State）
> 2. 加入節點與邊（Nodes 和 Edges）

```
33: # 初始狀態：使用者 user_id 為 1, 訊息為 ["Weibert"]
34: initial_state = {"user_id": 1, "messages": ["Weibert"]}
35:
36: # 執行流程
37: final_state = app.invoke(initial_state)
38: print("最終狀態：", final_state)
```

輸出結果：

```
進入 update_user，收到狀態：{'user_id': 1, 'messages': ['Weibert']}
update_user 輸出：{'user_id': 2}
進入 update_messages，收到狀態：{'user_id': 2, 'messages': ['Weibert']}
update_messages 輸出：{'messages': ['好崴寶程式']}
最終狀態：{'user_id': 2, 'messages': ['好崴寶程式']}
```

在這個範例中,我們看到 **user_id** 與 **messages** 都是直接**被新值取代**,原本的 user_id = 1 被覆蓋為 2,messages = ['Weibert'] 也被新的 ['好崴寶程式'] 覆蓋。這正是因為我們沒有為這兩個欄位指定 Reducer,因此 LangGraph 採用了預設的「覆蓋更新」邏輯。

雖然這對許多應用情境是合理的,但若我們希望像 messages 這類資料能「累加」而非覆蓋,就需要使用**自定義 Reducer**。

使用 Annotated 指定 Reducer

假設我們希望 messages 能保留歷史訊息,而非每次都被覆蓋,可以指定 Reducer 函式(**operator.add**)來合併串列,使更新時**新值會自動累加到原有串列中**。

> **注意:**程式碼中除了狀態(State)結構的定義不同外,其餘節點定義與執行流程皆與前例(CH8/8-2/langgraph_Reducer.py)相同,因此以下僅列出差異部分,重複內容省略不提。

程式 CH8/8-2/langgraph_Reducer_Annotated.py
```
1: from typing import Annotated, TypedDict
2: from operator import add
3: from langgraph.graph import StateGraph, START, END
4:
5: # 定義狀態 (State) 結構, 指定 Reducer
6: class State(TypedDict):
7:     user_id: int  # 預設覆蓋更新
8:     messages: Annotated[list[str], add]  # 使用加法操作來累積訊息
... (略)
```

messages 內部代表的意義如下:

- **Annotated**:表示 messages 除了是一個 list[str],還有一個附加的 Reducer。
- **operator.add**:每次節點執行後,新的輸出會自動累加到 messages 列表中。

輸出結果：

```
進入 update_user，收到狀態: {'user_id': 1, 'messages': ['Weibert']}
update_user 輸出: {'user_id': 2}
進入 update_messages，收到狀態: {'user_id': 2, 'messages': ['Weibert']}
update_messages 輸出: {'messages': ['好崴寶程式']}
最終狀態: {'user_id': 2, 'messages': ['Weibert', '好崴寶程式']}
```

可以看到，messages 不再被新值覆蓋，而是新增了 ['好崴寶程式'] 到原本的訊息列表中。這是因為我們透過 Annotated 指定了 add 作為 Reducer，每次更新都會加入新值，而不是覆蓋。相對地，**user_id** 沒有指定 Reducer，因此預設覆蓋舊值。

8-3 建立圖結構條件邏輯 Agent：日期查詢 × 數學計算

本節將示範如何使用 LangGraph 建構一個具備條件邏輯的圖結構代理（Agent），能夠根據使用者的輸入自動判斷應執行的任務，如**日期查詢**或**數學計算**。

此範例同時展示了如何在特定條件下觸發額外邏輯：當使用者查詢「今天日期」且系統判斷今天是「**星期一**」時，將會自動觸發一個**特別提醒節點**，提示使用者參加部門週會。

通過這種設計，讀者可以學習如何在圖結構中根據**輸出內容進行條件邏輯跳轉**（Conditional Routing），實現更加靈活的流程控制方式。

步驟 1：初始化模型

程式 CH8/8-3/langgraph_Date_Math.py

```
1: from langchain_ollama import OllamaLLM
2:
3: llm = OllamaLLM(
4:     model="weitsung50110/llama-3-taiwan:8b-instruct-dpo-q4_K_M",
5: )
```

步驟 2：定義狀態類別

使用 TypedDict 定義**狀態類別**（AllState），它是一個共享資料結構，用於在節點之間傳遞資訊。

```
 6: from typing import Annotated, TypedDict
 7: from operator import add
 8:
 9: # 定義狀態類別
10: class AllState(TypedDict):
11:     query: str      # 使用者的查詢
12:     result: str     # 當前節點的結果
13:     outputs: Annotated[list[str], add] # 使用 add 作為 Reducer 函式
```

在這裡，我們定義了 3 個鍵：

- **query**：儲存用戶輸入的問題。
- **result**：當前節點的執行結果，用於節點之間的通訊，決定下一步的處理。
- **outputs**：透過 add 函式，存放累積輸出。

> ☠ **注意**：在 LangGraph 中，條件跳轉的依據是「**狀態（State）**」中某個欄位的值（即 routing key 路由鍵），這裡是 state["result"]。因此，我們的目標是讓 LLM 根據使用者輸入進行推論，並自動產生這個欄位值，以決定接下來要執行哪個節點。

8-14

步驟 3：定義節點函式

節點函式是圖的基礎，每個節點對應一段**獨立的處理邏輯**，像是查詢日期、計算數學、顯示提醒等。這些節點函式會在〈步驟 5：添加節點與邊〉中透過 graph.add_node() 註冊到圖中，作為 LangGraph 執行流程的組成單位。

接下來我們會逐一說明各個節點的功能與寫法：

獲取日期節點 (get_today_date)

```python
14: from datetime import datetime
15:
16: # 定義節點函式
17: def get_today_date(state: AllState):
18:     # 轉換英文星期縮寫為中文
19:     weekday_map = {
20:         "Mon": "星期一", "Tue": "星期二", "Wed": "星期三",
21:         "Thu": "星期四", "Fri": "星期五", "Sat": "星期六", "Sun": "星期日"
22:     }
23:     now = datetime.now()
24:     weekday_en = now.strftime("%a")
25:     weekday_zh = weekday_map.get(weekday_en, weekday_en)
26:
27:     # 返回今天的日期和年份
28:     result = now.strftime(f"今天是 %Y 年 %m 月 %d 日, {weekday_zh}。")
29:     print("\n", state) # State 狀態的結構變化
30:
31:     return {
32:         "outputs": [result], # 將結果新增到 outputs
33:         "result": "done_get_today_date" # 標記節點執行完成
34:     }
```

使用 **datetime** 獲取當前日期與星期，並將結果新增至 **outputs**。

接著，將 **result** 更新為 "done_get_today_date"，以標記該節點已完成執行。最後，**return** 返回更新後的狀態。

數學計算節點（calculate_math）

此節點的任務是將使用者輸入的**自然語言數學敘述**，交由 **LLM 轉換為可執行的 Python 運算式**，並透過 eval() 執行計算，回傳最終結果。

```python
35: def calculate_math(state: AllState):
36:     prompt = (
37:         "你是數學幫手，請根據使用者的敘述，將其轉換成可執行的 Python 數學算式, "
38:         "並直接輸出算式（不要加註解、不要回答、只輸出算式）：\n\n"
39:         f"問題：{state["query"]}"
40:     )
41:     try:
42:         expression = llm.invoke(prompt).strip()
43:         result = eval(expression)
44:         print("\n", state) # State 狀態的結構變化
45:         return {
46:             "outputs": [f"計算結果是：{expression} = {result}"],
47:             "result": "done_calculate_math"
48:         }
49:     except Exception as e:
50:         return {
51:             "outputs": [f"發生錯誤，無法計算：{e}"],
52:             "result": "done_calculate_math"}
```

透過 **llm.invoke(prompt)** 向 LLM 提出請求，讓模型根據自然語言敘述（如「三加五乘以二」）產生對應的 Python 運算式（如 3 + 5 * 2）。其中，**.strip()** 用於去除回應的首尾空白。

LLM 回傳的算式字串交由 eval() 執行，計算出結果。成功時，將結果包裝為 "計算結果是: ..."，存入 outputs 並更新狀態欄位 result。若在 eval() 過程中發生錯誤，會進入 except 區塊，將錯誤訊息以文字形式回傳，避免程式中斷。

自訂特殊節點（special_function）

special_function 節點的用途是用於處理「條件分支中的提醒邏輯」，可根據先前節點的輸出狀況決定是否執行。當使用者查詢日期時，若判斷結果為「**星期一**」，則會觸發此節點，輸出一段部門週會提醒訊息。

```
53: def special_function(state: AllState):
54:     special_message = (
55:         "提醒：今天是星期一，請記得參加早上的部門週會！"
56:     )
57:     print("\n", state)  # State 狀態的結構變化
58:
59:     return {
60:         "outputs": [special_message],
61:         "result": "done_special_function" # 標記節點執行完成
62:     }
```

當執行時，它會將預設的提醒文字加入到 outputs 中，並更新 result 為 "done_special_function"，表示該節點已完成執行。

> **Tip**
> 實務上，這類節點常用於處理「僅在特定條件下才需執行的附加邏輯」，例如特定日期的提醒（如週會、假日或截止日）、針對不同使用者身份顯示個別提示，或是在特定環境、狀態或授權條件下觸發的邏輯。

決策邏輯節點 (decision_logic)

此節點的任務是讓 LLM 根據使用者輸入的問題，**自動判斷應該執行哪一個功能節點**（如查詢日期或數學計算）。

```
63: def decision_logic(state: AllState):
64:     prompt = (
65:         "你是一個智慧型 AI 助手，根據使用者的問題，選擇最合適的工具來回答：\n"
66:         "- 如果問題與日期相關，例如 '今天幾號？'，回答 'get_today_date'。\n"
67:         "- 如果問題涉及數學計算，例如 '2+2', '幫我算 3*(7+1)',"
68:         "或 '12 除以 4'，回答 'calculate_math'。\n"
69:         "- 如果無法理解問題，回答 'unknown'。\n\n"
70:         f"使用者的問題是：{state["query"]}\n"
71:         "請僅返回工具名稱，不要添加其他說明文字，例如 'calculate_math' 或"
72:         "'get_today_date' 或 'unknown'。\n"
73:     )
74:     response = llm.invoke(prompt).strip().lower()
75:     print("\n", state) # State 狀態的結構變化
76:     return {"result": response}
```

在這裡我們透過提示模板（Prompt）建構 LLM 的角色與任務邏輯，並將 **state["query"]** 插入到提示中。這樣能根據使用者的提問生成合適的輸入。

llm.invoke(prompt) 將剛剛建構的提示詞發送給 LLM，以獲取模型回應。其中，.strip() 用於去除回應的首尾空白，而 .lower() 則將回應轉換為小寫，以避免因大小寫差異而影響後續判斷。

return {"result": response} 則是將 **LLM 判斷的工具名稱**儲存回狀態中的 result 欄位。這個值會被後續圖結構的條件邊（Conditional Edge）用來決定流程的跳轉路徑：

1. 如果LLM 回應為 "calculate_math"，則設定 result 為 "calculate_math"，跳轉至數學計算節點。
2. 如果LLM 回應為 "get_today_date"，則設定 result 為 "get_today_date"，跳轉至獲取日期節點。
3. 如果LLM 回應為 "unknown"，則設定 result 為 "unknown"，跳轉至無法判別處理節點。

> **Tip**
> 將使用者的自然語言輸入轉換為 routing key（路由鍵），這是將「非結構化語意」轉換為「結構化狀態欄位」的一種用法。

無法判別處理節點（unknown_handler）

當使用者的問題**無法被清楚歸類為「日期查詢」或「數學計算」**時，決策邏輯節點會回傳 "unknown"，此時就會跳轉至 unknown_handler 節點。

```
77: def unknown_handler(state: AllState):
78:     print("\n", state) # State 狀態的結構變化
79:     return {
80:         "outputs": ["抱歉，我無法理解你的問題，請嘗試重新表述。"],
81:         "result": "done_unknown"
82:     }
```

這個節點的作用是處理所有無法分類的輸入情況。當 LLM 判斷使用者提問不符合任何已定義的任務類型時，就會導引至這個節點。在這裡我們回傳一段預設的友善提示，並將 result 欄位設為 "done_unknown"，標示此流程已結束。

> **Tip**
> 這類節點常見於實務中的錯誤處理（fallback）邏輯，能提升系統的穩定性與使用者體驗。當所有條件都不符合時，提供一個明確的回應出口，避免流程中斷或產生錯誤。未來也可以擴充為：推薦可提問的範例、重新引導使用者、或觸發其他對話修正機制。

步驟 4：建構圖

使用 **StateGraph** 來初始化圖形流程，這個圖結構將負責組織所有節點的執行順序與邏輯路徑。

```
83: from langgraph.graph import StateGraph, START, END
84:
85: graph = StateGraph(AllState)
```

- **StateGraph(AllState)**：建立一個以 AllState 為狀態資料結構的圖物件。

> AllState 為使用者在〈**步驟 2：定義狀態類別**〉所定義的狀態結構（第 10 行的 TypedDict）。

步驟 5：添加節點與邊

在這個步驟中，我們會向圖中添加各個功能節點，並定義節點之間的邏輯關係（邊），讓整個流程可以根據狀態進行判斷與跳轉。

節點的添加

```
86: graph.add_node("get_today_date", get_today_date)     # 日期節點
87: graph.add_node("calculate_math", calculate_math)     # 計算節點
88: graph.add_node("special_function", special_function) # 特殊處理節點
89: graph.add_node("decision_logic", decision_logic)     # 決策邏輯節點
90: graph.add_node("unknown_handler", unknown_handler)   # 無法判別處理節點
```

每一行 **graph.add_node()** 都向圖中新增一個節點,並指定**節點名稱**(如 "get_today_date")與**對應的處理函式**(如 get_today_date),這些節點會依照邏輯被串接成流程路徑。

起始邊的定義

在流程中設置一個起點,執行會從這裡開始。

```
90: graph.add_edge(START, "decision_logic")    # 起始節點到決策邏輯
```

使用 **graph.add_edge()** 定義節點之間的連線。此處表示流程從 START 開始,接著執行 decision_logic 節點作為執行入口。

決策邏輯邊的條件分支

這像是一個分岔路口,根據條件選擇接下來要走的路。

> **Tip**
> 在 LangGraph 中,**LLM 負責語意判斷**,但最終控制流程走向的,是我們在圖中設計的條件邏輯與狀態欄位。

```
91: graph.add_conditional_edges(
92:     "decision_logic",  # 來源節點
93:     lambda state: state["result"],  # 條件值(來自 state["result"])
94:     {  # 條件對應的邊
95:         "get_today_date": "get_today_date",
96:         "calculate_math": "calculate_math",
97:         "unknown": "unknown_handler"
98:     }
99: )
```

add_conditional_edges 根據條件值（由 lambda state: state["result"] 獲取）決定邏輯分支。將 decision_logic 的執行結果 state["result"] 作為條件值，判斷跳轉邏輯。

條件值與邏輯對應：

1. 如果 state["result"] 是 "get_today_date"，跳轉到 **get_today_date** 節點。
2. 如果 state["result"] 是 "calculate_math"，跳轉到 **calculate_math** 節點。
3. 如果 state["result"] 是 "unknown"，跳轉到 **unknown_handler** 節點。

> **Tip**
> state["result"] 是我們在〈步驟 3：定義節點函式〉中的決策邏輯節點（decision_logic）所設定的狀態欄位，用來將 LLM 的語意判斷結果映射為固定的 routing key（如 "calculate_math"），以便圖結構依此決定後續的執行路徑。

條件跳轉邏輯是 LangGraph 的優勢——**讓我們可以清楚定義各種流程分支、錯誤處理、特殊節點觸發等條件，讓圖結構清晰可控，便於除錯與維護。**

相比 LangGraph 的流程控制，LangChain 中的 AgentExecutor 把大部分決策交給 LLM 自行判斷，這可能帶來以下幾項問題：

1. **工具選擇錯誤**：如果 LLM 選錯工具或者找不到工具，它會試圖重新思考，造成反覆嘗試，消耗運算資源。
2. **流程不透明**：整體流程邏輯藏在 LLM 思維中，缺乏圖形流程與狀態可視性，不利於除錯與維護。
3. **重複呼叫工具**：即使先前的工具已回傳足夠資訊，LLM 經過思考後，仍可能在推理過程中決定再次呼叫相同工具，導致不必要的重複執行與資源浪費。
4. **結束判斷不穩定**：若 LLM 的回答中未明確觸發結束條件，系統可能無法判斷是否已完成任務，導致持續呼叫工具、不斷執行。
5. **缺乏明確終點控制**：不像 LangGraph 可以直接明確設定流程結束，AgentExecutor 依賴的是 LLM 自己判斷結束。

在 LangGraph 中,每個節點都能明確設定哪些條件下繼續執行,哪些條件下結束流程(指向 END),整體流程清晰可見。這不僅能有效避免陷入無限循環,也讓開發者能掌握流程結構。

▼ 表 8-2 LangChain AgentExecutor 與 LangGraph 流程控制比較表

功能差異	LangChain AgentExecutor	LangGraph
執行流程	黑箱內部判斷	明確圖結構、可視化每步驟
控制力	較弱(高抽象)	較強(細節自訂)
穩定性	可能陷入迴圈	可控制每一條路徑,避免無限迴圈
結束邏輯	依賴 LLM 主動結束	可明確設定結束節點(如 END)

日期節點的條件分支

當 **get_today_date** 節點執行完畢後,會根據輸出的內容判斷是否需要觸發特殊提醒(若今天是「星期一」,則跳轉至 special_function 節點)。

```
100: graph.add_conditional_edges(
101:     "get_today_date", lambda state: "special_function" if
102:     "星期一" in state["outputs"][-1] else END,
103:     {
104:         "special_function": "special_function",  # 跳轉到特殊處理節點
105:         END: END,   # 如果條件為 END,結束執行
106:     }
107: )
```

邏輯分支的條件值由 lambda 表達式計算:

1. 若 state["outputs"][-1](最新輸出)中包含 **星期一**,條件值為 "special_function",跳轉到特殊處理節點。

2. 否則,條件值為 END,則流程結束。

這種設計讓我們可以在某些「**輸出內容達成特定條件**」時,自動啟用額外處理邏輯。

> **Tip**
> 透過集中處理條件判斷，並定義節點之間的邏輯關係（邊），展現了 LangGraph 在條件邏輯上的彈性，讓你能在任意節點插入條件處理，並根據輸入、輸出或狀態資料控制流程的走向與觸發內容。

結尾邊界

無論是進行數學運算，或觸發特殊提醒，這些節點在執行完畢後都應當讓流程結束：

```
108: graph.add_edge("special_function", END)   # 特殊處理節點執行後結束
109: graph.add_edge("calculate_math", END)     # 計算節點執行後結束
110: graph.add_edge("unknown_handler", END)    # 無法判別處理節點執行後結束
```

`graph.add_edge()` 用來定義當 special_function、calculate_math 或 unknown_handler 節點執行完畢後，流程應直接結束，跳轉至 **END**。無論這些節點中執行了什麼邏輯，只要完成對應任務，流程就會明確終止。

流程整體說明

整體圖結構的執行流程如下：

1. **啟動流程**：流程從 START 開始，首先執行 decision_logic 節點以判斷使用者的意圖。

2. **進行判斷**：根據 LLM 的推論結果，流程將依照 state["result"] 跳轉至：get_today_date（若判斷為查詢日期）、calculate_math（若判斷為數學運算）或 unknown_handler（若無法理解輸入）。

3. **日期查詢的額外邏輯**：若執行的是 get_today_date，系統會進一步檢查輸出內容。若其中包含「星期一」，則跳轉至 special_function，顯示特殊提醒；否則直接結束流程。

4. **流程終點**：無論是 calculate_math、special_function 或 unknown_handler 執行完畢後，皆會跳轉至 END，代表整個流程執行結束。

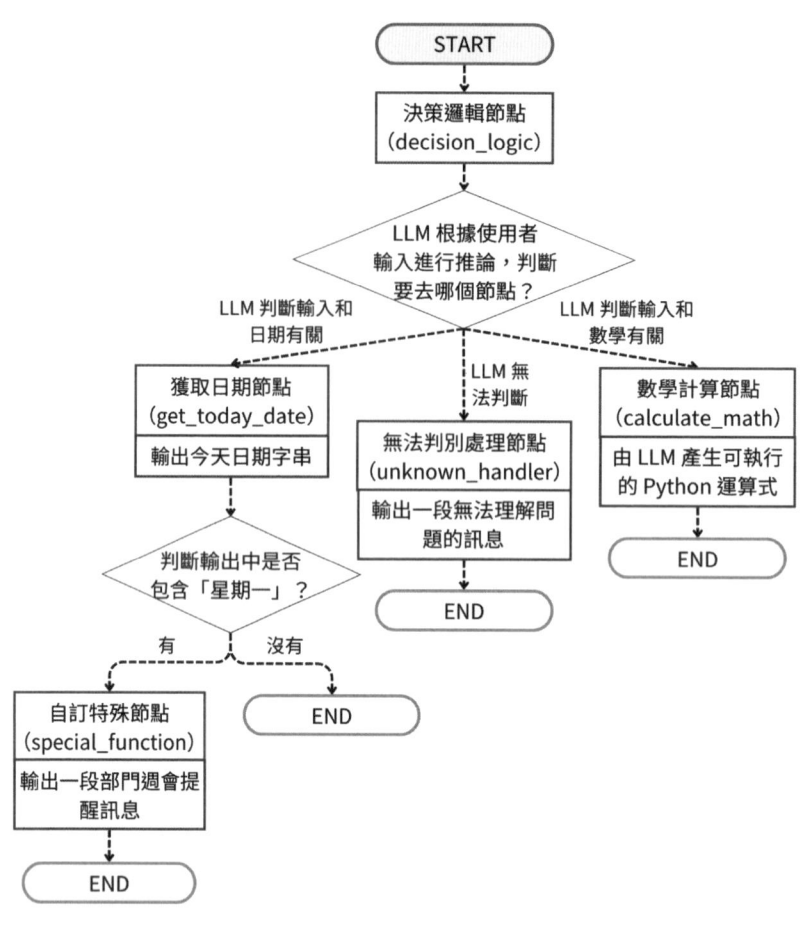

▲ 8-3 LangGraph 日期查詢與數學計算圖結構流程圖

藉由導入 LangGraph 圖結構，我們能夠整合大型語言模型（LLM）作為決策工具，同時降低流程邏輯的複雜度，統一管理狀態資料，集中處理條件判斷，並讓節點的擴充與維護變得更加簡單。

步驟 6：編譯圖與主程式

撰寫主程式，啟動一個互動迴圈，讓使用者可以輸入查詢（query），並回傳 AI 助手的回答：

```python
111: # 編譯圖
112: compiled_graph = graph.compile()
113:
114: # 主程式
115: if __name__ == "__main__":
116:     while True:
117:         user_query = input(">>> ") # 請輸入你想查詢的內容
118:         if user_query.lower() in ["quit", "exit", "bye"]:
119:             print("感謝你的使用,再見!")
120:             break
121:
122:         # 初始化狀態 State
123:         state = {"query": user_query, "result": "", "outputs": []}
124:         state = compiled_graph.invoke(state)
125:
126:         print("\n", state) # State 狀態的結構變化
127:
128:         print("\n AI 助手回答:")
129:         print("\n".join(state["outputs"]))
```

整體執行流程說明如下:

1. **使用者輸入**:透過 input() 取得問題,並將輸入文字存入狀態字典中的 **query** 欄位。

2. **執行圖流程**:使用 **compiled_graph.invoke(state)** 執行整個圖的流程,從 **START** 開始,依據狀態中的資訊逐步推進節點邏輯。

3. **狀態更新**:每經過一個節點,**state** 中的欄位(如 **result** 和 **outputs**)會隨之更新,反映節點的執行結果。

4. **輸出回應**:流程執行完畢後,從 **state["outputs"]** 取出最終輸出,列印出 AI 助手的回答。

執行結果展示

本節將示範當使用者輸入問題後,整個 LangGraph 流程如何根據條件自動判斷與跳轉,並由 LLM 回應結果。

執行結果 1：獲取日期節點 (get_today_date) + 自訂特殊節點 (special_function)

在此例中，只有在日期為「**星期一**」執行時，流程才**會跳轉至** special_function 節點。

> ☠ **注意**：若你想要在非星期一時進行測試，可以將前面程式碼內的 get_today_date 函式改為固定回傳「星期一」。

使用者輸入：

```
>>> 請問今天是幾號？
```

狀態（State）的結構變化：

1. 初始狀態

```
{
    'query': '請問今天是幾號？',
    'result': '',
    'outputs': []
}
```

> 💡 **Tip**
> 書中程式執行結果都有經過適當的縮排，如果想要顯示類似的結果，可以自行安裝 rich 套件，使用 rich.pretty 模組中的 pprint 替代 print。

- **query**：存放使用者的輸入問題："請問今天是幾號"。
- **result**：初始為空值，由 decision_logic 節點決定的下一步節點名稱。
- **outputs**：空列表，尚未有任何執行結果被添加。

2. 執行 decision_logic 節點

```
{
    'query': '請問今天是幾號？',
    'result': 'get_today_date',
    'outputs': []
}
```

- **result**：decision_logic 節點判斷這個問題與日期相關，因此返回 "get_today_date"，跳轉至 get_today_date 節點。

3. 執行 get_today_date 節點後的狀態

```
{
    'query': '請問今天是幾號？',
    'result': 'done_get_today_date',
    'outputs': ['今天是 2025 年 06 月 16 日，星期一。']
}
```

- **result**：更新為 "done_get_today_date"，表示 get_today_date 節點執行完成。

- **outputs**：新增了一項輸出。

get_today_date 節點執行後，輸出中包含 "星期一"，滿足條件，進一步跳轉至 special_function。

4. 執行 special_function 節點後的狀態

```
{
    'query': '請問今天是幾號？',
    'result': 'done_special_function',
    'outputs': [
        '今天是 2025 年 06 月 16 日，星期一。',
        '提醒：今天是星期一，請記得參加早上的部門週會！'
    ]
}
```

- **result**：更新為 "done_special_function"，表示 special_function 節點執行完成。

- **outputs**：由於在 AllState 中定義了 outputs: Annotated[list[str], add]，因此每個節點執行時，其輸出都會透過 add 函式累加到 outputs 中。也就是說，special_function 節點執行後，會新增一條提醒訊息，且這條訊息會與前一個節點的輸出一起被保留，形成**累積性**的結果。

▼ 表 8-3　執行結果 1：狀態 (State) 結構變化表

狀態階段	query	result	outputs
初始狀態	'請問今天是幾號？'	''	[]
decision_logic 節點執行後	'請問今天是幾號？'	'get_today_date'	[]
get_today_date 節點執行後	'請問今天是幾號？'	'done_get_today_date'	['今天是 2025 年 06 月 16 日，星期一。']
special_function 執行後	'請問今天是幾號？'	'done_special_function'	['今天是 2025 年 06 月 16 日，星期一。', '提醒：今天是星期一，請記得參加早上的部門週會！']

LLM 回應：

```
AI 助手回答：
今天是 2025 年 06 月 16 日，星期一。
提醒：今天是星期一，請記得參加早上的部門週會！
```

執行結果 2：獲取日期節點（get_today_date）

在此例中，請在「**非星期一**」的日期進行測試，流程才**不會跳轉至** special_function 節點。

> ☠ **注意**：若你想要在星期一時進行測試，可以修改前面程式碼內的 get_today_date 函式，讓其回傳「非星期一」的日期。

使用者輸入：

```
>>> 請問今天是幾號？
```

狀態（State）的結構變化：

8-28

1. 初始狀態

```
{
    'query': '請問今天是幾號？',
    'result': '',
    'outputs': []
}
```

2. 執行 decision_logic 節點

```
{
    'query': '請問今天是幾號？',
    'result': 'get_today_date',
    'outputs': []
}
```

3. 執行 get_today_date 節點後的狀態

```
{
    'query': '請問今天是幾號？',
    'result': 'done_get_today_date',
    'outputs': ['今天是 2025 年 06 月 20 日，星期五。']
}
```

由於 outputs 中**未包含「星期一」**的日期資訊，因此不符合跳轉條件，流程**不會進入** special_function 節點。

▼ 表 8-4 執行結果 2：狀態 (State) 結構變化表

狀態階段	query	result	outputs
初始狀態	'請問今天是幾號？'	''	[]
decision_logic 節點執行後	'請問今天是幾號？'	'get_today_date'	[]
get_today_date 節點執行後	'請問今天是幾號？'	'done_get_today_date'	['今天是 2025 年 06 月 20 日，星期五。']

LLM 回應：

AI 助手回答：
今天是 2025 年 06 月 20 日，星期五。

執行結果 3：數學計算節點（calculate_math）

使用者輸入：

\>>> 請問 9 的 2 次方是多少？

狀態（State）的結構變化：

1. 初始狀態

```
{
    'query': '請問 9 的 2 次方是多少？',
    'result': '',
    'outputs': []
}
```

- **query**：存放使用者的輸入問題："請問 9 的 2 次方是多少？"。
- **result**：初始為空值，由 decision_logic 節點決定的下一步節點名稱。
- **outputs**：空列表，尚未有任何執行結果被添加。

2. 執行 decision_logic 節點

```
{
    'query': '請問 9 的 2 次方是多少？',
    'result': 'calculate_math',
    'outputs': []
}
```

- **result**：decision_logic 節點判斷使用者的輸入「請問 9 的 2 次方是多少？」屬於數學運算問題，因此返回 "calculate_math"，跳轉至 calculate_math 節點

3. 執行 calculate_math 節點後的狀態

```
{
    'query': '請問 9 的 2 次方是多少？',
    'result': 'done_calculate_math',
    'outputs': ['計算結果是: 9**2 = 81']
}
```

- **result**：更新為 "done_calculate_math"，表示 calculate_math 節點執行完成。

- **outputs**：新增了一項輸出：「計算結果是: 9**2 = 81」。

當 calculate_math 節點執行完成後，系統會直接結束流程（跳轉至 END）。

▼ 表 8-5　執行結果 3：狀態 (State) 結構變化表

狀態階段	query	result	outputs
初始狀態	'請問 9 的 2 次方是多少？'	''	[]
decision_logic 節點執行後	'請問 9 的 2 次方是多少？'	'calculate_math'	[]
calculate_math 節點執行後	'請問 9 的 2 次方是多少？'	'done_calculate_math'	['計算結果是: 9**2 = 81 ']

LLM 回應：

```
AI 助手回答：
計算結果是：9**2 = 81
```

執行結果 4：無法判別處理節點 (unknown_handler)

在此例中，請輸入與「**查詢日期**」和「**數學運算**」無關的問題，流程才會跳轉至 **unknown_handler** 節點。

使用者輸入：

```
>>> 孟孟寶貝超可愛
```

狀態（State）的結構變化：

1. 初始狀態

```
{
    'query': '孟孟寶貝超可愛',
    'result': '',
    'outputs': []
}
```

2. 執行 decision_logic 節點

```
{
    'query': '孟孟寶貝超可愛',
    'result': 'unknown',
    'outputs': []
}
```

- **result**：decision_logic 節點判斷使用者的輸入不屬於「查詢日期」或「數學計算」語意範疇，因此返回 "unknown"，跳轉至 unknown_handler 節點。

3. 執行 unknown_handler 節點後的狀態

```
{
    'query': '孟孟寶貝超可愛',
    'result': 'done_unknown',
    'outputs': ['抱歉，我無法理解你的問題，請嘗試重新表述。']
}
```

- **result**：更新為 "done_unknown"，表示 unknown_handler 節點執行完畢。

- **outputs**：加入預設回應，提示使用者重新表述問題。

▼ 表 8-6　執行結果 4：狀態 (State) 結構變化表

狀態階段	query	result	outputs
初始狀態	'孟孟寶貝超可愛'	''	[]
decision_logic 節點執行後	'孟孟寶貝超可愛'	'unknown'	[]
unknown_handler 節點執行後	'孟孟寶貝超可愛'	'done_unknown'	['抱歉，我無法理解你的問題，請嘗試重新表述。']

LLM 回應：

AI 助手回答：
抱歉，我無法理解你的問題，請嘗試重新表述。

8-4 建立圖結構網路查詢助手 Agent：維基百科 × 搜尋引擎

　　我們將建構一個具備**條件邏輯的代理（Agent）**，使用 LangGraph 將**查詢工具整合成一個圖結構流程**。

　　這個代理會根據使用者的提問，自動判斷是該查詢**維基百科（Wikipedia）**，還是使用**搜尋引擎（DuckDuckGo）**來取得相關資訊。最後，它會透過 LLM 將查詢結果整理成一段自然語言回答，回覆給使用者。

　　本節重點包含：

1. 使用 LLM 清理原始查詢，**提取適合搜尋的關鍵字**
2. 根據查詢意圖，在 Wikipedia 與 DuckDuckGo 工具中自動選擇
3. 整合查詢結果並由 LLM **統一格式化回覆**
4. 透過 LangGraph 架構流程圖，實現條件控制與節點跳轉

步驟 1：定義狀態類別

使用 TypedDict 定義狀態結構 AllState，作為節點之間共享的資料容器。

程式 CH8/8-4/langgraph_search.py

```
...(這裡省略 LLM 初始化部分的程式碼)
 6: from typing import TypedDict
 7:
 8: # 定義狀態類別
 9: class AllState(TypedDict):
10:     query: str              # 使用者原始查詢
11:     search_query: str       # DuckDuckGo 和 Wikipedia 共用的搜尋關鍵字
12:     result: str             # 當前節點執行結果，用來標記目前流程位置
13:     outputs: list[str]      # 節點輸出內容
```

步驟 2：初始化工具

LangChain 社群模組（langchain_community）提供了許多現成工具，我們這裡使用其中兩個查詢工具（Tool）來實現網路查詢能力：

- **WikipediaQueryRun**：查詢 Wikipedia 上的條目資訊。

- **DuckDuckGoSearchRun**：即時查詢 DuckDuckGo 搜尋引擎結果。

```
14: from langchain_community.tools import (
15:     WikipediaQueryRun, DuckDuckGoSearchRun)
16: from langchain_community.utilities import WikipediaAPIWrapper
17:
18: # 初始化工具
19: wiki_api = WikipediaAPIWrapper(lang="zh") # 指定語言為中文
20: wikipedia_tool = WikipediaQueryRun(api_wrapper=wiki_api)
21: duckduckgo_tool = DuckDuckGoSearchRun()
```

程式碼解析：

- **WikipediaAPIWrapper()**：是用來包裝並連接 Wikipedia API 的輔助物件。設定 lang 為 "zh" 使用中文維基百科。

- **WikipediaQueryRun(api_wrapper=wiki_api)**：將該 API 包裝成 LangChain 可執行的 Tool。
- **DuckDuckGoSearchRun()**：不需要額外的 API 設定，初始化後即可直接查詢 DuckDuckGo。

> ☠️ **注意**：當使用 WikipediaAPIWrapper() 時，若未特別指定 **lang** 參數，則預設會使用**英文版**的維基百科。

步驟 3：定義節點函式

在 LangGraph 中，每個「節點」本質上是一個 Python 函式。它會接收整個 state（狀態）、執行指定邏輯，並將執行結果更新回 state，以供圖結構後續節點使用：

refine_query: 使用 LLM 清理查詢

此節點負責將使用者輸入的**自然語言問題轉換為可供查詢的關鍵字**。主要透過 LLM 理解語意並**萃取**出最適合搜尋的詞彙。

```
22: # 使用 LLM 清理查詢
23: def refine_query(state: AllState):
24:     search_prompt = f"""
25:     你是一個 AI 助手，請從使用者的輸入問題中提取適合搜尋的關鍵字。
26:
27:     範例：
28:     -「請去維基百科搜尋蔡依林」→ "蔡依林"
29:     -「去搜尋引擎查詢美國最新新聞」→ "美國最新新聞"
30:
31:     請遵循以下規則：
32:     1. 只輸出一個最適合搜尋的關鍵字，不要包含其他內容。
33:     2. 移除特殊符號（如 #, ?, !, @, ", ', ** 等）。
34:
35:     **使用者輸入的問題：**
36:     「{state["query"]}」
37:
```

NEXT

```
38:        **請輸出最佳搜尋關鍵字 (僅輸出關鍵字, 不要加解釋):**
39:        """
40:        state["search_query"] = llm.invoke(
41:            search_prompt).strip().replace("**", "")
42:        state["result"] = "done_refine_query"
43:        return state
```

此節點的邏輯說明：

1. 使用 LLM 根據語意與提示中的範例與規則，萃取最適合搜尋的關鍵字。

2. 將關鍵字儲存在 **state["search_query"]**，供後續查詢工具使用。

3. 用 **state["result"] = "done_refine_query"** 標記此節點已完成。

4. 使用 **return state** 回傳更新後的狀態，讓 LangGraph 可以將其傳遞給下一個節點。

decision_logic: 工具選擇邏輯

這是整個流程中最重要的判斷節點，此節點會透過 LLM 根據使用者的問題，判斷應該使用哪個工具進行查詢。

```
44: def decision_logic(state: AllState):
45:     prompt = (
46:         "請根據使用者問題選擇工具：\n"
47:         "- 如果是百科知識，回答 'search_wikipedia'。\n"
48:         "- 如果是即時新聞或時事，回答 'search_duckduckgo'。\n"
49:         "- 即使無法理解問題，也請選擇其中一個工具。\n"
50:         f"使用者的問題是：{state["query"]}\n"
51:         "請只輸出工具名稱 (search_wikipedia 或 search_duckduckgo)："
52:     )
53:
54:     response = llm.invoke(prompt).strip().lower()
55:
56:     state["result"] = response
57:     return state
```

此節點的邏輯說明：

1. LLM 會根據 **state["query"]** 的語意進行判斷，並回傳工具名稱。
2. 如果判斷屬於百科型問題，則選擇 **search_wikipedia**。
3. 若問題與即時資訊、時事新聞有關，則選擇 **search_duckduckgo**。
4. 判斷結果（回傳的工具名稱）會儲存在 **state["result"]** 中，作為條件邊（conditional edges）下一步跳轉的依據。

> **Tip**
> 本節點的設計目的是確保**無論 LLM 是否能完全理解使用者輸入的問題，它都會回傳一個明確的工具名稱**。因此，prompt 中明確要求 LLM 至少選擇一個查詢工具（search_wikipedia 或 search_duckduckgo）。**即使模型理解有限，也能嘗試提供有用的搜尋結果**，強化使用者體驗與容錯能力。

search_wikipedia：維基百科查詢

這個節點負責使用由「refine_query 節點」所萃取出的 **search_query**，透過 Wikipedia 工具查詢相關條目內容，並將結果加入輸出。

```
58: def search_wikipedia(state: AllState):
59:     try:
60:         result = wikipedia_tool.invoke(state["search_query"])
61:         state["outputs"].append(result)
62:         state["result"] = "done_search_wikipedia"
63:     except Exception as e:
64:         state["outputs"].append(f"Wikipedia 查詢失敗: {e}")
65:         state["result"] = "done_search_wikipedia"
66:     return state
```

此節點的邏輯說明：

1. 使用 **wikipedia_tool.invoke()** 查詢 **state["search_query"]** 對應的 Wikipedia 條目，並將結果直接加入 **outputs** 中。

2. 如果查詢過程發生錯誤，將錯誤訊息加入 outputs，確保流程不中斷。

3. 執行完成後，使用 state["result"] = "done_search_wikipedia" 標記節點狀態，並透過 return state 回傳更新後的狀態。

search_duckduckgo：搜尋引擎查詢

這個節點與 search_wikipedia 功能相似，但查詢的是**即時資訊**，適合處理新聞、網站內容、熱門話題等動態資料來源。

```
67: def search_duckduckgo(state: AllState):
68:     try:
69:         result = duckduckgo_tool.invoke(state["search_query"])
70:         state["outputs"].append(result)
71:         state["result"] = "done_search_duckduckgo"
72:     except Exception as e:
73:         state["outputs"].append(f"DuckDuckGo 搜索失敗: {e}")
74:         state["result"] = "done_search_duckduckgo"
75:     return state
```

此節點的邏輯說明：

1. 使用 **duckduckgo_tool.invoke()** 查詢 **state["search_query"]** 對應的關鍵字，並將結果直接加入 **outputs** 中。

2. 如果查詢過程中發生錯誤，將錯誤訊息記錄到 outputs，確保流程不中斷。

3. 執行完成後，以 state["result"] = "done_search_duckduckgo" 標記節點狀態，並透過 return state 回傳更新後的狀態。

format_response: 轉換為自然語言回應

此節點負責將查詢節點的輸出結果（outputs）轉換為一段簡潔的自然語言回答。

```
76: def format_response(state: AllState):
77:     prompt = f"""
78:     你是一個 AI 助手，請根據以下查詢結果，提供一個**自然語言回答**：
79:     問題：{state["query"]}
80:     查詢結果:
81:     {' '.join(state["outputs"])}
82:     """
83:
84:     response = llm.invoke(prompt).strip()
85:     state["outputs"] = [response]
86:     state["result"] = "done_format_response"
87:     return state
```

此節點的邏輯說明：

1. 將使用者**原始問題**（query）與**查詢結果**（outputs）組合成 **prompt**。

2. LLM 根據 prompt 內容產生一段自然語言回應，並覆蓋原本的 outputs。

3. 執行完成後，以 state["result"] = "done_format_response" 標記節點狀態，並 return state 回傳更新後的狀態。

> ☠ **注意**：
>
> state["outputs"] 是一個 list[str]，如果直接插入到 f-string 中，會以 Python list 的格式呈現，LLM 看到的內容將會是：
>
> 查詢結果：['Weibert好崴寶是一位...(略)']
>
> 這樣的格式在 prompt 中包含中括號與引號，雖然 LLM 還是可以處理，但為了讓提示內容更貼近自然語言，我們可以使用 ' '.join(state["outputs"])，將清單轉換為單一字串後插入 prompt 中。這樣 LLM 看到的內容會是：
>
> 查詢結果：Weibert好崴寶是一位...(略)

步驟 4：構建圖

我們使用 StateGraph 建構整個流程圖，並設定節點與跳轉邏輯（邊）。

```
88: from langgraph.graph import StateGraph, START, END
89:
90: # 構建圖
91: graph = StateGraph(AllState)
92:
93: # 添加節點
94: graph.add_node("refine_query", refine_query)
95: graph.add_node("search_wikipedia", search_wikipedia)
96: graph.add_node("search_duckduckgo", search_duckduckgo)
97: graph.add_node("decision_logic", decision_logic)
98: graph.add_node("format_response", format_response)
99:
100: # 添加邊
101: graph.add_edge(START, "refine_query")
102: graph.add_edge("refine_query", "decision_logic")
```

邊的連接關係說明：

1. 流程會從 START 開始，進入 **refine_query** 節點，由 LLM 把使用者的輸入轉換為可查詢的關鍵字。

2. 接著進入 **decision_logic**，根據使用者的問題判斷應使用哪個查詢工具。

```
103: graph.add_conditional_edges(
104:     "decision_logic",
105:     lambda state: state["result"],
106:     {
107:         "search_wikipedia": "search_wikipedia",
108:         "search_duckduckgo": "search_duckduckgo"
109:     }
110: )
```

這裡使用 **add_conditional_edges()** 定義「條件邊」。

decision_logic 執行後會將判斷結果寫入 **state["result"]**，作為條件分支的依據：

- 若值為 "search_wikipedia"，則跳轉至 search_wikipedia 節點。
- 若值為 "search_duckduckgo"，則跳轉至 search_duckduckgo 節點。

```
111: graph.add_edge("search_wikipedia", "format_response")
112: graph.add_edge("search_duckduckgo", "format_response")
113: graph.add_edge("format_response", END)
```

不論是哪一個查詢節點（search_wikipedia 或 search_duckduckgo）執行完，結果都會被送進 format_response 節點，轉換成一段**自然語言**回答。當回應完成後，會跳轉到 END，代表流程正式結束。

```
114: # 編譯圖
115: compiled_graph = graph.compile()
```

圖形流程總覽：

1. **START**：開始執行
2. **refine_query**：LLM 擷取搜尋關鍵字
3. **decision_logic**：LLM 判斷使用哪個查詢工具
4. **search_wikipedia / search_duckduckgo**：執行查詢
5. **format_response**：整合並生成自然語言回答
6. **END**：結束流程

```
                              START
                                │
                                ▼
                        ┌─────────────────┐
                        │  refine_query   │
                        │      節點        │
                        ├─────────────────┤
                        │ 透過 LLM 理解使用者輸入
                        │ 的語意並萃取出適合搜尋  ┄┄┄┄┄┄┐
                        │     的關鍵字      │            │
                        └─────────────────┘            ▼
                                              ┌─────────────────┐
                                              │ decision_logic  │
                                              │      節點        │
                                              └─────────────────┘
                                                       ┊
                                                       ▼
                                                  ╱ LLM 根據使用者 ╲
                                                 ╱  的問題，判斷應該使 ╲
                                                 ╲  用哪個工具？      ╱
                                                  ╲                ╱
                     LLM 判斷屬於百科型      ╱               ╲    LLM 判斷問題與即時資訊、
                          的問題        ╱                   ╲       時事新聞有關
                    ┌─────────────────┐                ┌─────────────────┐
                    │ search_wikipedia│                │search_duckduckgo│
                    │      節點        │                │      節點        │
                    ├─────────────────┤                ├─────────────────┤
                    │ 根據萃取出的關鍵  │                │ 根據萃取出的關鍵  │
                    │ 字，透過 LLM 進行 │                │ 字，透過 LLM 進行 │
                    │   維基百科查詢    │                │   搜尋引擎查詢    │
                    └─────────────────┘                └─────────────────┘
                               ╲                          ╱
                                ╲                        ╱
                                 ▼                      ▼
                              ┌─────────────────┐
                              │ format_response │
                              │      節點        │
                              ├─────────────────┤
                              │ 透過 LLM 將查詢結果│
                              │ 轉換為自然語言回應 │
                              └─────────────────┘
                                       │
                                       ▼
                                      END
```

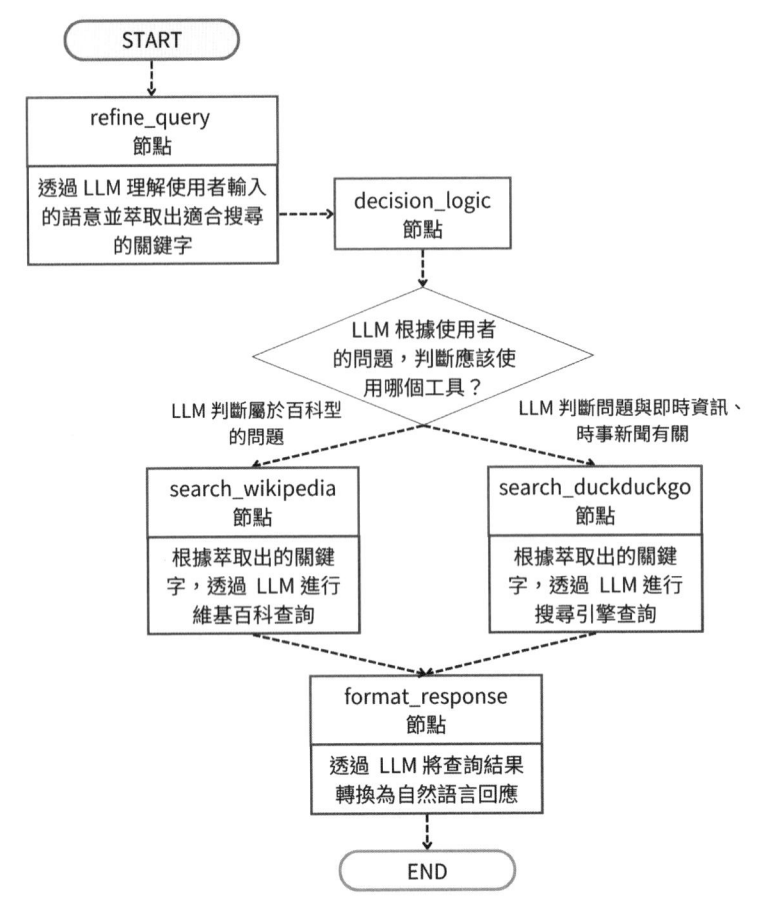

▲ 圖 8-4　LangGraph 維基百科與搜尋引擎查詢圖結構流程圖

步驟 5：執行主程式

建立一個互動式**主迴圈**，讓使用者可以不斷輸入問題，並透過 LangGraph 執行流程來獲得查詢結果。

```
116: while True:
117:     user_query = input(">>> ")  # 請輸入你想查詢的內容
118:     if user_query.lower() in ["quit", "exit", "bye"]:
119:         print("感謝你的使用，再見！")
120:         break
121:
```

NEXT

8-42

```
122:    # 初始化狀態 State
123:    state = {
124:        "query": user_query,
125:        "search_query": "",
126:        "result": "",
127:        "outputs": []
128:    }
```

這裡的 state 指的是，要傳入圖中的初始狀態，對應我們在〈**步驟 1：定義狀態類別**〉中所定義的 **AllState** 結構（Schema）。其中除了 "query" 欄位會根據使用者的輸入填入內容外，其他欄位（如 "search_query"、"result"、"outputs"）預設都為**空值**，等待流程中的**節點依序填入處理結果**。

```
129:    for event in compiled_graph.stream(state , stream_mode="values"):
130:        state = event
131:        print("\n", state) # State 狀態的結構變化
132:
133:    print("\nAI 助手回答：")
134:    print("\n".join(state["outputs"]))
```

執行節點流程：

1. 使用 **compiled_graph.stream()** 方法以串流方式**逐步執行**整張圖的節點。

2. 每執行完一個節點，event 就會是該節點更新後的 state（也就是目前**這一輪更新的狀態**），因此我們用 **state = event** 不斷更新整體狀態。

3. 加上 **stream_mode="values"** 參數後，會在每個節點執行完畢後傳回完整的狀態（即 state），方便觀察每一步的狀態變化。

若需要更細緻或特定格式的輸出，可參考其他 stream_mode 選項，如下表所示：

▼ 表 8-7 stream_mode 支援的串流模式 (Supported Stream Modes)

模式（Mode）	描述（Description）
values	在圖的每個步驟完成後，以串流方式傳輸當前狀態的完整值
updates	在圖的每個步驟完成後，以串流方式傳輸狀態的變更內容。如果在同一個步驟中進行了多個更新（例如執行了多個節點），這些更新將會分別以串流方式傳輸
custom	從圖形節點中以串流方式傳輸自定義資料
debug	在整個圖形執行過程中，以串流方式傳輸盡可能多的除錯資訊

執行結果展示

我們在本範例中實作了一個具備工具選擇邏輯的圖結構網路查詢助手 Agent，接下來將透過兩組不同的查詢範例，展示 Agent 的實際執行過程與狀態變化。

執行結果 1：Agent 使用 Wikipedia 工具查詢「梁靜茹」

使用者輸入：

```
>>> 請去維基百科搜尋梁靜茹
```

狀態（State）的結構變化：

1. 初始狀態

```
{
    'query': '請去維基百科搜尋 梁靜茹',
    'search_query': '',
    'result': '',
    'outputs': []
}
```

- **query**：存放使用者輸入的原始問題
- **search_query**：尚未擷取出搜尋關鍵字

8-44

- **result**：尚未進入任何節點
- **outputs**：尚未有任何查詢結果

2. 執行 refine_query 節點後

```
{
    'query': '請去維基百科搜尋 梁靜茹',
    'search_query': '梁靜茹',
    'result': 'done_refine_query',
    'outputs': []
}
```

使用 LLM 萃取出搜尋關鍵字「梁靜茹」，result 更新為 done_refine_query，表示該節點執行完畢。

3. 執行 decision_logic 節點後

```
{
    'query': '請去維基百科搜尋 梁靜茹',
    'search_query': '梁靜茹',
    'result': 'search_wikipedia',
    'outputs': []
}
```

根據問題類型，LLM 判斷應使用 search_wikipedia 工具，並將 result 設定為接下來要執行的節點名稱。

4. 執行 search_wikipedia 節點後

```
{
    'query': '請去維基百科搜尋 梁靜茹',
    'search_query': '梁靜茹',
    'result': 'done_search_wikipedia',
    'outputs': [
        'Page: 梁靜茹\nSummary: 梁靜茹（英语：Fish Leong；1978 年 6 月 16 日—），
         本名梁翠萍（英语：Leong Chui Peng）...（略）',

        'Page: Sunrise 我喜歡 (梁靜茹專輯)\nSummary:《SUNRISE 我喜歡》為歌
         手梁靜茹發行的第 4 張中文音樂專輯，於 2002 年 2 月 7 日發行。其中歌曲〈分
         手快樂〉...（略）',
```

NEXT

```
        'Page: 美麗人生（梁靜茹專輯）\nSummary:《美麗人生》(英文：Beautiful)
        為歌手梁靜茹發行的第 5 张中文音樂專輯，于 2003 年 2 月 12 日發行 ...(略)'
    ]
}
```

成功查詢 Wikipedia，並將多筆原始摘要結果加入 outputs，同時將 result 更新為 done_search_wikipedia。

5. 執行 format_response 節點後（最終狀態）

```
{
    'query': '請去維基百科搜尋 梁靜茹',
    'search_query': '梁靜茹',
    'result': 'done_format_response',
    'outputs': [
        '梁靜茹是一位來自馬來西亞的華裔女歌手，她於 1999 年在台灣演藝圈出道，並
        獲得了「情歌天后」、「療癒系天后」和「大馬之光」的美譽。她的音樂作品以情
        歌聞名 ...(略)'
    ]
}
```

LLM 回應：

```
AI 助手回答：
梁靜茹是一位來自馬來西亞的華裔女歌手，她於 1999 年在台灣演藝圈出道，並獲得了「情
歌天后」、「療癒系天后」和「大馬之光」的美譽。她的音樂作品以情歌聞名，總共 ...(略)
```

最終 LLM 將查詢結果統整理為自然語言回答，以便直接呈現給使用者。

執行結果 2：Agent 使用 DuckDuckGo 工具查詢「關稅」新聞

使用者輸入：

```
>>> 幫我搜尋美國關稅的最新新聞
```

狀態（State）的結構變化：

1. 初始狀態

```
{
    'query': '幫我搜尋美國關稅的最新新聞',
    'search_query': '',
    'result': '',
    'outputs': []
}
```

2. 執行 refine_query 節點後

```
{
    'query': '幫我搜尋美國關稅的最新新聞',
    'search_query': '美國關稅',
    'result': 'done_refine_query',
    'outputs': []
}
```

LLM 成功從輸入中擷取出查詢關鍵字「美國關稅」。

3. 執行 decision_logic 節點後

```
{
    'query': '幫我搜尋美國關稅的最新新聞',
    'search_query': '美國關稅',
    'result': 'search_duckduckgo',
    'outputs': []
}
```

LLM 根據語意判斷為即時新聞查詢,選擇 DuckDuckGo 工具。

4. 執行 search_duckduckgo 節點後

```
{
    'query': '幫我搜尋美國關稅的最新新聞',
    'search_query': '美國關稅',
    'result': 'done_search_duckduckgo',
    'outputs': [
        '美國總統川普於美國「解放日」(Liberation Day) 宣布對全球各國徵收「對等
        關稅」,並簽署相關行政命令,以加強美國在國際經濟中的地位,保護美國勞工。
        《科技新報》整理成簡單懶人包 ...(略)'
    ]
}
```

查詢結果以文字形式加入 outputs。

5. 執行 format_response 節點後

```
{
    'query': '幫我搜尋美國關稅的最新新聞',
    'search_query': '美國關稅',
    'result': 'done_format_response',
    'outputs': [
        '根據最新新聞報導，川普總統最近宣布了一項行政命令，對全球各國的 ...(略)'
    ]
}
```

LLM 回應：

```
AI 助手回答：
根據最新新聞報導，川普總統最近宣布了一項行政命令，對全球各國的進口商品加徵 10%
的關稅。這已經生效，並在第二任期開始時實施了一系列關稅政策，以減少美國貿易逆差和
振興製造業。這些措施被稱為「對等關稅」...(略)
```

特殊狀況：DuckDuckGo 查詢過於頻繁導致錯誤

在使用 DuckDuckGo 時，如果 IP 位址在短時間內發送了過多請求，DuckDuckGo 會回傳 **202 Ratelimit** 錯誤，如下所示：

```
{
    'query': '幫我搜尋台幣的最新新聞',
    'search_query': '台幣新聞',
    'result': 'done_search_duckduckgo',
    'outputs': [
        'DuckDuckGo 搜索失敗: https://lite.duckduckgo.com/lite/ 202 Ratelimit'
    ]
}
```

這代表你的查詢已超出 DuckDuckGo 的頻率限制（Rate Limit），暫時無法取得資料。只需**間隔一段時間**後再重新執行查詢，即可恢復正常使用。

8-48

若你等待後仍持續出現相同錯誤，可能是 duckduckgo-search 套件版本過舊，無法因應網頁結構的變動或防爬限制。此時，建議執行以下指令以升級套件至最新版：

```
pip install --upgrade duckduckgo-search
```

8-5 LangGraph 記憶：Checkpointer

LangGraph 提供了內建的持久化層（persistence），透過 **Checkpointer**（檢查點保存器）來實作。當我們使用某個 Checkpointer 物件編譯並執行圖（Graph）時，LangGraph 會在每個節點結束時，自動將當前圖的狀態保存為一個 **Checkpoint**（檢查點），這些檢查點屬於某個執行緒（Thread）。

Checkpointer（檢查點保存器）

Checkpointer（檢查點保存器）是負責保存圖狀態的元件。當我們要編譯並執行圖（Graph）時，可以選擇一種 Checkpointer 作為儲存機制。

本節會使用 **MemorySaver** 進行示範。它是一種將圖狀態儲存在記憶體中的簡單實作。

> ☠ **注意**：如果選擇 MemorySaver 當作記憶來使用，在圖每執行一個節點後，會自動存入 MemorySaver 裡的一個 Checkpoint，讓你能用 get_state_history() 之類的 API 來回顧整個對話過程。一旦重啟程式，之前所有的記憶（Checkpoints）就會全部消失，因為它是儲存在記憶體（in-memory）中。

LangGraph 還有提供其他幾種不同的選擇，如 **SqliteSaver**、**PostgresSaver** 等。這些 Checkpointer 都可與 LangGraph 圖流程搭配使用。

Thread（執行緒）與 Checkpoint（檢查點）

啟用 Checkpointer 時，圖在每個節點完成後會寫入一個 Checkpoint（檢查點），其中包含當時的狀態（State）。這些 Checkpoints 會依序歸入 Thread（執行緒），形成可回溯的時間線，使我們在執行完畢後可以存取整條執行軌跡。

當我們以 API 查詢時，系統會回傳對應檢查點的 StateSnapshot（狀態快照）以供檢視。

> **Tip**
> 簡單來說：一個執行緒（Thread）是一連串檢查點的集合，而狀態快照（StateSnapshot）是用來呈現某個檢查點之狀態的物件。

Thread（執行緒）

Thread（執行緒） 是圖運行時的一條執行線路，裡面可以含括一連串的檢查點。每個檢查點都會關聯到一個 thread_id。也就是說，運行圖（Graph）時需要在配置中指定 thread_id，例如：

```
{"configurable": {"thread_id": "example_001"}}
```

這裡的 "example_001" 是我們自定義的執行緒 ID，確保檢查點按此 ID 歸檔到對應的執行緒中。

這樣，一個 thread ID 代表了一條可持續累積的流程時間線，其間產生的所有檢查點都會存入該執行緒，供日後查詢或繼續運行使用。

Checkpoint（檢查點）

Checkpoint（檢查點） 是圖在某一步執行後的持久化紀錄。當啟用 Checkpointer 時，LangGraph 會在每個節點完成後自動寫入檢查點；若未啟用，則不會保存。

每個檢查點包含以下欄位：

- **config**：該檢查點的配置（如 thread_id 和 checkpoint_id 等標識資訊）。
- **metadata**：元資料，包含狀態來源（可能值代表從其他節點傳來的 "loop" 或使用者輸入的 "input" 等）、寫入了哪些值、從 -1 起算的當前步數索引等。
- **values**：當前狀態下的值（已依各自的 Reducer 函式合併後的結果）。
- **next**：一個元組，指出下一步將要執行的節點名稱。若為空元組 () 則表示已無後續節點（流程結束）。
- **tasks**：一個元組，包含接下來待執行的任務資訊（會以 PregelTask 類別的物件描述）。如果某步曾失敗重試過，這裡會有錯誤資訊。

> **Tip**
> 簡單來說：Checkpoint（檢查點）記錄了當時圖狀態以及下一步計畫等資訊。

檢查點的獲取：get_state 與 get_state_history

LangGraph 提供兩個方法來讀取指定執行緒中的**狀態快照**（StateSnapshot）：

> **Tip**
> 狀態快照（StateSnapshot）是查詢方法回傳的物件；每個快照對應一個已保存的檢查點（Checkpoint）。

1. **graph.get_state()**：

   獲取指定執行緒的**最新狀態快照**。如果只提供 thread_id，則返回該執行緒最新的檢查點（即最後一步的狀態快照）；如果提供了特定的 checkpoint_id，則返回該執行緒中對應 ID 的那個檢查點的狀態快照；若該執行緒尚無任何檢查點則為 None。

2. graph.get_state_history()：

獲取指定執行緒的**完整歷史狀態快照列表**。它會返回按**時間倒序排列**的 **StateSnapshot 列表**（最新的檢查點排在最前面）。透過歷史，我們可以回顧每一步的狀態演變。

本節將對 8-2 節〈LangGraph 狀態與其更新機制（Schema + Reducer）〉中，〈Reducer：控制狀態的更新機制〉小節的「預設 Reducer（覆蓋更新）」程式碼（CH8/8-2/langgraph_Reducer.py）進行修改，加入 Checkpointer（檢查點保存器），以便我們能夠在執行過程中取得完整的狀態變化記錄。

> ☠ **注意**：本節修改的程式碼（CH8/8-5/langgraph_Reducer_Checkpointer.py），除了新增 Checkpointer 相關設定之外，其餘狀態結構（State Schema）、節點定義與執行流程等設定皆與原始版本（CH8/8-2/langgraph_Reducer.py）相同，以下僅列出差異部分，重複程式碼將不再贅述。

程式 CH8/8-5/langgraph_Reducer_Checkpointer.py

```
...（這裡省略重複的程式碼）
31: from langgraph.checkpoint.memory import MemorySaver
32:
33: memory = MemorySaver() # 建立記憶 - Checkpointer（檢查點保存器）
34:
35: # 編譯圖形，綁定記憶儲存方式
36: app = graph.compile(checkpointer=memory)
37:
38: # 初始狀態：使用者 user_id 為 1，訊息為 ["Weibert"]
39: initial_state = {"user_id": 1, "messages": ["Weibert"]}
40:
41: # config 設定，傳入執行緒 thread_id
42: thread_id = "weibert-thread-001" # 指定執行緒 ID
43: config = {"configurable": {"thread_id": thread_id}}
44:
45: # 執行流程
46: app.invoke(initial_state, config=config)
```

在完成圖流程的執行後，我們可以透過 get_state() 與 get_state_history() 方法，查詢該執行緒的狀態演變過程。

查詢最新狀態快照：get_state(config)

```
47: # 取得該 thread 的最新狀態快照
48: latest_snapshot = app.get_state(config)
49: print(latest_snapshot)
```

輸出結果：

```
StateSnapshot(
    values={
        'user_id': 2,
        'messages': ['好崴寶程式']
    },
    next=(),
    config={
        'configurable': {
            'thread_id': 'weibert-thread-001',
            'checkpoint_ns': '',
            'checkpoint_id': '1f053213-b418-63c2-8002-3b1585113247'
        }
    },
    metadata={
        'source': 'loop',
        'writes': {
            'update_messages': {
                'messages': ['好崴寶程式']
            }
        },
        'thread_id': 'weibert-thread-001',
        'step': 2,
        'parents': {}
    },
    created_at='2025-06-27T06:37:44.166070+00:00',
    parent_config={
        'configurable': {
            'thread_id': 'weibert-thread-001',
            'checkpoint_ns': '',
            'checkpoint_id': '1f053360-6ac1-6715-8001-f07f20e93583'
        }
    },
    tasks=()
)
```

查詢完整狀態歷史：get_state_history(config)

```
50: # 取得該 thread 的所有歷史狀態快照列表
51: history = list(app.get_state_history(config))
52: print(history)
```

輸出結果（僅列出最前面的兩筆 StateSnapshot）：

```
[
    StateSnapshot(
        values={'user_id': 2, 'messages': ['好威寶程式']},
        next=(),
        config={...（略）},
        metadata={...（略）},
        created_at='2025-06-27T06:37:44.166070+00:00',
        parent_config={...（略）},
        tasks=()
    ),
    StateSnapshot(
        values={'user_id': 2, 'messages': ['Weibert']},
        next=('update_messages',),
        config={...（略）},
        metadata={...（略）},
        created_at='2025-06-27T06:37:44.165399+00:00',
        parent_config={...（略）},
        tasks=(PregelTask(...（略） )),
    )
),
...（略）
```

你也可以使用 snapshot.**config**、snapshot.**metadata**、snapshot.**values**、snapshot.**next**、snapshot.**tasks** 等欄位，來分別讀取檢查點中狀態快照（StateSnapshot）的資訊：

```
53: print(f"共有 {len(history)} 個檢查點記錄 (最新的首先列出)：")
54: for snapshot in history:
55:     cid = snapshot.config["configurable"]["checkpoint_id"]
56:     print(f"- 檢查點 {cid},")
57:     print(f"- 值: {snapshot.values},")
58:     print(f"- 下一節點: {snapshot.next} \n")
```

輸出結果：

```
共有 4 個檢查點記錄（最新的首先列出）：
- 檢查點 1f053213-b418-63c2-8002-3b1585113247,
- 值: {'user_id': 2, 'messages': ['好崴寶程式']},
- 下一節點: ()

- 檢查點 1f053360-6ac1-6715-8001-f07f20e93583,
- 值: {'user_id': 2, 'messages': ['Weibert']},
- 下一節點: ('update_messages',)

- 檢查點 1f053360-6abf-665e-8000-d14e8f51ea62,
- 值: {'user_id': 1, 'messages': ['Weibert']},
- 下一節點: ('update_user',)

- 檢查點 1f053360-6aba-6b86-bfff-034d59f1cfec,
- 值: {},
- 下一節點: ('__start__',)
```

透過以上方法，讓我們在圖執行完畢後，可以檢查任意一步的狀態或獲取整個執行過程的快照列表。這對於除錯、結果分析非常有用。

> **注意**：不論是使用 get_state() 或 get_state_history() 所取得的結果，都是由 Checkpointer（檢查點保存器）所保存的「狀態快照」（StateSnapshot）。

如果你希望更深入了解 LangGraph Checkpointer（檢查點保存器）的應用，請參考 LangGraph 官方說明文件：

◀ 圖 8-5　官方 LangGraph Persistence（持久化）說明文件：https://langchain-ai.github.io/langgraph/concepts/persistence/

8-6 建立有記憶的圖結構泛用聊天機器人

在第 6 章的〈6-7 LangChain 記憶（Memory）〉中，我們曾介紹過 LangChain 所支援的多種記憶類型。不過，自 LangChain v0.3.1 起，官方更建議改用 LangGraph 來實現記憶功能。

目前多數 LangChain 記憶類型皆已支援遷移至 LangGraph，如下表所示：

▼ 表 8-8　記憶體類型遷移 LangGraph 支援列表

記憶體類型	能否遷移 LangGraph
ConversationBufferMemory	可以
ConversationBufferWindowMemory	可以
ConversationTokenBufferMemory	可以
ConversationSummaryMemory	可以
ConversationSummaryBufferMemory	可以
VectorStoreRetrieverMemory	可以

其中，LangGraph 官方文件（遷移指南）提供了各類記憶體類型的對應遷移方式。連結如右所示：

◀ 圖 8-6　官方 LangGraph 記憶遷移指南：https://python.langchain.com/docs/versions/migrating_memory/

在遷移指南頁面中，包含了**所有支援遷移的記憶類型**，你只需往該頁面下方滑動，即可看到完整的支援清單（如表 8-8 所示），並可針對每種類型點選「**Link to Migration Guide**」進入對應教學。

以 ConversationBufferMemory 為例，它在遷移指南頁面中的畫面，如下所示：

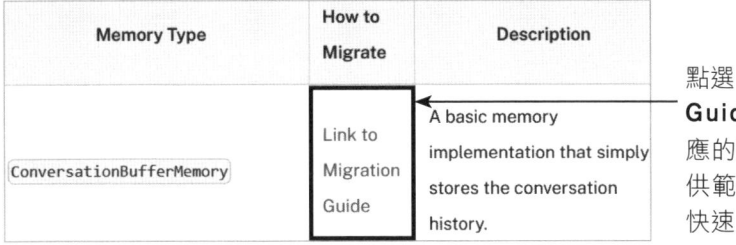

Memory Type	How to Migrate	Description
ConversationBufferMemory	Link to Migration Guide	A basic memory implementation that simply stores the conversation history.

點選「**Link to Migration Guide**」即可進入相對應的遷移教學頁面，提供範例程式碼，方便你快速上手遷移流程

▲ 圖 8-7　LangGraph 記憶遷移清單 (ConversationBufferMemory)

本節我們用 LangGraph 來模擬 **ConversationBufferMemory** 的效果，打造一個具備**記憶**功能的圖結構泛用聊天機器人。

> **Tip**
> 若讀者對 ConversationBufferMemory 不熟悉，建議先參考〈6-7 LangChain 記憶（Memory）〉中的記憶類型介紹。

步驟 1：定義狀態類別

```
程式 CH8/8-6/langgraph_assistant_saver.py
...(這裡省略 LLM 初始化部分的程式碼)
 6: from typing import TypedDict
 7:
 8: # 定義狀態類別
 9: class ChatState(TypedDict):
10:     query: str              # 使用者輸入的問題
11:     messages: list          # 所有對話歷史
12:     outputs: list[str]      # 存放當輪回答最終輸出
```

我們定義了一個 **ChatState** 類別，作為 LangGraph 狀態的結構（Schema）：

8-57

- **query**：儲存使用者當前輸入的問題。
- **messages**：用來記錄整段對話的歷史訊息（包含 HumanMessage 和 AIMessage），這是實現**長期記憶**的欄位。
- **outputs**：儲存當輪回答的輸出內容。

步驟 2：定義節點函式

```
13: from langchain_core.messages import HumanMessage, AIMessage
14:
15: # LLM 回答
16: def chat_with_llm(state: ChatState):
17:     prompt = f'''以下是過去的對話紀錄：\n{state["messages"]}\n
18:     請根據對話歷史回答使用者的問題：「{state["query"]}」 \n
19:     請簡短回答, 不超過 30 字：\n'''
20:     response = llm.invoke(prompt).strip()
21:
22:     state["messages"].append(HumanMessage(content=state["query"]))
23:     state["messages"].append(AIMessage(content=response))
24:
25:     state["outputs"] = [response]   # 當次最終回答
26:     return state
```

定義整個圖結構中唯一的節點函式 **chat_with_llm**，它會完成以下任務：

1. **建構提示詞（Prompt）**：將完整對話歷史（state["messages"]）與使用者當前問題（state["query"]）納入提示中，一併送入 LLM，並限制回應長度，要求模型「簡短回答」。

2. **呼叫 LLM 產生回應**：使用 llm.invoke() 傳入提示詞，獲得模型回應。

3. **更新對話歷史（messages）**：使用 HumanMessage 與 AIMessage 分別記錄使用者輸入與 LLM 回應，並存進 state["messages"] 中，這樣未來每輪對話都能保有上下文。

4. **儲存本輪回答輸出**：將 LLM 回應存入 state["outputs"]，方便後續呈現結果。

這個節點就是整個圖結構泛用聊天機器人的核心回應引擎，圖每執行一次，它就會根據對話歷史產出新的回答，並把這一輪的對話也記錄進歷史中。

步驟 3：構建圖

　　我們使用 StateGraph 建立一個以 ChatState 為狀態類別的圖結構，並將 chat_with_llm 節點加入圖中：

```
27: from langgraph.graph import StateGraph, START, END
28:
29: # 設計圖
30: graph = StateGraph(ChatState)
31: graph.add_node("chat_with_llm", chat_with_llm)
32:
33: graph.add_edge(START, "chat_with_llm")
34: graph.add_edge("chat_with_llm", END)
```

　　圖的流程設計：

1. 執行從 START 開始，直接跳轉到 chat_with_llm 節點。

2. 執行完 chat_with_llm 後，流程結束並連到 END。

> ☠ **注意**：ChatState 為使用者在〈步驟 1：定義狀態類別〉所定義的狀態結構 State（第 9 行的 TypedDict）。

步驟 4：建立 Checkpointer 和初始化狀態

```
35: import uuid
36: from langgraph.checkpoint.memory import MemorySaver
37:
38: # 建立記憶 - Checkpointer（檢查點保存器）
39: memory = MemorySaver()
40: compiled_graph = graph.compile(checkpointer=memory)  # 編譯圖，綁定記憶
                                                          # 儲存方式
41: thread_id = str(uuid.uuid4())   # 產生唯一 ID，整段對話共享
```

8-59

程式碼解析：

- 使用 .compile() 將圖結構編譯為可執行版本。
- 傳入 MemorySaver() 作為 checkpointer，讓圖能在每一輪記錄狀態變化。
- 使用 uuid.uuid4() 產生唯一 thread_id，確保每段對話有獨立的空間。

> **技巧補充**
>
> **thread_id**
>
> thread_id 只要是字串即可，你也可依需求自訂名稱（不一定要用 UUID）。

```
42: # 設定執行緒 thread_id 以串接對應的記憶
43: config = {"configurable": {"thread_id": thread_id}}
```

將 thread_id 傳入 config 中，讓 MemorySaver 能辨識這輪對話屬於哪一組記憶 thread。

```
44: # 初始化狀態 State
45: state = {"query": "", "messages": [], "outputs": []}
```

這個 state 對應我們在「步驟 1」中定義的狀態結構（**ChatState**），作為每次對話的輸入基礎。

步驟 5：執行主程式

主程式是一個互動式**迴圈**，允許使用者持續輸入問題，並由圖結構執行回應流程：

```
46: # 主迴圈
47: while True:
48:     user_query = input(">>> ")   # 請輸入你想查詢的內容
49:     if user_query.lower() in ["quit", "exit", "bye"]:
50:         print("感謝你的使用，再見！")
51:         break
```

啟動 while 迴圈，等待使用者輸入訊息。當輸入 quit、exit 或 bye 時，結束對話。

查詢完整狀態歷程

當使用者輸入 **/history** 指令時，系統會從 MemorySaver 中讀出目前 thread_id 所記錄的**所有狀態快照**（也就是每個節點執行後的狀態快照）。

```
52:     if user_query == "/history":
53:         history = list(compiled_graph.get_state_history(config))
54:         print(f"共 {len(history)} 筆對話歷程")
55:         for i, snap in enumerate(history):
56:             print(
57:                 f"第 {len(history)-i} 筆 - checkpoint_id: "
58:                 f"{snap.config["configurable"]["checkpoint_id"]}"
59:             )
60:             print(f"query: {snap.values.get("query")}")
61:             print(f"outputs: {snap.values.get("outputs")}\n")
62:         continue
```

輸入指令後，會依序列出每一筆檢查點中的內容，包括：

● 檢查點代碼（checkpoint_id，由 LangGraph 自動產生）
● 輸入的問題（query）
● LLM 的回答（outputs）

查看目前最新狀態快照

當使用者輸入 **/latest** 指令時，系統會從 MemorySaver 中讀出目前 thread_id 所記錄的**最新狀態快照**：

```
63:    elif user_query == "/latest":
64:        latest = compiled_graph.get_state(config)
65:        print("\n最新狀態快照內容")
66:        print(f"query: {latest.values.get("query")}")
67:        print(f"outputs: {latest.values.get("outputs")}")
68:        print(f"messages: {latest.values.get("messages")}")
69:        continue
```

輸入指令後，會顯示最新快照中的值（values）欄位內容，包括：

- 當前最新輸入的問題（query）
- 當前 LLM 最新的回答（outputs）
- 所有對話歷史 messages（包含所有 HumanMessage 與 AIMessage）

> ☠ **注意**：不論是使用 get_state() 或 get_state_history() 所取得的結果，都是由 Checkpointer（檢查點保存器）所保存的「狀態快照」（StateSnapshot）。

```
70:    # 將使用者的輸入寫入 state["query"]，供後續節點使用
71:    state["query"] = user_query
72:
73:    # 執行圖流程，每個節點執行完都會回傳一個新的狀態快照
74:    for event in compiled_graph.stream(
75:        state, config=config, stream_mode="values"):
76:        state = event
77:
78:    print("\nAI 助手回答：")
79:    print("\n".join(state["outputs"]))
```

config=config 用來傳入先前建立的執行緒 thread_id，讓 LangGraph 能識別這次執行所屬的執行緒，並將狀態快照儲存到對應的記憶中。

■ 執行結果展示

我們將展示這個具備記憶的圖結構泛用聊天機器人在連續兩輪對話中，如何保存對話記憶並回答問題。

執行結果 1：初次查詢對話歷史（狀態快照）

使用者輸入（第 1 次）：

```
>>> /history
```

LLM 回應：

共 0 筆對話歷程

使用者輸入（第 2 次）：

```
>>> /latest
```

LLM 回應：

最新狀態快照內容
query: None
outputs: None
messages: None

執行結果 2：與 LLM 的第一輪對話

使用者輸入（第 3 次）：

```
>>> 你好，我的名字叫做孟孟，是音樂系的學生，主修鋼琴
```

LLM 回應：

AI 助手回答：
嗨，孟孟！很高興認識你。當音樂系學生一定有很多經驗和故事可以分享。你最愛彈哪些鋼琴曲子呢？

使用者輸入（第 4 次）：

```
>>> /history
```

8-63

LLM 回應：

```
共 3 筆對話歷程
第 3 筆 - checkpoint_id: 1f055645-973f-631c-8001-0f202e1464ba
query: 你好，我的名字叫做孟孟，是音樂系的學生，主修鋼琴
outputs: ['嗨，孟孟！很高興認識你。當音樂系學生一定有很多經驗和故事可以分享。你
最愛彈哪些鋼琴曲子呢？']

第 2 筆 - checkpoint_id: 1f055645-4a58-67b8-8000-a0c3d08a61d8
query: 你好，我的名字叫做孟孟，是音樂系的學生，主修鋼琴
outputs: []

第 1 筆 - checkpoint_id: 1f055645-4a52-6ea5-bfff-64eaad81dabc
query: None
outputs: None
```

使用者輸入（第 5 次）：

```
>>> /latest
```

LLM 回應：

```
最新狀態快照內容
query: 你好，我的名字叫做孟孟，是音樂系的學生，主修鋼琴
outputs: ['嗨，孟孟！很高興認識你。當音樂系學生一定有很多經驗和故事可以分享。你
最愛彈哪些鋼琴曲子呢？']
messages: [
    HumanMessage(
        content='你好，我的名字叫做孟孟，是音樂系的學生，主修鋼琴',
        additional_kwargs={},
        response_metadata={}
    ),
    AIMessage(
        content='嗨，孟孟！很高興認識你。當音樂系學生一定有很多經驗和故事可以分
        享。你最愛彈哪些鋼琴曲子呢？',
        additional_kwargs={},
        response_metadata={}
    )
]
```

執行結果 3：與 LLM 的第二輪對話

使用者輸入（第 6 次）：

>>> 請問你還記得我的個人資訊嗎？

LLM 回應：

AI 助手回答：
當然，我記得。你的名字是孟孟，主修鋼琴。很高興認識你！

使用者輸入（第 7 次）：

>>> /history

LLM 回應：

共 6 筆對話歷程
第 6 筆 - checkpoint_id: 1f055646-bc3d-6d89-8004-04579067f3bd
query: 請問你還記得我的個人資訊嗎？
outputs: ['當然，我記得。你的名字是孟孟，主修鋼琴。很高興認識你！']

第 5 筆 - checkpoint_id: 1f055646-7089-6629-8003-be420524ec94
query: 請問你還記得我的個人資訊嗎？
outputs: ['嗨，孟孟！很高興認識你。當音樂系學生一定有很多經驗和故事可以分享。你最愛彈哪些鋼琴曲子呢？']

第 4 筆 - checkpoint_id: 1f055646-7083-6246-8002-93d479609034
query: 你好，我的名字叫做孟孟，是音樂系的學生，主修鋼琴
outputs: ['嗨，孟孟！很高興認識你。當音樂系學生一定有很多經驗和故事可以分享。你最愛彈哪些鋼琴曲子呢？']

第 3 筆 - checkpoint_id: 1f055645-973f-631c-8001-0f202e1464ba
query: 你好，我的名字叫做孟孟，是音樂系的學生，主修鋼琴
outputs: ['嗨，孟孟！很高興認識你。當音樂系學生一定有很多經驗和故事可以分享。你最愛彈哪些鋼琴曲子呢？']

第 2 筆 - checkpoint_id: 1f055645-4a58-67b8-8000-a0c3d08a61d8
query: 你好，我的名字叫做孟孟，是音樂系的學生，主修鋼琴
outputs: []

NEXT

```
第 1 筆 - checkpoint_id: 1f055645-4a52-6ea5-bfff-64eaad81dabc
query: None
outputs: None
```

使用者輸入（第 8 次）：

```
>>> /latest
```

LLM 回應：

```
最新狀態快照內容
query: 請問你還記得我的個人資訊嗎？
outputs: ['當然，我記得。你的名字是孟孟，主修鋼琴。很高興認識你！']
messages: [
    HumanMessage(
        content='你好，我的名字叫做孟孟，是音樂系的學生，主修鋼琴',
        additional_kwargs={},
        response_metadata={}
    ),
    AIMessage(
        content='嗨，孟孟！很高興認識你。當音樂系學生一定有很多經驗和故事可以分享。你最愛彈哪些鋼琴曲子呢？',
        additional_kwargs={},
        response_metadata={}
    ),
    HumanMessage(
        content='請問你還記得我的個人資訊嗎？',
        additional_kwargs={},
        response_metadata={}
    ),
    AIMessage(
        content='當然，我記得。你的名字是孟孟，主修鋼琴。很高興認識你！',
        additional_kwargs={},
        response_metadata={}
    )
]
```

　　從「執行結果 3：第二次對話」可以看出，LLM 成功地根據 messages 中的上下文記憶，「記得」使用者的名字，並在回答中呼應先前的訊息。

CHAPTER **9**

LangSmith：視覺化追蹤與分析 LLM 工作流的每一步

本章將探討 LangSmith 的核心概念與功能，包括追蹤與可觀察性（Tracing and observability）、反饋機制（Feedback）以及性能監控（Performance），並透過視覺化方式，讓你能直觀理解 SQL、RAG、Agent、Memory、LangGraph 等工作流的執行情況。透過本章，你將學會如何將 LangSmith 整合到 LLM 應用中，並利用它提供的分析工具來優化你的工作流。

9-1 LangSmith 核心功能與 API 金鑰設定

在開發大型語言模型（LLM）應用的過程中，我們常會遇到輸出不可預測、工作流難以監控、性能瓶頸不易識別等問題，而 LangSmith 正是為了解決這些痛點而誕生的工具，它能夠幫助開發者在建構 LLM 應用時，更有效地**追蹤和分析工作流**。

此外，LangSmith 由 LangChain 團隊開發，作為 LangChain 生態系統的重要補充。

> **Tip**
> LangSmith 的設計具有框架無關性（framework-agnostic），它可以與 LangChain 和 LangGraph 一起使用，也可以單獨使用。

LangSmith 使用教學

本節將從實作角度出發，說明如何在 **Python 程式中整合 LangSmith**，包含建立專案、取得 API 金鑰、設置環境變數與啟用追蹤功能。透過這些步驟，你將能快速啟用 LangSmith 並開始觀察 LLM 執行流程。

建立新專案及產生 API

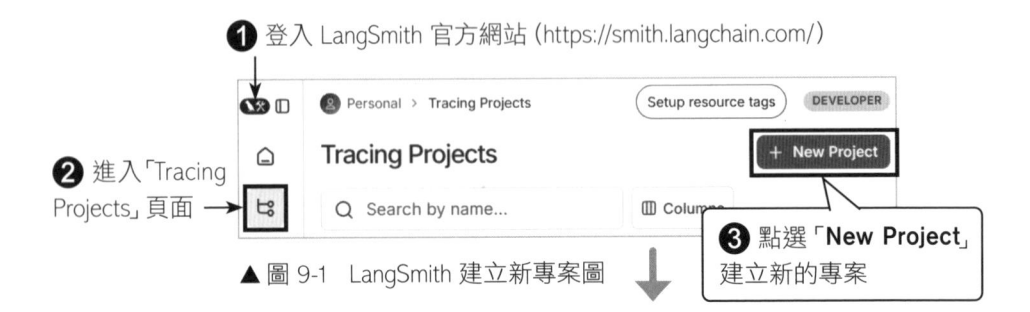

▲ 圖 9-1　LangSmith 建立新專案圖

▲ 圖 9-2　LangSmith API 生成圖

生成的 API 金鑰格式如下（每個人不同，此處為範例）：

```
New key created:
lsv2_pt_c782581ee0554b9d84c1b8ae0d8f0576_xxxxxxxxxx
```

設置環境變數

在 Python 中，可以使用 **os.environ** 來設置環境變數，以啟用 LangSmith 追蹤功能。請將以下變數加入程式碼中：

```
import os

os.environ["LANGCHAIN_TRACING_V2"] = "true"
os.environ["LANGCHAIN_ENDPOINT"] = "https://api.smith.langchain.com"
os.environ["LANGCHAIN_API_KEY"] = "your_api_key"
os.environ["LANGCHAIN_PROJECT"] = "your_project_name"
```

變數說明：

- **LANGCHAIN_TRACING_V2**：啟用追蹤功能。
- **LANGCHAIN_ENDPOINT**：LangSmith API 的伺服器地址。
- **LANGCHAIN_API_KEY**：LangSmith 用戶專屬的 API 金鑰，用於認證。
- **LANGCHAIN_PROJECT**：指定專案名稱，便於在 LangSmith 中管理追蹤數據。

LANGCHAIN_TRACING_V2 和 LANGCHAIN_ENDPOINT 基本無需更改，你只需將 LANGCHAIN_API_KEY 替換為剛生成的 API 金鑰，並根據你的專案名稱自由設定 LANGCHAIN_PROJECT。

> **注意**：若未手動指定 LANGCHAIN_PROJECT，LangSmith 預設會自動為你產生一個專案名稱（如 default）。不過你也可以指定任意名稱，只要 API 金鑰正確，LangSmith 就會將追蹤資料記錄到你指定的專案中。

登入 LangSmith 平台

登入 LangSmith 平台後，即可在首頁查看所有有啟用 LangSmith 的專案執行結果：

> **注意**：若是首次使用，尚未建立任何追蹤紀錄時，不會顯示任何資料。

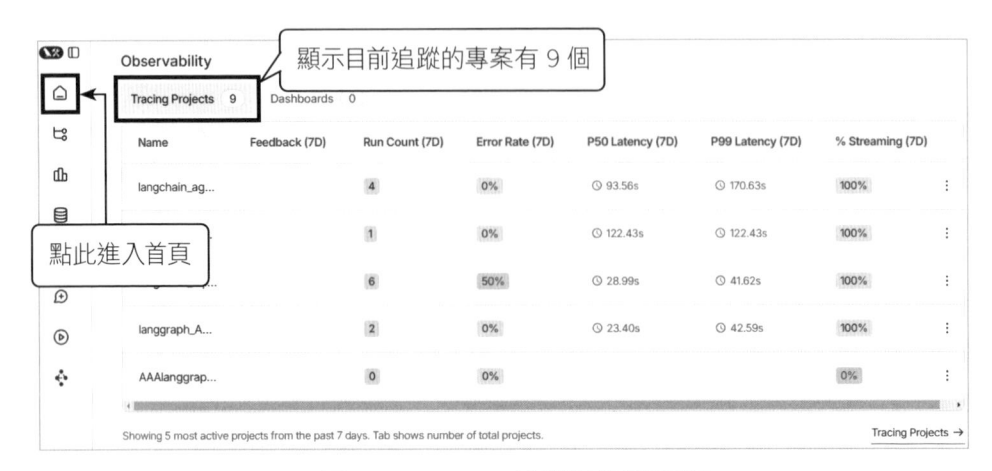

▲ 圖 9-3　LangSmith 追蹤的專案展示圖

以下是 LangSmith 收費計劃的表格，包含不同方案及其費用與功能摘要，筆者認為免費版本的 5000 次追蹤其實就蠻夠用了。

▼ 表 9-1　LangSmith 收費計劃表 (2025 年 7 月)

方案	費用	功能與限制
Developer（個人開發者）	免費	- 限 1 位使用者 - 每月 5,000 次基本追蹤
Plus（進階團隊方案）	每位使用者 每月 $39 美元	- 最多 10 位使用者 - 每月 10,000 次基本追蹤 - 提供更高速率限制和電子郵件支援
Enterprise（企業方案）	自訂定價	- 未限制席位數，需聯繫銷售團隊自訂 - 包含 Plus 所有功能 - 團隊培訓與架構指導

探索 LangSmith 的核心功能

完成環境設置與平台登入後，我們就能開始發揮 LangSmith 的功能。本節將介紹 LangSmith 的三大核心功能：

- **追蹤與可觀察性**（Tracing and observability）
- **反饋機制**（Feedback）
- **性能監控**（Performance）

我們將透過程式碼範例與圖示，一步步說明這些功能的用法與應用情境。

追蹤與可觀察性（Tracing and observability）

LangSmith 的**追蹤功能（Trace）**可用來記錄每次 LLM 執行的過程，包括提示詞（Prompt）、模型回應、執行時間與標籤等資訊。這對於測試不同的提示詞設計、排查錯誤或分析效能瓶頸非常有幫助。

本範例以「請給我講一個與貓咪有關的短句(越短越好)」為輸入，示範如何將 LLM 執行包裝成一個工作流程（Pipeline），並啟用 LangSmith 的追蹤功能：

> **注意**：請務必將程式碼中的 "**your_api_key**" 替換為你自己的 LangSmith API 金鑰，否則追蹤功能將無法啟用。

程式 CH9/9-1/langsmith_trace_Config.py
```python
 1: from langchain_ollama import OllamaLLM
 2: from langchain_core.runnables import RunnableLambda
 3: import os
 4:
 5: # LangSmith 設定
 6: os.environ["LANGCHAIN_TRACING_V2"] = "true"
 7: os.environ["LANGCHAIN_ENDPOINT"] = "https://api.smith.langchain.com"
 8: os.environ["LANGCHAIN_API_KEY"] = "your_api_key"
 9: os.environ["LANGCHAIN_PROJECT"] = "llm_trace_demo"
10:
11: # 初始化 Ollama LLM
12: llm = OllamaLLM(
13:     model="weitsung50110/llama-3-taiwan:8b-instruct-dpo-q4_K_M",
14: )
15:
16: # 定義前處理：加上提示前綴
17: def add_prefix(text):
18:     return f"請簡短回答：{text}"
19:
20: # 將前處理包裝為 Runnable
21: preprocess = RunnableLambda(add_prefix)
22:
23: # 串接前處理 + LLM
24: pipeline = preprocess | llm
25:
26: # 設定 LangSmith 追蹤資訊
27: config = {
28:     "run_name": "trace_prefix_and_llm",
29:     "tags": ["langsmith", "demo", "cat"],
30:     "metadata": {"author": "好威寶 Weibert", "topic": "貓咪短句"}
31: }
```

程式碼解析：

- **run_name**：自訂本次執行流程的名稱（如 "trace_prefix_and_llm"），方便在 LangSmith 平台上瀏覽記錄時辨識與過濾。如果未指定 run_name，LangSmith 仍會記錄這次執行，預設會使用流程鏈類別名稱來表示這筆記錄——本例中若未指定，名稱就會是 RunnableSequence。

- **tags**：設定標籤（"langsmith"、"demo"、"cat"），方便分類與搜尋。

- **metadata**：可以記錄一些額外資訊。

> ☠ **注意**：上述設定項目（run_name、tags、metadata）屬於 RunnableConfig 的一部分，更多可用參數說明，請參見〈3-5 回呼（Callbacks）〉中的「**表 3-6 RunnableConfig 可設定參數一覽表**」。

```
32: # 傳入原始文字
33: input_text = "請給我講一個與貓咪有關的短句(越短越好)"
34: result = pipeline.invoke(input_text, config=config)
35: print(result)
```

LLM 輸出結果：

小白貓喵喵叫，蹭主人腿。

這段程式碼中，我們透過 **RunnableLambda** 加上提示前綴，並與 Ollama LLM 串接，形成一個**前處理 + 推論流程**。然後將**設定的 RunnableConfig 字典傳入** .invoke() 方法中。

> ☠ **注意**：即使沒有設定 RunnableConfig，LangSmith 預設就會追蹤與記錄所有執行過的 Runnables 流程。但若希望這些記錄更具可讀性與分類能力，可以在 .invoke() 中傳入 config 參數，設定的內容會直接反映在 LangSmith 的介面中。

執行完成後，LangSmith 會在介面中顯示每個步驟的執行狀態與設定內容，如下所示：

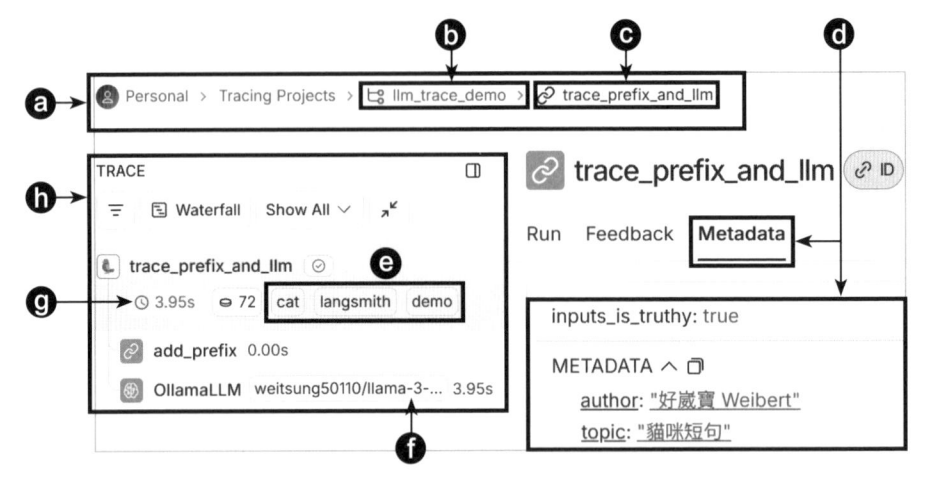

▲ 圖 9-4　LangSmith：執行名稱、標籤 (tags) 與 metadata 圖

ⓐ 專案在 LangSmith 平台上的路徑
ⓑ LangSmith 環境變數設定的專案名稱 (LANGCHAIN_PROJECT)
ⓒ RunnableConfig 設定的 run_name
ⓓ RunnableConfig 設定的 metadata
ⓔ RunnableConfig 設定的 tags (標籤)
ⓕ 使用的大型語言模型 (LLM)
ⓖ 執行時間
ⓗ 視覺化執行流程 (Trace)

這能幫助我們更清楚地了解每個步驟的執行時間、標籤（tags）與 metadata 等設定。

此外，我們也能查看**整體輸入（Input）**和**輸出（Output）**視覺化的執行結果，如下所示：

9-8

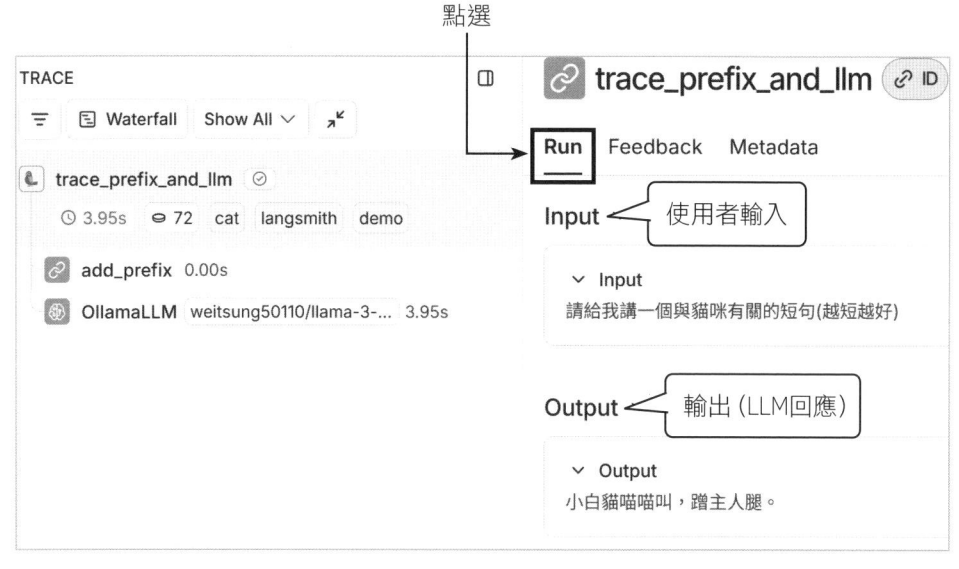

▲ 圖 9-5　LangSmith：輸入和輸出視覺化執行結果圖

若進一步點開 **trace_prefix_and_llm** 下的 **add_prefix**，我們可以更仔細地查看輸入（Input）和輸出（Output）的演變流程：

▲ 圖 9-6　LangSmith：add_prefix 的輸入與輸出

9-9

add_prefix 對輸入文字進行前處理，將原始問題加上「**請簡短回答：**」這個前綴，做為送進 LLM 的提示詞。

▲ 圖 9-7　LangSmith：OllamaLLM 的最終 Prompt 與回應

　　最後，**OllamaLLM** 接收到 add_prefix 前處理後的完整提示詞：「請簡短回答：請給我講一個與貓咪有關的短句(越短越好)」，並根據提示詞產生回應。

反饋機制（Feedback）

　　除了紀錄執行流程，LangSmith 也支援**反饋機制**，開發者可以對模型的每次輸出提供評價。

　　以下程式碼，展示如何透過 LangSmith 的 Client 模組，**對 llm_trace_demo 專案中最近一次執行（run）加入一筆 feedback 評價**：

> ☠ **注意**：llm_trace_demo 專案是前一節透過程式 CH9/9-1/langsmith_trace_Config.py 所建立的追蹤紀錄，用來記錄模型在生成與貓咪有關的短句時的整個執行過程。

9-10

程式 CH3/9-1/langsmith_trace_Config_feedback.py

```
...（這裡省略設定 os 環境變數部分的程式碼）
 8: from langsmith import Client
 9:
10: # 初始化 LangSmith client
11: client = Client()
12:
13: # 查詢 llm_trace_demo 專案中最新的一次執行紀錄 (run)
14: runs = client.list_runs(project_name="llm_trace_demo", limit=1)
15: last_run = list(runs)[0]  # 取得最新的那個 run
```

list_runs() 方法會從指定的專案（此處為 **"llm_trace_demo"**）中取得所有執行紀錄（run）。這裡的 run 指的是 LangSmith 中的每一個可追蹤步驟（Runnable），而**不是整個流程一次性的紀錄**。

以前面那個「貓咪短句」的範例來說，我們有一個整體的流程 pipeline（trace_prefix_and_llm）、前處理步驟（add_prefix），以及 LLM 推論步驟（OllamaLLM），這三個都會在 LangSmith 中被視為**三筆獨立的 run 記錄**。

因此，這段程式碼中設定 **limit=1**，代表**只取最新的一筆 run 記錄**，也就是**最後執行的 LLM 推論步驟（OllamaLLM）**，接下來的 feedback 評價就會直接加在該步驟的記錄上。

> ☠ **注意**：由於 list_runs() 回傳的是一個生成器（generator），不能直接用索引操作，因此我們使用 list(runs) 將其轉為串列，再取第一筆資料。這一筆 run 對應的是最新被記錄的那個步驟（OllamaLLM）。

```
16: # 加上 feedback 評價
17: client.create_feedback(
18:     run_id=last_run.id,           # 你想評價的那次執行 ID
19:     key="cat_sentence_quality",   # 評價項目的名稱
20:     score=1.0,                    # 分數
21:     comment="好可愛的句子，我愛貓咪！" # 文字評論，補充你對這次執行的評價
22: )
```

create_feedback() 用來針對指定的 run 加上 feedback，包含 key、score 和 comment 等欄位。執行完成後，這筆 feedback 將顯示於 LangSmith 對應執行紀錄的頁面下方，如下圖所示：

▲ 圖 9-8　LangSmith 反饋圖 (Key 與 Score)

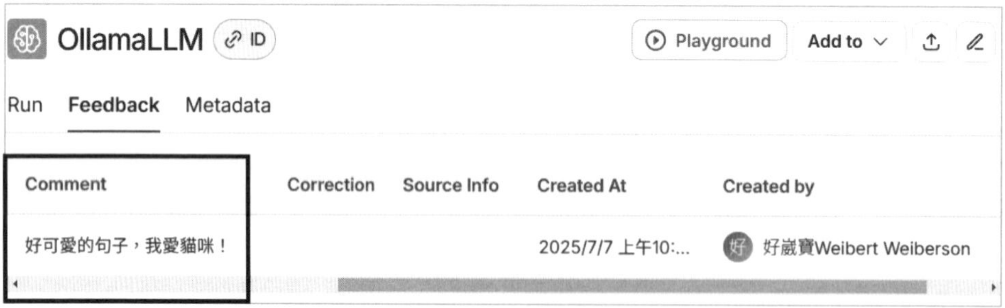

▲ 圖 9-9　LangSmith 反饋圖 (Comment)

性能監控 (Performance)

為了更有效監控 LLM 的執行效能，LangSmith 提供一系列性能指標，包括執行延遲（Latency）、Token 使用量與錯誤率（Error Rate）等統計資料。以下為專案 **llm_trace_demo** 在 LangSmith 中的性能表現畫面：

回到 LangSmith 的上一層頁面（Tracing Projects 頁面），
即可看到專案在最近七天內的執行統計

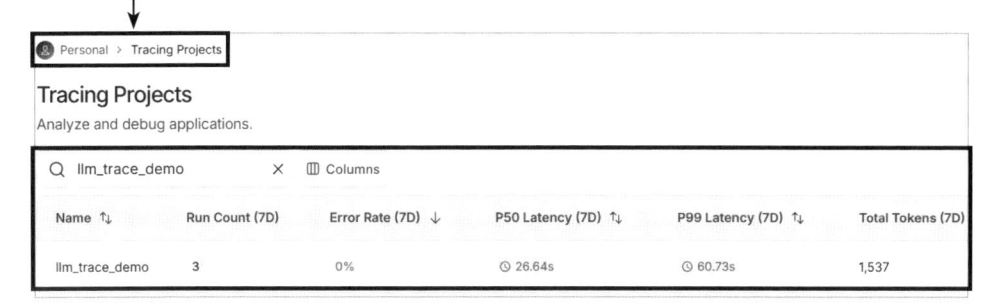

▲ 圖 9-10　LangSmith 專案 llm_trace_demo 的性能表現

這些指標的說明如下：

- **Run Count (7D)**：最近 7 天內的執行次數（7D = past 7 days，代表過去七天的統計資料）。此處為 3，表示本專案共有 3 次追蹤記錄，可用來判斷近期是否有持續測試或使用。

- **Error Rate (7D)**：執行錯誤的比例。此處為 0%，代表所有追蹤記錄皆成功完成，系統穩定性良好。若系統在執行時拋出例外或中斷，將反映為非 0% 的錯誤率。

- **P50 Latency (7D)**：中位數延遲時間，代表有 50% 的執行時間小於此數值。此處為 26.64 秒，可作為平均性能的代表。

- **P99 Latency (7D)**：第 99 百分位的延遲時間，代表只有最慢的 1% 執行時間會超過此值。此處為 60.73 秒，可用來觀察系統在極端情況下的表現（例如模型負載過重時）。

- **Total Tokens (7D)**：過去 7 天內此專案所消耗的 Token 總數。此處為 1,537，可作為成本評估依據，特別是在使用按 Token 計費的 API（如 OpenAI）時尤其重要。

> **技巧補充**
>
> ### 注意 run 的語意差異
>
> 前面我們提到過，每一個步驟（例如 add_prefix、LLM 呼叫等）都會被 LangSmith 視為一個獨立的 run。
>
> 但在這裡，LangSmith 的性能統計面板中的 run 是指整體流程鏈（pipeline）的最外層 run，也就是你呼叫 .invoke() 時所代表的那一筆完整執行紀錄。這筆流程中可能包含多個子步驟（子 run），但統計圖表只會根據這些「最上層 run」來做統計分析。

9-2 追蹤 SQL、RAG、Agent、Memory 與 LangGraph 等執行流程

本節將透過 LangSmith 的視覺化功能，清楚呈現各種 LangChain、LangGraph 工作流程的執行順序與細節。你將看到如何利用視覺化執行流程圖（Trace），展示每一個步驟的輸入內容、提示模板與模型輸出等資訊。

此外，本節中的範例皆未特別設定 RunnableConfig 或使用 Runnable.with_config(run_name=...) 指定 Runnable 名稱。因此，視覺化執行流程圖（Trace）中所顯示的每個步驟，將以對應物件的預設類別名稱呈現。

> ☠ **注意**：在開始之前，請確保已正確設置 LangSmith 所需的環境變數，如 LANGCHAIN_API_KEY、LANGCHAIN_TRACING_V2 等。這些變數可在程式中透過 os.environ[] 設定，相關設置方式請參考〈9-1 LangSmith 核心功能與 API 金鑰設定〉。若未設定，LangSmith 將無法記錄執行流程。

基礎執行流程

本節將展示 LangChain 的基礎執行流程，並聚焦於〈**3-7 建立多國語言翻譯助手應用**〉的實作案例。透過 LangSmith，我們可以清楚追蹤整個 LLM 呼叫過程，並將其轉化為一張視覺化執行流程圖（Trace），如下所示：

> ☠ **注意**：在沒有設定 RunnableConfig 中的 run_name 情況下，LangSmith 仍會記錄執行流程，並以類別名稱（RunnableSequence）顯示在視覺化流程圖（Trace）中。

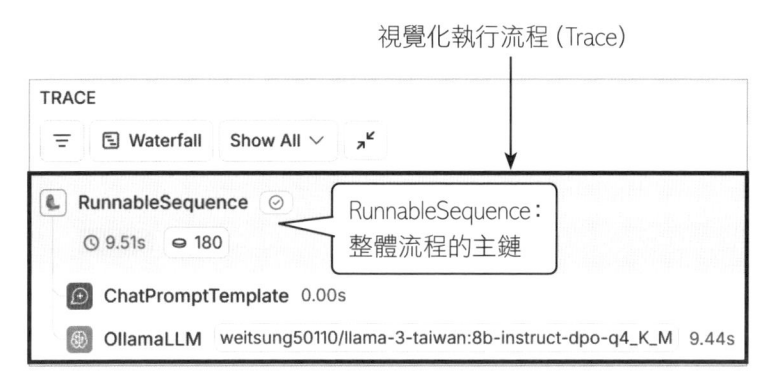

▲ 圖 9-11　多國語言翻譯助手執行流程圖

從圖中可以看到，整個流程依序包含：

1. **ChatPromptTemplate**：建立提示模板。

2. **OllamaLLM**：LLM 依據提示進行回應。

你可以點擊視覺化執行流程（Trace）中的每個步驟，來查看其**詳細內容**。

▲ 圖 9-12

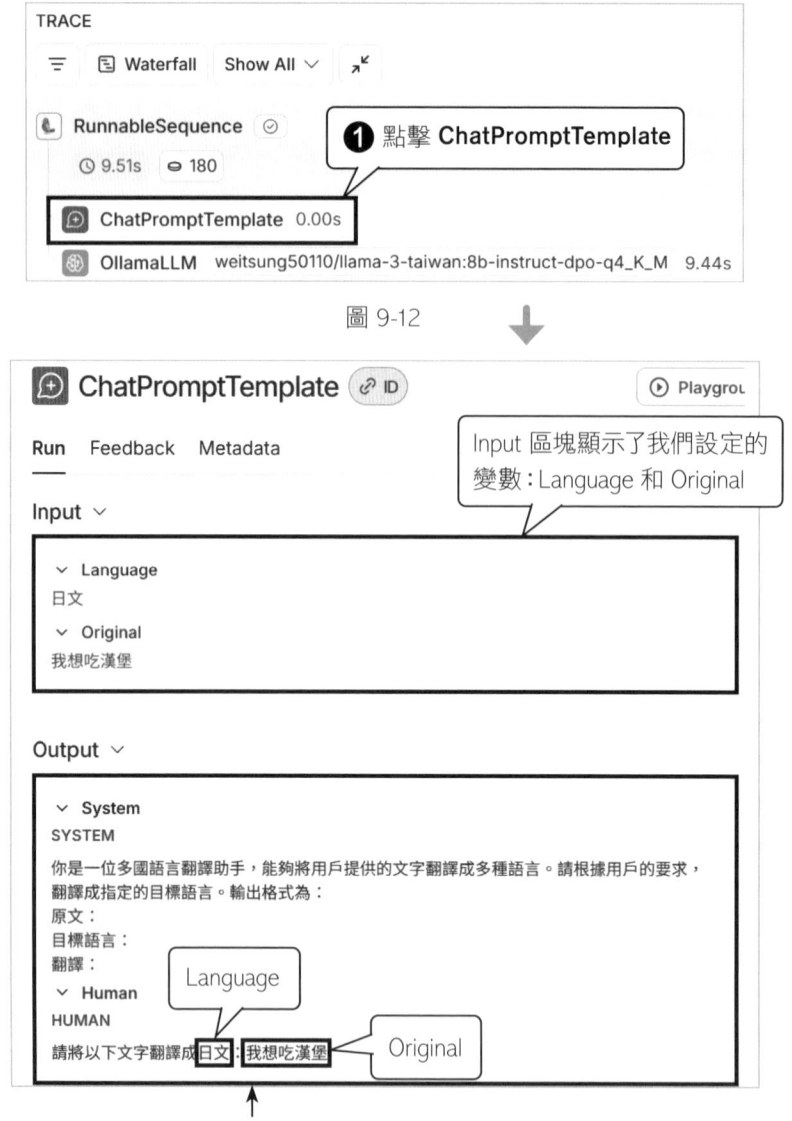

Output 區塊的 Human 中，已正確插入使用者輸入的變數，從「請將以下文字翻譯成{language}：{original}」變成：「請將以下文字翻譯成日文：我想吃漢堡」

▲ 圖 9-13　ChatPromptTemplate 內容圖

　　點擊 **ChatPromptTemplate** 節點後，可以看到 LangChain 實際傳入的格式化提示內容，包括使用者輸入的原文與指定語言等詳細資訊。不過，這裡並不會顯示原始 prompt 模板的定義，而是顯示經過填值後的結果。

9-16

▲ 圖 9-14

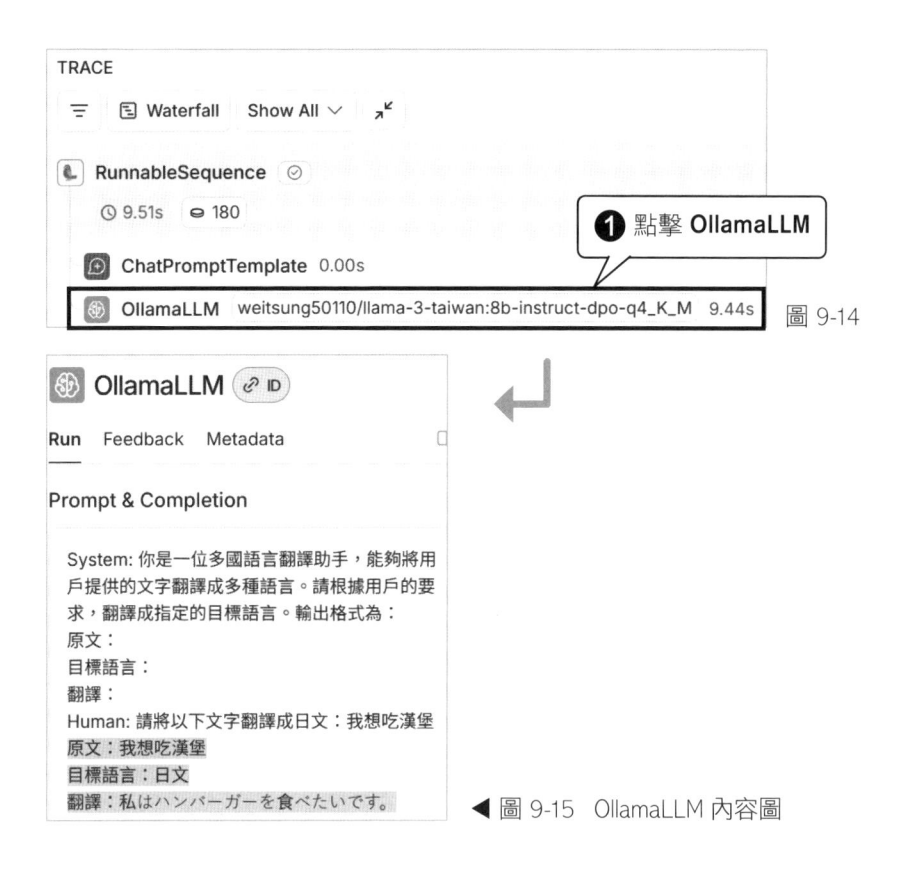

▲ 圖 9-15　OllamaLLM 內容圖

點擊 **OllamaLLM** 後，可以看到 LLM 接收到的 prompt 格式，以及 LLM 所回傳的翻譯結果等詳細資訊。

SQL 執行流程

本節將展示 SQL 執行流程，並聚焦於〈**4-2 建立 SQL 人資小幫手問答機器人**〉。以下即為 LangSmith 所觀察到的 SQL 問答系統視覺化執行流程圖（Trace）：

> **注意：** 在沒有特別透過 Runnable.with_config(run_name=...) 傳入名稱的情況下，LangSmith 視覺化執行流程圖（Trace）中，會顯示原本 Runnable 物件的類別名稱（如 RunnableAssign、RunnableParallel 等）。

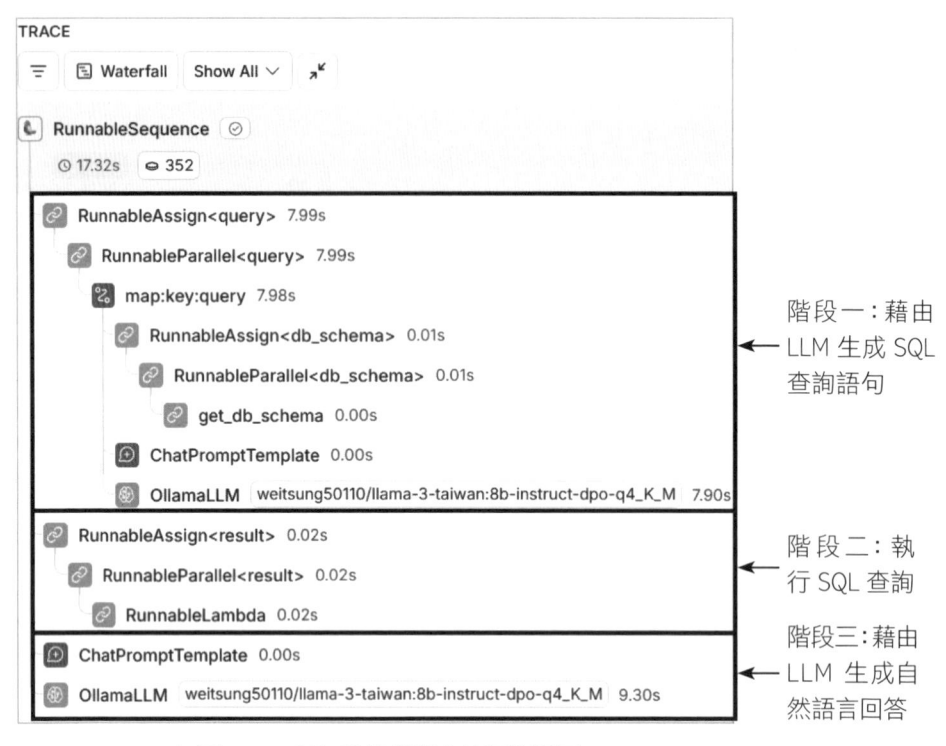

▲ 圖 9-16　SQL 問答機器人執行流程圖

　　從視覺化執行流程圖（Trace）中，我們可以清楚看到整體處理邏輯分為三大階段：

階段一：藉由 LLM 生成 SQL 查詢語句

　　RunnableAssign<query> 將使用者的自然語言問題轉換為 SQL 查詢語句，並將產生的結果存入 **query** 欄位：

1. **RunnableAssign<db_schema> → get_db_schema**：從資料庫取得目前所有資料表與欄位結構（schema），並插入提示中。

2. **ChatPromptTemplate**：將問題與資料表結構合併到提示模板中。

3. **OllamaLLM**：呼叫 LLM，生成符合格式的 SQL 查詢語句。

> **技巧補充**
>
> ### 為何圖中會看到 RunnableAssign<xxx>？
>
> RunnableAssign<xxx> 的角色是「**將一段執行流程的結果，指派到某個欄位**」。以 RunnableAssign<query> 為例，它內部包含了整段產生 SQL 查詢語句的流程，而執行結果會被存入 query 欄位。其實我們可以把它想像成這樣的結構：
>
> ```
> RunnableAssign<query>
>     └─> RunnableParallel<query>
>             └─> get_db_schema → ChatPromptTemplate → OllamaLLM
> ```
>
> 同理，RunnableAssign<result> 也是一樣的結構，負責將 SQL 執行結果指定儲存到 result 欄位中。

階段二：執行 SQL 查詢

RunnableAssign<result> 會呼叫 **RunnableLambda**，透過內部的 run_query 函式執行 SQL 查詢，並將查詢結果存入 **result** 欄位中。

階段三：藉由 LLM 生成自然語言回答

當 SQL 查詢執行完畢、並取得結果後，系統會進入最後一階段：

1. **ChatPromptTemplate**：將使用者輸入的問題、LLM 生成的 SQL 查詢語句，以及查詢結果，依指定格式整理成提示（Prompt），交給模型理解。

2. **OllamaLLM**：呼叫 LLM，依據整理後的提示生成自然語言回答，呈現給使用者。

RAG 執行流程

本節將展示檢索增強生成（RAG）的執行流程，並聚焦於〈**6-6 建立 PDF、網頁爬蟲、JSON 檢索問答機器人**〉專案中的**PDF部分**。透過 LangSmith，我們可以清楚觀察由 LangChain 所建立的 **retrieval_chain** 的視覺化執行流程圖（Trace），呈現從使用者輸入到最終回應的完整處理過程：

> ☠ **注意：** 在沒有設定 RunnableConfig 中的 run_name 情況下，LangSmith 仍會記錄執行流程，並以類別名稱（retrieval_chain）顯示在視覺化流程圖（Trace）中。

```
TRACE
≡  Waterfall   Show All ∨   ⤢

🔗 retrieval_chain  ⊘
   ⏱ 10.42s    ● 991

   🔗 RunnableAssign<context>  0.10s
      🔗 RunnableParallel<context>  0.10s
         🔗 retrieve_documents  0.10s          ┐ 階段一：檢索文件階段
            🔗 RunnableLambda  0.00s           │
            📄 VectorStoreRetriever  0.10s     ┘
   🔗 RunnableAssign<answer>  10.31s
      🔗 RunnableParallel<answer>  10.31s
         🔗 stuff_documents_chain  10.31s
            🔗 format_inputs  0.00s            ┐
               🔗 RunnableParallel<context>  0.00s  │ 階段二：生成回答階段
                  🔗 format_docs  0.00s       │
            📄 ChatPromptTemplate  0.00s       │
            ⊗ OllamaLLM  weitsung50110/llama-3-taiwan:8b-instruct-dpo-q4_K_M  10.30s
            [x] StrOutputParser  0.00s
```

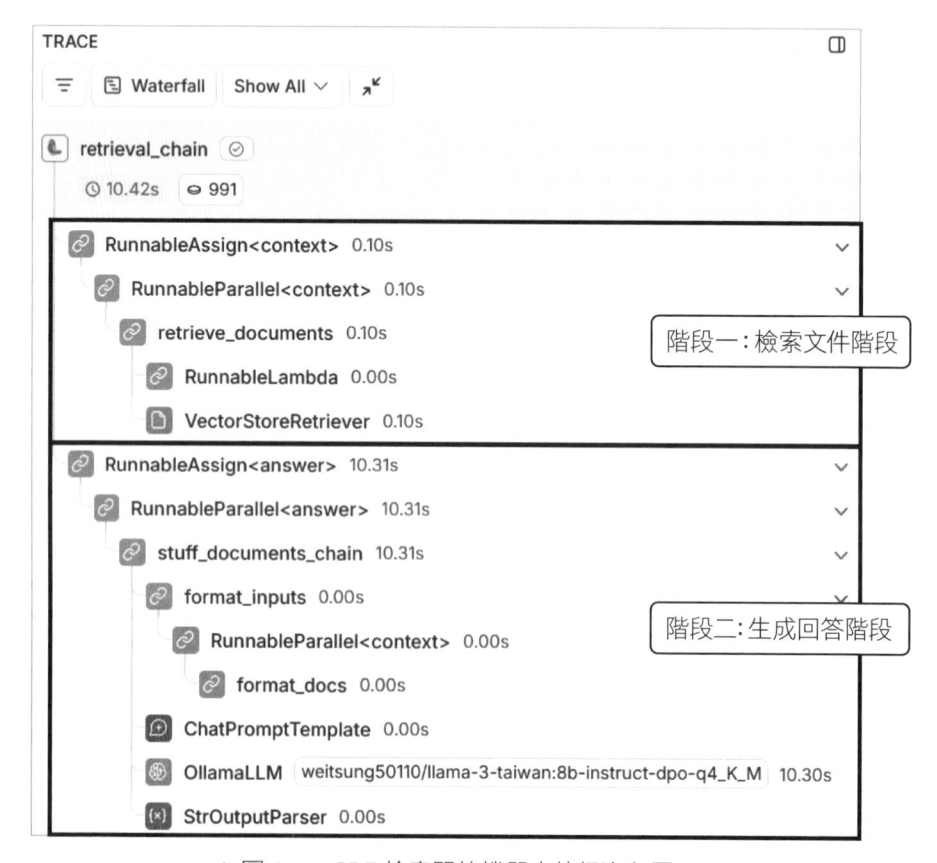

▲ 圖 9-17　PDF 檢索問答機器人執行流程圖

9-20

從視覺化執行流程圖（Trace）中，我們可以看出整體流程分為兩大部分：

階段一：檢索文件階段：

RunnableAssign<context> 的作用是將檢索結果儲存到 context 欄位中，供後續生成回答階段使用。其內部流程如下：

1. **retrieve_documents → VectorStoreRetriever**：從向量資料庫（FAISS）中檢索與使用者問題語義上最接近的內容（chunks），形成初步的上下文資料。

階段二：生成回答階段：

RunnableAssign<answer> 會觸發整個生成流程將生成的回答存入 answer 欄位：

1. **stuff_documents_chain**：LangChain 使用 Stuff 模式把檢索到的文件「塞入」Prompt 中。
2. **ChatPromptTemplate**：我們定義的提示模板，其中包含 {context} 和 {input} 等佔位符。
3. **OllamaLLM**：呼叫 LLM，並依據提示回答使用者的提問。
4. **StrOutputParser**：create_stuff_documents_chain 預設會附帶一個 StrOutputParser()。

Agent × Memory 執行流程

本節將展示 Agent × Memory 執行流程，並聚焦於〈**7-3 建立有記憶的泛用電腦助手 Agent：密碼生成 × 網頁爬蟲 × 搜尋引擎**〉。

此範例結合了 LangChain 的 **ConversationBufferMemory 記憶機制**與 **conversational-react-description 代理（Agent）**，並透過 LangSmith 對整體推理過程進行追蹤，以產生視覺化執行流程圖（Trace）。

> ☠ **注意**：在沒有設定 RunnableConfig 中的 run_name 情況下，LangSmith 仍會記錄執行流程，並以類別名稱（AgentExecutor）顯示在視覺化流程圖（Trace）中。

Agent 選擇使用密碼生成工具

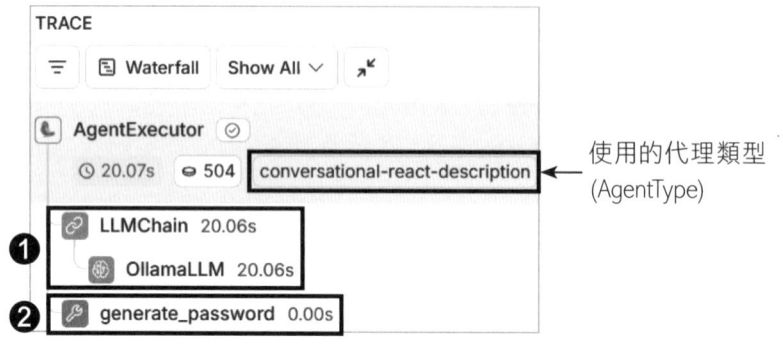

▲ 圖 9-18　generate_password 工具執行流程圖

1. **LLMChain → OllamaLLM（初步思考階段）**：

   代理（Agent）首先透過 LLMChain 呼叫 LLM，進行推理判斷：「使用者的問題是否需要工具輔助？若需要，該使用哪一個工具？」在本例中，LLM 根據輸入內容判斷可直接使用 generate_password 工具來完成任務，因此進入下一階段。

2. **generate_password 工具（工具執行階段）**：

   代理（Agent）依據 LLM 推理結果，呼叫 generate_password 工具，並返回生成的密碼作為回答。由於該工具註冊時設定了 **return_direct=True**，因此回傳值**不會送入 LLM 進行整理**，而是直接作為**最終回答**。

Agent 選擇使用網頁爬蟲工具

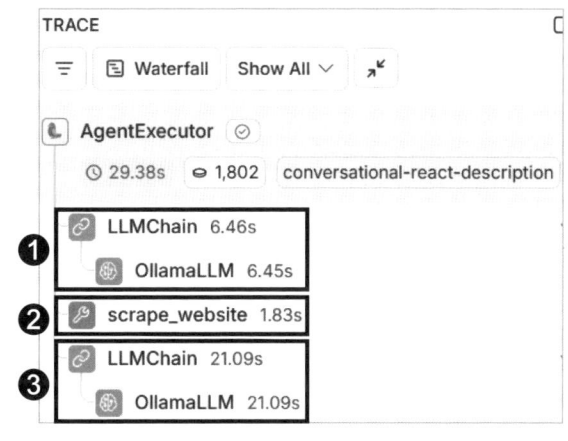

▲ 圖 9-19　scrape_website 工具執行流程圖

1. **LLMChain → OllamaLLM（初步思考階段）：**

   代理（Agent）首先透過 LLMChain 呼叫 LLM，進行推理判斷。在本例中，LLM 判斷需要從指定網頁擷取內容，因此決定使用 scrape_website 工具。

2. **scrape_website 工具（工具執行階段）：**

   代理（Agent）呼叫 scrape_website 工具，抓取使用者指定的網頁內容。

3. **LLMChain → OllamaLLM（整理回應階段）：**

   工具返回抓到的網頁內容後，代理（Agent）再次透過 LLMChain 呼叫 LLM，根據網頁內容產生自然語言的最終回應，回傳給使用者。

Agent 選擇使用 DuckDuckGo 搜尋引擎查詢工具

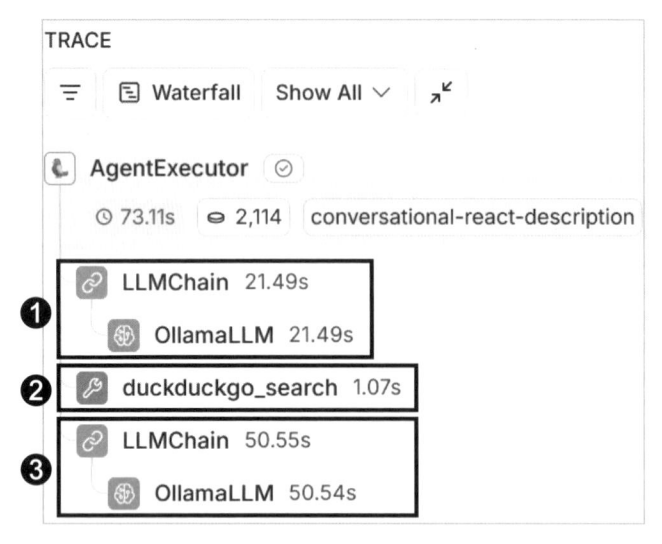

▲ 圖 9-20 DuckDuckGo 工具執行流程圖

1. **LLMChain → OllamaLLM（初步思考階段）：**

   代理（Agent）首先透過 LLMChain 呼叫 LLM，進行推理判斷。在本例中，LLM 判斷此問題適合使用 duckduckgo_search 工具，因此進入下一階段。

2. **duckduckgo_search 工具（工具執行階段）：**

   代理（Agent）呼叫 DuckDuckGo 搜尋工具來查詢網路資訊，並取得相關搜尋內容。

3. **LLMChain → OllamaLLM（整理回應階段）：**

   工具返回取得的內容後，代理（Agent）再次透過 LLMChain 呼叫 LLM，根據搜尋結果產生自然語言的最終回應，回傳給使用者。

記憶（Memory）

此例是使用 **ConversationBufferMemory** 作為**記憶（Memory）**。當搭配 LangSmith 時，這些「記憶」中的歷史訊息，會清楚地顯示在 **AgentExecutor** 裡面，如下所示：

◀ 圖 9-21　LangSmith：顯示 chat_history 記憶內容圖

使用者的歷史訊息存在 {chat_history} 佔位符中，幫助 LLM 理解上下文。

LangGraph 執行流程

本節將展示 LangGraph 圖結構執行流程，並聚焦於〈**8-3 建立圖結構條件邏輯 Agent：日期查詢 ✕ 數學計算**〉。透過 LangSmith，我們可以將 LangGraph 執行過程中的節點（Nodes）與邊（Edges），以視覺化執行流程圖（Trace）的形式呈現出來。

> **注意**：在沒有設定 RunnableConfig 中的 run_name 情況下，LangSmith 仍會記錄執行流程，並以類別名稱（LangGraph）顯示在視覺化流程圖（Trace）中。

Agent 選擇執行「獲取日期節點」

```
TRACE
≡  Waterfall  Show All ∨  ⤢

🦜 LangGraph ⊘
   ⏱ 8.12s   💬 207

❶  __start__  0.00s
      ChannelWrite<...>  0.00s
      ChannelWrite<start:decision_logic>  0.00s

❷  decision_logic  8.10s
      OllamaLLM  weitsung50110/llama-3-taiwan:8b-instruct-dpo-q4_K_M  8.10s
      ChannelWrite<...,decision_logic>  0.00s
      RunnableCallable  0.00s

❸  get_today_date  0.00s
      ChannelWrite<...,get_today_date>  0.00s
      RunnableCallable  0.00s

❹  special_function  0.00s
      ChannelWrite<...,special_function>  0.00s
```

> 如果 get_today_date 節點取得的當天日期沒有包含「星期一」字樣，將不會觸發 special_function 節點

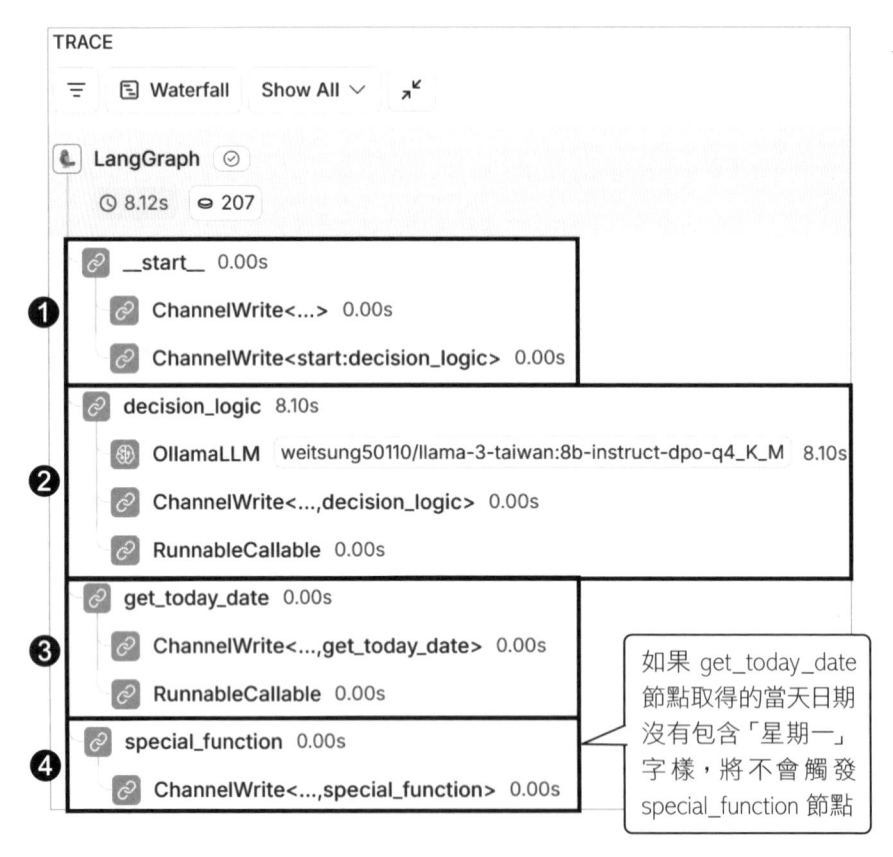

▲ 圖 9-22　LangGraph 執行流程圖（處理日期查詢）

> **注意**：LangGraph 在 0.3.29 版後，於 LangSmith 的 Trace 中呈現方式不同。因此，沒有 ChannelWrite<...> 與 __start__，若你的 Trace 畫面與書中範例不同，先確認 LangGraph 版本。若需要重現書中的顯示方式，可使用與本書相同的 LangGraph 版本。

從圖中可以看到：

1. **__start__**：這是圖結構流程的起始節點，代表流程正式啟動，接著由邊（edge）導向下一個節點 decision_logic。
2. **decision_logic**：此節點會使用 LLM 判斷使用者輸入屬於哪一類問題。LLM 判斷本次的輸入屬於「日期查詢」類型，因此流程接續進入 get_today_date 節點。
3. **get_today_date**：節點內會取得當天的日期與星期幾，並輸出結果，例如：「今天是 2025 年 7 月 7 日，星期一。」系統會判斷結果中是否包含「星期一」，若符合條件，則觸發 special_function 節點。
4. **special_function**：因為當天為星期一，流程進入此節點，輸出特別提醒訊息：「提醒：今天是星期一，請記得參加早上的部門週會！」

Agent 選擇執行「數學計算節點」

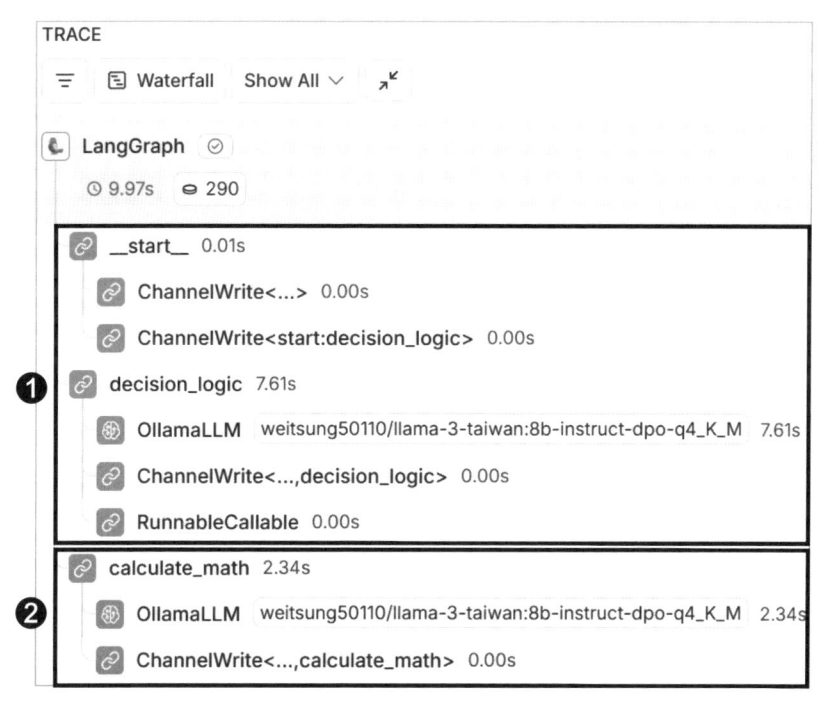

▲ 圖 9-23　LangGraph 執行流程圖（處理數學計算）

從圖中可以看到：

1. **__start__ → decision_logic**：圖結構流程從 __start__ 啟動，接著進入 decision_logic 節點，交由 LLM 判斷使用者輸入屬於哪一類問題。LLM 判斷輸入為數學相關的問題，因此流程接續進入 calculate_math 節點。

2. **calculate_math**：LLM 將使用者的自然語言數學問題轉換成 Python 表達式，透過 eval() 計算後，回傳結果。

在 LangGraph 的執行流程圖中，我們會看到許多 **ChannelWrite<...>** 這類節點，這些是 LangGraph 的內部通道寫入動作，用來在節點之間傳遞狀態資料（State），扮演資料流動的角色。

LangGraph 的執行原理是基於「狀態（State）」，每個節點會處理部分任務並回傳新的狀態，而 **ChannelWrite** 的功能就像是資料的**管道（channel）**，確保節點之間的資料（狀態）能夠順利傳遞與同步。

本地端 Ollama × LangChain × LangGraph × LangSmith 開發手冊
打造 RAG、Agent、SQL 應用